钢铁企业常见生产
安全事故隐患图鉴

陈建华　缪春锋　编著

北　京

冶 金 工 业 出 版 社

2023

内 容 简 介

  本图鉴是在收集近几年江苏省钢铁行业专项执法行动和企业日常安全管理过程中发现的安全隐患和问题基础上，提炼出常见的容易发生安全事故的重点，按生产工序，分单元展开介绍，列举出主要的安全风险点、典型事故案例、常见安全隐患。隐患分析一般采取正反对比的形式，指出事故隐患违反的标准、规范、要求，研判其中存在的安全风险，分析可能造成的事故后果，结合对应的安全标准和规范条文进行深入阐述，图文并茂，帮助读者更好地理解安全生产标准规范的制定目的，系统地掌握钢铁企业生产过程中安全风险管控的理论知识要点，针对性地采取相应的防控技术和手段。

  本书可作为钢铁、冶金企业主要负责人、安全生产管理人员、一线岗位员工的安全教育培训教材，还可作为负有安全生产监督管理职责的部门、安全技术服务机构等人员的参考书。

图书在版编目 (CIP) 数据

钢铁企业常见生产安全事故隐患图鉴/陈建华，缪春锋编著 . —北京：冶金工业出版社，2021. 11 （2023. 3 重印）

ISBN 978-7-5024-8964-9

Ⅰ . ①钢⋯　Ⅱ . ①陈⋯　②缪⋯　Ⅲ . ①钢铁企业—安全生产—安全隐患—图集　Ⅳ . ①TF089-64

中国版本图书馆 CIP 数据核字 （2021） 第 234002 号

钢铁企业常见生产安全事故隐患图鉴

出版发行	冶金工业出版社	电　话	（010）64027926
地　址	北京市东城区嵩祝院北巷 39 号	邮　编	100009
网　址	www. mip1953. com	电子信箱	service@ mip1953. com

责任编辑　于昕蕾　美术编辑　彭子赫　版式设计　彭子赫
责任校对　李　娜　责任印制　禹　蕊
北京捷迅佳彩印刷有限公司印刷
2021 年 11 月第 1 版，2023 年 3 月第 2 次印刷
787mm×1092mm　1/16；19.75 印张；475 千字；304 页
定价 128. 00 元

投稿电话　（010）64027932　投稿信箱　tougao@cnmip. com. cn
营销中心电话　（010）64044283
冶金工业出版社天猫旗舰店　yjgycbs. tmall. com
（本书如有印装质量问题，本社营销中心负责退换）

《钢铁企业常见生产安全事故隐患图鉴》
编辑委员会

前　言

　　钢铁工业在国民经济中担负重要的使命，是现代社会生产和扩大再生产的物质基础，工业、农业、国防、交通运输，乃至人们许多日常生活都离不开钢铁材料，可以说钢产量往往是衡量一个国家工业化水平的重要标志。新中国成立以来，我国钢铁工业取得了长足的进步和快速的发展，粗钢产量从1949年的15.8万吨，达到2020年的10.5亿吨，增长了6000多倍，占世界钢产量的比重达到56.5%，自1996年开始，一直保持在世界第1位。江苏省是钢铁大省，现有钢铁企业30多家，年产钢1.2亿吨，居全国第2位，品种、质量和竞争力也位居全国前列。

　　钢铁行业属于《安全生产法》中所指的金属冶炼范畴，是安全生产风险较高的行业，生产作业过程中大量使用高温炉窑、压力容器管道、起重机械及运输车辆，生产出大量铁水、钢水等高温物质，同时伴有煤气等有毒有害、易燃易爆气体，极易发生火灾、爆炸、灼烫、中毒、机械伤害等事故。特别是涉及冶金煤气、高温熔融金属等高能高毒物质，一旦发生事故，容易造成群死群伤。

　　党和政府历来高度重视钢铁行业的安全发展，积极有效推动各项安全生产工作。近年来，行业安全生产形势总体平稳，事故起数和死亡人数呈逐年下降的趋势。但从现状来看，企业间发展不平衡、设备设施本质安全度不高、从业人员安全素质参差不齐、企业主体责任落实不到位、经营者重生产轻安全、安全隐患屡治不绝等问题仍不同程度地存在，各类生产安全事故仍时有发生。如何有效加强和落实安全管理、消除现场安全隐患已是各个钢铁企业、各级安全监管部门的工作重点。

　　本书的素材大部分来自2018~2021年江苏省应急管理厅组织的几次大规模钢铁企业重大隐患排查和专项检查，很多问题点具有较强的代表性。本书分概述、焦化、烧结、炼铁、炼钢、轧钢、煤气、公辅、检维修等9个单元，各主要章节通常采取先描述生产工艺流程、再列举主要风险源点和典型事故案例、最后以图片对比的形式介绍常见的安全生产事故隐患，阐述出现隐患后可能导致的后果，整个过程由理论到现场，循序渐进，由表入里，具有较好的阅读性和逻辑性。隐患类型涵盖了钢铁企业的重点生产工艺环节和流程，同时，本书收集了《工贸行业重大生产安全事故隐患判定标准（2017 版）》的权威解读内容作为附件，帮助读者更好地理解、消化吸收。本书能够帮助企业管理人员和员工对照岗位快速进入角色，辨识管控岗位风险，排查整治常见隐患，防范生产安全事故；也是从事冶金钢铁行业安全监管人员和安全生产技术服务机构从业人员不可多得的学习辅导资料。

　　本书由江苏省应急管理厅联合江苏省冶金行业协会，组织省内多家重点钢铁企业的专家共同编制，编写工作耗时一年多。在这个过程中，得到了许多钢铁企业的大力支持，但由于本书涉及内容广泛，虽经全体编者精心编写、反复修改，但疏漏和不当之处在所难免，敬请广大读者多提宝贵意见，予以指正，在此谨表谢意！

《钢铁企业常见生产安全事故隐患图鉴》编辑委员会

2021 年 9 月 26 日

目　　录

1 概　　述

1.1　钢铁工业概况

1.1.1　钢铁工业的作用

钢铁不仅具有良好的力学性能，而且矿产资源丰富，冶炼和加工方法也比较容易，具有规模大、效率高、成本低等一系列技术和经济上的优点，是现代工业生产中最主要的金属材料，也是建筑业、制造业和人们日常生活中不可或缺的基础材料，迄今为止还没有哪一种材料能够取代钢铁现有的地位，而且近年来钢铁的性能和应用范围进一步扩大。

钢铁工业是以从事黑色金属矿物采选和黑色金属冶炼加工等工业生产活动为主的工业行业，主要包括铁矿开采、炼铁、炼钢、钢材加工、铁合金冶炼、钢丝及其制品等细分行业，是国家重要的原材料工业之一。此外，由于钢铁生产还涉及非金属矿物制品等其他一些工业门类，如焦化、耐火材料等，因此通常将这些工业门类也纳入钢铁工业范围中。现在，我国已形成了包括采矿、冶炼、加工及相应配套专业和辅助生产系统的完整钢铁工业体系。

钢铁工业是国民经济的重要基础产业，支撑了国民经济和下游用钢行业的快速发展。钢铁工业在国民经济中的作用是提供工具和机器设备的原材料，它是现代社会生产和扩大再生产的物质基础。工业、农业、国防、交通运输，乃至人们的许多日常生活用品都离不开钢铁材料。从简单的手工劳动工具到复杂的航天装备，任何一个工业部门都和钢铁工业有着直接或间接的联系。为机器制造业提供数量日益增长、质量日益提高的钢材，从来就是钢铁工业的基本任务。建设100公里铁路，就需要钢轨及各种钢材1万多吨；一艘万吨级轮船，需要各种钢材制品6000多吨；平均一辆汽车需要钢材 $1\sim2t$。钢铁还是城镇化、建筑业的主要消费材料之一，钢铁总产量 $25\%\sim30\%$ 直接用于房屋建筑。钢铁工业的生产水平也是国防军工实力的重要表现之一。可以说钢铁产量是衡量一个国家工业化水平和生产能力的重要标志，钢铁质量和品种对国民经济其他工业部门产品的质量有着极大的影响。

1.1.2　钢铁的分类

钢，是对含碳量介于 $0.02\%\sim2.11\%$ 之间的铁碳合金的统称。钢的化学成分可以有很大变化，只含碳元素的钢称为碳素钢（碳钢）或普通钢；在实际生产中，钢往往根据用途的不同含有不同的合金元素，如锰、镍、钒等。

（1）按冶炼方法分：转炉钢、电炉钢。

转炉钢按吹氧位置不同又分底吹、侧吹和氧气顶吹转炉钢三种。

电炉钢按电炉种类不同又分电弧炉钢、感应电炉钢、真空感应电炉钢和电渣炉钢四种。

（2）按化学成分分：碳素钢、合金钢。

碳素钢（也称为碳钢）：含碳量小于 2% 的铁碳合金。碳钢除含碳外一般还含有少量的硅、锰、硫、磷。按含碳量不同还可分为低碳钢（含碳量小于 0.25%）、中碳钢（含碳量在 0.25%~0.60% 之间）和高碳钢（含碳量大于 0.60%）三种。含碳量小于 0.04% 的钢称工业纯铁。

合金钢：在钢中除含有铁、碳和少量不可避免的硅、锰、磷、硫元素以外，还含有一定量的合金元素，钢中的合金元素有硅、锰、钼、镍、铬、钒、钛、铌、硼、铅、稀土等其中的一种或几种。按合金元素总含量不同可分为低合金钢（合金总量小于 5%）、中合金钢（合金总量在 5%~10% 之间）和高合金钢（总量大于 10%）三种。

（3）按用途分：分为建筑用钢和机械用钢两类。

建筑用钢用于建造桥梁、厂房和其他建筑物。

机械用钢用于制造锅炉、船舶、机器或机械零件。

（4）其他分类：

工具钢用于制造各种工具的高碳钢和中碳钢，包括碳素工具钢、合金工具钢和高速工具钢等。特殊钢，具有特殊的物理和化学性能的特殊用途钢类，包括不锈耐酸钢、耐热钢、电热合金和磁性材料等。

不锈钢分为普通不锈钢、耐酸不锈钢。耐空气、蒸汽、水等弱腐蚀介质或具有不锈性的钢种称为不锈钢；耐化学腐蚀介质（酸、碱、盐等化学浸蚀）腐蚀的钢种称为耐酸不锈钢。由于两者在化学成分上的差异而使它们的耐蚀性不同，普通不锈钢一般不耐化学介质腐蚀，而耐酸钢则一般均具有不锈性。"不锈钢"一词不仅仅是单纯指一种不锈钢，而是表示一百多种工业不锈钢，所开发的每种不锈钢都在其特定的应用领域具有良好的性能。不锈钢常按组织状态分为马氏体钢、铁素体钢、奥氏体钢、奥氏体-铁素体（双相）不锈钢及沉淀硬化不锈钢等。按合金元素可分为铬不锈钢、铬镍不锈钢和铬锰氮不锈钢等。按成分可分为 Cr 系（400 系列）、Cr-Ni 系（300 系列）、Cr-Mn-Ni 系（200 系列）、耐热铬合金钢（500 系列）及析出硬化系（600 系列）。

1.1.3　钢铁工业的发展成就

（1）产业规模不断扩大。新中国成立 70 年来，我国钢铁工业发展芝麻开花节节高。1949~2020 年，我国粗钢产量从 15.8 万吨增加到 10.53 亿吨，增长了 6664.6 倍；钢材产量从 14 万吨增加到 13.25 亿吨，增长了 9464 倍。同时，企业规模不断扩大。1978 年，粗钢产量超过 100 万吨的钢铁企业只有鞍钢等 3 家，到 2020 年，粗钢产量超过 2000 万吨企业已有 8 家企业，中国宝武钢铁粗钢年产量已经突破 1 亿吨。随着产业规模的不断扩大，我国钢铁工业在世界钢铁工业的地位明显上升。1949 年，我国粗钢产量占世界钢铁总产量的比重还不到 0.1%，居世界第 26 位；2020 年，我国粗钢产量占世界的比重已经达到了 56.5%。

（2）技术装备水平不断提高。新中国成立前夕，我国钢铁工业生产工艺和技术装备十分落后，最大的高炉，容积为 690m³；最大的电炉，容量只有 5t；最大的转炉，容量仅为

4t。新中国成立以来，特别是改革开放以来，通过技术设备引进和自主创新，我国钢铁工业的技术装备日趋大型化、高效化、自动化、连续化、紧凑化、长寿化。目前，我国钢铁工业已拥有具有世界先进水平的 $5800m^3$ 的高炉、600t 的顶底复吹转炉，宝武、鞍钢、首钢、太钢等一大批钢铁企业的工艺装备水平已达到世界先进水平。

（3）产品结构和产品质量明显改善。新中国成立初期，我国钢铁工业只能冶炼 100 多个钢种，轧制 400 多个规格的钢材，无缝管、厚钢板、大型型钢、镀层钢板等都不能生产。经过 70 年的发展，目前我国已能冶炼 1000 多个钢种，轧制 4 万多个规格钢材。高附加值、高技术含量的双高钢铁产品不断增多，数量不断增加。与此同时，钢铁产品质量明显改善。目前，我国主要钢材品种的质量都能够满足相关用钢行业的要求，普通碳素结构钢、优质碳素结构钢、低合金结构钢、轴承钢、不锈钢、齿轮钢、弹簧钢等钢种的实物质量水平都有了较大幅度的提高。即使是一些标志性的钢材品种，如笔尖钢、手撕钢等，也都取得了技术突破，实现了商业化生产。

（4）产业竞争力不断增强。新中国成立 70 年来，随着钢铁工业技术装备水平的提高，工艺流程的优化，产品质量的改善和品种的增多，我国钢铁工业的国内外市场竞争力不断提高。从国内市场看，1949 年，国产钢材（扣除重复材）的国内市场占有率只有 68.8%，2018 年超过 99%，基本满足了国民经济和社会发展对钢材的需求。在国际市场上，从 1991 年至 2017 年，我国出口的半成品与成品钢材数量从 438 万吨增加到 7481 万吨，增长了 16.1 倍，占全球半成品与成品钢材贸易的份额从 2.5% 上升至 16.2%，提升了 13.7 个百分点。

1.2　钢铁行业生产特点及安全风险

1.2.1　安全风险与事故隐患

1.2.1.1　安全风险

安全通常是指免受人员伤害、疾病或死亡，或引起设备、财产破坏或损失的状态。科学的安全概念认为安全是相对的，任何事物中都包含有不安全的因素，具有一定的危险性，而安全是通过对系统的危险性和允许接受的限度相比较而确定，是在生产、生活系统中，能将人员伤亡或财产损失的概率和严重度控制在可接受水平之下的状态。安全风险通常认为是损失发生的可能性、是一种不确定性、是结果对期望的偏离等。《危险化学品风险隐患排查治理导则》将安全风险定义为：某一特定危害事件发生的可能性与其后果严重性的组合，这与《职业健康安全管理体系要求及使用指南》（GB/T 45001—2020）中安全风险的定义类似，在该体系中，安全风险是指发生危险事件或有害暴露的可能性与随之引发人身伤害或健康损害严重性的组合。

安全风险存在时，应及时进行风险管理，风险管理是安全管理的核心和源动力。首先对生产活动中存在的危险源进行识别，并进行风险等级评估，常用的风险评价法包括作业条件危险性分析法（LEC）、安全检查表法（SCL）、预先危险性分析法（PHA）等，将各类风险划分为重大风险、较大风险、一般风险、低风险等 4 个级别。根据不同风险等级，从管理、制度、技术和应急等方面综合考虑，针对性地制定完善有效的管控措施。通过消除、终止、替代、隔离等措施消减风险，也可以通过改造、修理等工程技术手段或个体防护手段降低风险，确保生产安全运行。

1.2.1.2　事故隐患

事故是指在生产活动中，由于人们受到科学知识和技术力量的限制，或者由于认识上的局限，当前还不能防止，或能防止但未有效控制而发生的违背人们意愿的事件序列。事故的发生，可能迫使系统暂时或较长期地中断运行，也可能造成人员伤亡和财产损失，或者两者同时出现。

（1）事故类型。事故按其造成的后果可以分为未遂事故、损失事故。未遂事故是指未发生健康损害、人身伤亡、重大财产损失与环境破坏的事故。依据《企业职工伤亡事故分类》（GB 6441—86），事故分为物体打击、车辆伤害、机械伤害、起重伤害、触电、淹溺、灼烫、火灾、高处坠落、坍塌、冒顶片帮、透水、放炮、火药爆炸、瓦斯爆炸、锅炉爆炸、容器爆炸、其他爆炸、中毒和窒息、其他伤害等20类。

（2）事故等级。依据《生产安全事故报告和调查处理条例》（国务院第493号令）中第三条"根据生产安全事故（以下简称事故）造成的人员伤亡或者直接经济损失，事故一般分为以下等级：（一）特别重大事故，是指造成30人以上死亡，或者100人以上重伤（包括急性工业中毒，下同），或者1亿元以上直接经济损失的事故；（二）重大事故，是指造成10人以上30人以下死亡，或者50人以上100人以下重伤，或者5000万元以上1亿元以下直接经济损失的事故；（三）较大事故，是指造成3人以上10人以下死亡，或者10人以上50人以下重伤，或者1000万元以上5000万元以下直接经济损失的事故；（四）一般事故，是指造成3人以下死亡，或者10人以下重伤，或者1000万元以下直接经济损失的事故。"

（3）事故特点。事故具有因果性、随机性、潜伏性等特点。因果性，是指一切事故的发生都是有原因的，这些原因就是潜伏的危险因素。随机性，是指事故的发生是偶然的。同样的前因事件随时间的进程导致的后果不一定完全相同。潜伏性，是指事故在尚未发生或还没有造成后果时，各种事故征兆是被掩盖的。系统似乎处于"正常"和"平静"状态。事故的潜伏性使得人们认识事故、弄清事故发生的可能性及预防事故成为一项非常困难的事情。

事故发生的根源。危险源，危险源即危险的根源，是可能导致人员伤害或财物损失事故的、潜在的不安全因素。危险源是风险的载体，风险是危险源的属性，即风险必然涉及具体的危险源，同时任何危险源也都会伴随着风险，只是危险源不同，其伴随的风险大小往往不同。由于系统中存在各种危险源，而这些危险源的发展变化和相互作用，使能量发生了意外释放。危险源的存在是事故发生的根本原因，防止事故就是消除、控制系统中的危险源。根据危险源在事故发生、发展中的作用，可以划分为两大类，即第一类危险源和第二类危险源。第一类危险源是系统中存在的、可能发生意外释放的能量或危险物质；第二类危险源是导致能量或危险物质的约束或限制措施破坏或失效的各种因素，等同于隐患。

事故隐患，是指生产经营单位违反安全生产法律、法规、规章、标准、规程和安全生产管理制度，或者因为其他因素在生产经营活动中存在可能导致事故发生的物的危险状态、人的不安全行为和管理上的缺陷。事故隐患包括一切可能对人、机、环境系统带来损害的不安全因素。事故隐患包含在危险源的范畴之中，是危险源存在的基本方式，也是危险源与事故之间的必然节点。作为危险源存在的基本方式，可以通过查找系统中的事故隐患来辨识危险源，认清其所处在的状态；作为危险源与事故之间的必然节点，可以通过治理系统中的事故隐患来预防事故，实现系统安全。

依据原安监总局 16 号令《安全生产事故隐患排查治理暂行规定》中第三条"事故隐患分为一般事故隐患和重大事故隐患。一般事故隐患，是指危害和整改难度较小，发现后能够立即整改排除的隐患。重大事故隐患，是指危害和整改难度较大，应当全部或者局部停产停业，并经过一定时间整改治理方能排除的隐患，或者因外部因素影响致使生产经营单位自身难以排除的隐患"。

1.2.2　钢铁生产工艺流程及存在的主要安全风险

现代钢铁生产过程是将铁矿石和焦炭等原料放到高炉内冶炼生成铁水，铁水、废钢加入转炉或电炉中冶炼生成钢水，钢水铸成连铸坯或钢锭，再通过热轧、冷加工、锻压和挤压等塑性加工使连铸坯、钢锭产生塑性变形，制成具有一定形状尺寸的钢材产品。具有上述全过程生产设备的，称为长流程。短流程是指将废钢（或直接还原铁）加入电炉中，利用电能作热源来进行冶炼生成钢水，后续工序与长流程一致。同长流程相比，短流程具有工艺流程简捷、生产环节少、生产周期短、节能环保、投资少等优点，但同时由于受我国废钢的蓄积量不足、废钢回收利用环节相对落后、废钢相较铁水成本较高、电炉生产效率明显低于转炉等不利因素制约，目前我国钢铁工业仍然是以焦化、烧结、炼铁、炼钢（电炉、转炉）、轧钢以及配套的煤气系统长流程生产线为主，短流程电炉炼钢产量仅占总钢产量的 10% 左右。钢铁生产主要工艺流程如图 1-1 所示。

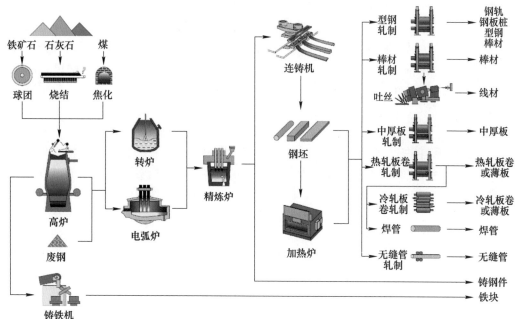

图 1-1　钢铁生产主要工艺流程

钢铁生产工艺复杂，危险有害因素众多，生产过程大量使用高温炉窑、压力容器和管道、起重机械及运输车辆等设备设施，产出大量铁水、钢水、钢坯等高温物质，同时伴有煤气等有毒有害、易燃易爆气体，极易发生火灾、爆炸、灼烫、中毒、高处坠落、触电和机械伤害等事故。特别是高温液态熔融金属喷溅（泄漏）、钢水（铁水）包倾覆、炉体爆炸、煤气中毒、起重伤害等生产安全事故，极易造成群死群伤。钢铁企业中通常设有焦化、烧结（球团）、炼铁、炼钢、轧钢、公辅等工序，每一道工序、流程都有自己的特点。

（1）焦化。焦化的主要任务是生产焦炭，副产品是焦炉煤气、精苯、焦油等，生产过程分为洗煤、配煤、炼焦和产品处理等环节。焦化又称煤炭高温干馏，是以煤为原料经高温干馏生产焦炭，同时获得煤气、煤焦油并回收其他化工产品的工艺。焦化生产过程接触的焦炉煤气属易燃、易爆、有毒气体；煤气净化回收过程产生硫化氢、氨水及氨气、粗苯等易燃、可燃、有毒气体或液体；作业场所存在火灾、爆炸、中毒和窒息、机械伤害、物体打击、高处坠落、灼烫、触电、起重伤害、车辆伤害及高温、粉尘、噪声等危险有害因素。

（2）烧结球团。烧结球团主要是生产供冶炼用的烧结矿、球团矿。烧结一般由原料准备、混合料、烧结及成品等环节组成。球团一般由原料准备、混合料、造球、干燥和焙烧、冷却、成品和返矿处理等环节组成。烧结球团是将各种粉状含铁原料经混合、制粒后进行高温烧结成块状矿的过程。烧结和球团在生产工序中大量使用机械设备、皮带设备、工业煤气及仓储设施，同时烟气处理和回收中还会接触到氨水及氨气等化学品、高温蒸汽等危险物质，导致生产工序存在火灾、爆炸、中毒和窒息、机械伤害、物体打击、高处坠落、灼烫、触电、起重伤害、车辆伤害、坍塌以及高温、粉尘、噪声等危险有害因素。

（3）炼铁。炼铁工序主要任务是生产铁水、生铁，副产品是高炉煤气。炼铁一般由高炉本体、上料系统、送风系统、煤气净化系统、渣铁处理系统、喷吹燃料系统组成。炼铁的主要设备是高炉，主要是把铁矿石、焦炭、石灰石、空气装入高炉中冶炼进行还原得到生铁的生产过程。炼铁生产过程中，上料、高炉冶炼、热风炉、鼓风机房、煤气重力除尘器、布袋除尘器、煤粉制备与喷吹、铸铁，高炉煤气利用工序中各类主要工艺设备、辅助机械设备、特种设备、电气设备以及公辅设施等存在火灾、爆炸、灼烫、触电、高处坠落、机械伤害、物体打击、起重伤害、车辆伤害、中毒和窒息、高温、噪声、粉尘等危险有害因素。

（4）炼钢。炼钢工序主要生产合格的钢锭和铸坯。炼钢主要包括转炉炼钢和电炉炼钢两种，主要有原料供应、冶炼、精炼、铸造环节。炼钢是采用转炉、电炉、精炼炉等将铁水、生铁、废钢等原料，进一步降低碳含量，消除 P、S、O、N 等有害元素的过程。炼钢自身规模大、作业单元多、工序冗长，同时，生产过程中起重作业工作量大，交叉作业频繁、动态设备多、烟尘量大，存在强烈的高温热辐射，高温液体，因而极容易发生各类伤害事故。在生产过程中使用危险化学品天然气、氧气、氮气、氩气等，回收转炉煤气，也增加了过程的危险危害性。作业场所主要存在火灾、爆炸、中毒和窒息、机械伤害、物体打击、高处坠落、灼烫、触电、起重伤害、车辆伤害及高温、粉尘、噪声等危险有害因素。

（5）轧钢。轧钢工序是将炼钢厂冶炼好的钢锭和铸坯轧制成棒材、管材、线材、板材、型材等。按生产工艺轧钢可分为冷轧、热轧两种。热轧一般由加热、轧制、冷却、成品等环节组成，冷轧一般由酸洗、轧制、热处理、精整和镀面（电镀、热镀）等环节组成。轧钢是通过旋转的轧辊将钢坯轧制成钢板、带钢、线材以及各种型钢。轧钢生产主要涉及加热炉、退火炉、轧机、风机、起重机、飞剪、高压除鳞设备、冷床、冷剪机、冷锯机、自动打捆机、锌/铝锅、酸洗槽、酸再生焚烧炉等设备设施。作业场所主要存在火灾、爆炸、中毒和窒息、机械伤害、物体打击、高处坠落、灼烫、触电、淹溺、坍塌、起重伤害、车辆伤害及高温、粉尘、噪声等危险有害因素。

（6）煤气。煤气是钢铁企业焦化、高炉、转炉生产过程中的附属产物，也作为烧结机、加热炉、精炼炉、钢包烘烤等设备的热源。煤气回收主要安全风险为回收误操作，易发生中毒和窒息、火灾、其他爆炸事故；煤气净化系统主要安全风险为煤气泄漏，易发生中毒和窒息、火灾、其他爆炸事故；焦炉煤气净化系统主要安全风险为脱硫液泄漏，易发生中毒和窒息、灼烫事故；煤气输送与加压环节主要安全危险来自煤气管道、附属设施（煤气排水器等）、加压与混合装置和煤气柜。它们有一个共同的安全风险，煤气泄漏会发生中毒和窒息、火灾、其他爆炸事故。

（7）公辅。公辅有动力燃气、制氧、水处理等工序。制氧系统主要为炼钢、炼铁工序提供氧、氮、氩气体，工艺装置包括空气压缩机、空气冷却塔、分子筛吸附器、空分塔、冷箱、液（氧、氮、氩）输送泵及储罐。主要安全风险包括：空分系统内吸入空气杂质净化不彻底，造成系统内爆炸；液氧泄漏发生火灾爆炸事故；氧气管道流速过快或清洗吹扫不彻底造成火灾事故；空分系统压力自动调节系统失效，易造成系统内压力容器、压力管道超压爆炸；氮气、氩气泄漏发生窒息事故；输送液氧、液氮、液氩的泵、阀门、管道及贮罐等设备密封不严、设备破裂，低温物质泄漏易造成人体冻伤事故；塔、罐等有限空间内检维修作业，安全措施不到位，易发生窒息事故；冷箱内松散的珠光砂易将人淹没导致窒息事故等。水处理系统是钢铁企业公辅系统的重要组成部分，主要作用是将钢铁生产过程中产生的工业废水或污水进行净化处理，以达到国家规定的水质标准。存在的主要安全风险包括：机械设备旋转传动部位防护措施缺失，发生机械伤害事故；电气设备检修维护不当，发生触电、火灾事故；冷却塔填充物遇到明火发生火灾事故；酸、碱、次氯酸钠等危险化学品发生泄漏或防护不当，造成人员灼伤或中毒；人员不慎跌落沉淀池、水池或清淤等有限空间作业安全措施不到位，发生淹溺和中毒窒息事故等。

（8）检维修。钢铁企业正常生产运行过程中，存在大量设备设施的检维修作业，作业环境普遍不良，风险较高。检维修的主要安全风险包括：高空作业易发人员坠落事故；煤气、氮气、氩气等有毒有害区域作业易发人员中毒窒息事故；动火作业防火措施不到位引发火灾事故；交叉作业指挥协调不当造成坠物伤人事故；临时用电不规范易发生触电事故；起重作业不规范易发生起重伤害事故；能介管道抽堵盲板作业，安全措施不到位，易发中毒窒息、火灾爆炸事故；有限空间作业安全措施不到位造成人员中毒窒息事故等。

1.3　钢铁行业安全生产常用标准及规范

党和政府对钢铁企业的安全生产工作特别重视，1956年成立冶金工业部，1959年成立冶金工业劳动技术保护研究所，1986年成立冶金工业部安全环保研究院，专门从事国家钢铁工业安全生产法规、标准制修订和相关安全科学技术研究。自2004年安全生产标准代号（AQ）施行至今，原国家安全生产监督管理总局、应急管理部、工业和信息化部、住房和城乡建设部等相关主管部门已经颁布实施或即将实施的钢铁工业安全生产规范性文件和安全生产标准百余项，同时发布有政府部门规章《冶金企业和有色金属企业安全生产规定》（国家安全生产监督管理总局令〔2018〕第91号）。现行及正在制定的各类规范性文件和安全生产标准不仅覆盖了炼铁、炼钢、轧钢、煤气储存输配、混合加压等主体生产工序，更覆盖了烧结球团、焦化、铁合金、焦炉煤气制氢、烟气制酸和环境保护等钢铁工业配套环节，同时对钢铁工业危险性较大的高温熔融金属冶炼生产和起重运输，以及炉窑安全、有限空间、危险化学品使用、煤气、氮气、氩气、氧气等毒害气体作业环节和事项进行了具体规定，在规范全国钢铁工业提升装备设施本质安全水平、规范生产现场环境安全条件、保障劳动者生命财产安全，以及提升企业安全生产绩效和服务安全监管人员执法检查等方面，切实发挥了积极的规范指导和发展推动作用。

1.3.1　部门规章和文件

（1）《冶金企业和有色金属企业安全生产规定》（国家安全生产监督管理总局令〔2018〕第91号）；

（2）《国家安全监管总局关于印发〈工贸行业重大生产安全事故隐患判定标准（2017版）〉》（安监总管四〔2017〕129号）；

（3）《金属冶炼企业禁止使用的设备及工艺目录（第一批）》（安监总管四〔2017〕142号）；

（4）《关于印发进一步加强冶金企业煤气安全技术管理有关规定的通知》（安监总管四〔2010〕125号）；

（5）《危险化学品重大危险源监督管理暂行规定》（国家安全生产监督管理总局令〔2011〕第40号，国家安全监管总局令〔2015〕第79号修正）；

（6）《工贸企业有限空间作业安全管理与监督暂行规定》（国家安全监管总局令第59号公布，国家安全监管总局令第80号令修正）。

1.3.2　专业安全规程

（1）《焦化安全规程》（GB 12710—2008）；
（2）《烧结球团安全规程》（AQ 2025—2010）；
（3）《炼铁安全规程》（AQ 2002—2018）；
（4）《炼钢安全规程》（AQ 2001—2018）；
（5）《轧钢安全规程》（AQ 2003—2018）；
（6）《工业企业煤气安全规程》（GB 6222—2005）；
（7）《高温熔融金属吊运安全规程》（AQ 7011—2018）；
（8）《高炉喷吹烟煤系统防爆安全规程》（GB 16543—2008）；
（9）《粉尘防爆安全规程》（GB 15577—2018）；
（10）《煤气隔断装置安全技术规范》（AQ 2048—2012）；
（11）《煤气排水器安全技术规程》（AQ 7012—2018）；
（12）《钢铁冶金企业设计防火标准》（GB 50414—2018）；

（13）《工业企业干式煤气柜安全技术规范》（GB 51066—2014）；

（14）《爆炸危险环境电力装置设计规范》（GB 50058—2014）；

（15）《危险化学品重大危险源辨识》（GB 18218—2018）；

（16）《钢铁企业煤气储存和输配系统施工及质量验收规范》（GB 51164—2016）；

（17）《高炉炼铁工程设计规范》（GB 50427—2015）；

（18）《炼钢工程设计规范》（GB 50439—2015）；

（19）《建筑设计防火规范》（GB 50016—2014（2018 年版））；

（20）《转炉煤气净化及回收工程技术规范》（GB 51135—2015）；

（21）《钢铁企业煤气储存和输配系统设计规范》（GB 51128—2015）；

（22）《石油化工可燃气体和有毒气体检测报警设计标准》（GB/T 50493—2019）；

（23）《固定式压力容器安全技术监察规程》（TSG 21—2021）；

（24）《生产经营单位生产安全事故应急预案编制导则》（GB/T 29639—2020）；

（25）《机械安全防护装置固定式和活动式防护装置的设计与制造一般要求》（GB/T 8196—2018）；

（26）《工作场所有毒气体检测报警装置设置规范》（GBZ/T 223—2009）；

（27）《冶金起重机技术条件　第 5 部分：铸造起重机》（JB/T 7688.5—2012）。

2 焦化事故隐患图鉴

2.1 焦化工艺流程简介

焦炭在钢铁行业主要用于高炉冶炼过程中充当还原剂和热量来源。焦化又称煤炭高温干馏，是以煤为原料，在隔绝空气条件下，加热到950℃左右，经高温干馏生产焦炭，同时获得煤气、煤焦油并回收其他化工产品的一种煤转化工艺。主要分为备煤、炼焦、煤气净化、化产等工序。

（1）备煤。为得到优质焦炭，炼焦之前首先须将不同品种的煤适当进行配比、粉碎、混合。经过卸料、堆取料、预破碎、粉碎、输送等工序将配好的煤经皮带输送至焦炉，此过程称为备煤。

（2）炼焦。备煤完成后将符合炼焦要求的混合煤装入煤塔。装煤车按作业计划从煤塔取煤，经计量后装入炭化室内，煤料在炭化室内经过一个结焦周期的高温干馏炼制成焦炭和荒煤气。炭化室内的焦炭成熟后，用推焦机推出，经拦焦机导入焦罐车内，并由电机车牵引至干熄站进行干法熄焦，经过干熄焦处理的焦炭直接上皮带送往焦处理系统。当干熄焦检修或出现事故需利用备用的湿法熄焦时，炭化室内成熟的焦炭经拦焦机导入熄焦车内，并由电机车牵引至熄焦塔内进行喷水熄焦。

（3）煤气净化。从焦炉集气管出来的荒煤气经气液分离器、电捕焦油器、脱硫塔、脱氨装置、洗苯塔等装置，完成焦油氨水分离、冷却、脱萘、脱硫、脱氨、脱苯等工艺，得到符合工艺要求的净化煤气，同时分离出相关副产品。

（4）化产。主要是对煤气净化工序中提取的焦油及粗苯通过加温、加压、冷却、加氢等措施完成精馏提纯，生产出轻油、酚、萘、蒽油、洗油、沥青、纯苯、甲苯、二甲苯等化工产品的过程。

焦化工艺主要流程如图2-1所示。

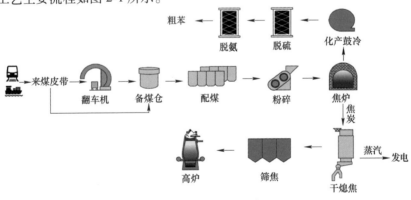

图2-1 焦化工艺主要流程

2.2　焦化工艺主要风险点

焦化工艺中主要有以下安全风险点：

（1）受煤坑卸煤过程中，受煤坑内积灰多，形成粉尘云，遇明火发生爆炸。煤场堆取料机作业时，易发生触电、物体打击事故。

（2）粉碎机作业时，形成粉尘云，遇明火发生爆炸。

（3）皮带运煤过程中，作业人员被皮带卷入，易发生机械伤害事故。

（4）煤饼捣固机作业时，作业人员站位不当，易发生机械伤害事故。

（5）装煤车、推焦车、拦焦车、熄焦车作业时，操作时站位不当、清扫熄焦车作业，易发生车辆伤害、物体打击、灼烫、机械伤害等事故。

（6）焦炉调温作业过程中发生煤气泄漏，易发生火灾、中毒和窒息、其他爆炸等事故。

（7）焦罐在提升、装焦、排焦过程中，因操作不当，导致红焦洒出、有毒有害气体泄漏，易发生灼烫、中毒和窒息、物体打击、其他爆炸等事故。

（8）采用干熄焦工艺，氮气系统泄漏，通风不良，易发生窒息事故。余热回收系统使用锅炉，若超温超压易造成爆炸事故。

（9）煤气冷凝鼓风区域：鼓风机运行时煤气管网泄漏，易发生火灾、中毒和窒息、其他爆炸等事故；风机倒换导致压力波动时上升管冲盖和煤气泄漏、初冷器煤气泄漏、电捕焦油器检修煤气浓度超标，易发生火灾、中毒和窒息、其他爆炸等事故。

（10）煤气脱硫、脱氨、脱苯，发生有毒有害气体泄漏，易发生火灾、中毒和窒息、其他爆炸等事故。

（11）焦油贮槽和粗苯贮槽，发生焦油和粗苯储槽泄漏，易发生火灾、中毒和窒息、容器爆炸等事故。

（12）硫酸、液碱储存时，硫酸、液碱泄漏，易发生腐蚀、灼烫事故。

（13）化产区域涉及的物质多数易燃易爆且毒性较高，存在中毒和火灾爆炸风险。

2.3　焦化典型事故案例

事故案例 1　焦化电捕焦油器煤气爆炸事故

事故经过： 2020 年 4 月 30 日 8 时，某焦化公司在 2 号电捕焦油器塔顶平台上更换变压器作业时，2 号电捕焦油器与煤气管道仅靠单阀阻断，因单阀阻断不严造成 1 号电捕焦油器内的煤气窜入 2 号电捕焦油器，通过已经打开的检查孔与空气形成爆炸性混合气体，遇火源发生爆炸。事故造成 4 人死亡。

事故原因：（1）电捕焦油器顶部作业时未有效切断煤气来源，导致煤气窜入电捕焦油器与空气形成易燃易爆混合气体，作业人员携带砂轮、铁锹、锯条、钳子等非防爆工具在 2 号电捕焦油器顶部作业时，导致燃爆事故发生。（2）对煤气设备组织检修及动火作业前未制定检维修方案，未进行风险评价，未制定安全措施，未办理特殊作业审批手续，未对检维修作业人员进行安全技术交底和安全教育，未进行气体检测，未安排专人监护。（3）电捕焦油器顶部安装的两台固定式一氧化碳监测报警装置未接线，不能正常使用。

2.4　焦化常见事故隐患图鉴

隐患1：焦炉地下室电气线路、电气开关盒接线、移动电器不满足防爆要求（图 2-2a～c）。规范设置如图 2-2d 所示。

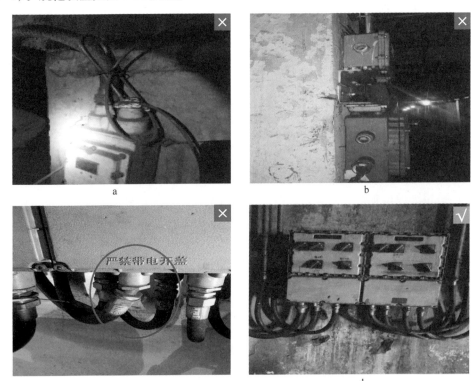

图 2-2　焦炉地下室电气设施按防爆要求设置情况
a—电缆线未穿防爆管防护；b—防爆接线盒接口未封堵；
c—防爆接线盒接口接头脱落；d—防爆电器规范设置

判定依据：《危险场所电气防爆安全规范》（AQ 3009—2007）中第 6.1.1.3.10 条"导管系统中下列各处应设置与电气设备防爆型式相当的防爆挠性连接管：

——电动机的进线口；

——导管与电气设备连接有困难处；

——导管通过建筑物的伸缩缝、沉降缝处。"

可能造成的后果：焦炉加热一般采用高炉、焦炉或混合煤气，焦炉地下室煤气泄漏风险较高，属于爆炸危险区域。电气线路、电气开关盒接线、移动电器应满足防爆要求，防止因电气线路打火，引起火灾爆炸事故。

隐患2：焦炉地下室不同煤气管道共用煤气排水器（图 2-3a、b）。

判定依据：《煤气排水器安全技术规程》（AQ 7012—2018）中第 5.2.5 条"煤气排水器应单独设置，不应共用。不同的煤气管道或同一条煤气管道隔断装置的两侧，其排水器应分别设置，不应将两个或多个排水器上部的连接管连通。"

a　　　　　　　　　　　　b

图 2-3　不同煤气管道共用煤气排水器情况

a—阀前、阀后共用煤气排水器；b—机侧、焦侧高炉煤气管道共用排水器

可能造成的后果：不同煤气管道共用排水器，一方面会引起煤气管道内部压力波动，影响顺行；另一方面当一条煤气管道处于隔断检修状态，而另一条煤气管道处于正常运行且压力波动较大情形时，可能发生煤气通过排水器反窜到检修状态管道的情形，且不易被发觉，致使检修煤气管道内的操作人员发生中毒，或是在实施管道检修动火作业时，发生火灾爆炸事故。

隐患 3：排水器地坑内有积水，焦炉地下室地坑内排水器不合规（图 2-4a）。规范设置如图 2-4b 所示。

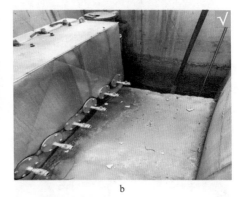

a　　　　　　　　　　　　b

图 2-4　焦炉地下室地坑内排水器设置情况

a—焦炉地下室地坑内排水器长时间浸泡在水里；b—焦炉地下室地坑内排水器无水浸泡

判定依据：《煤气排水器安全技术规程》（AQ 7012—2018）中第 5.2.7 条"设置在地坑内的排水器的筒体和管道应采取防腐措施，并定期抽坑内的积水。"

可能造成的后果：焦炉煤气的冷凝水中含有多种化学物质，具有较强的腐蚀性，排水器的筒体和管道长期浸泡在这种水中，容易发生腐蚀减薄直至排水器内的冷凝水泄漏，导致煤气外溢，引发人员中毒事故。

隐患 4：焦炉地下室走道未设置灯光疏散指示标志（图 2-5a）。规范设置如图 2-5b 所示。

判定依据：《建筑设计防火规范》（GB 50016—2014，2018 版）中第 10.3.5 条"甲、乙、丙类单多层厂房应设灯光疏散指示标志。"

图 2-5　焦炉地下室灯光疏散指示设置情况

a—焦炉地下室未设置灯光疏散指示；b—焦炉地下室灯光疏散指示完善

可能造成的后果：焦炉地下室中管道阀门等设备设施较多，地方狭窄，通道受限，如果没有设置规范灯光疏散指示标志，在突发状况下，人员应急逃生时，无法及时选择正确的逃生路线，延误时机，造成事故扩大。

隐患 5：焦炉主控室煤气集中监控系统无声光报警，煤气超标无处置记录（图 2-6a、c）。规范设置如图 2-6b、d 所示。

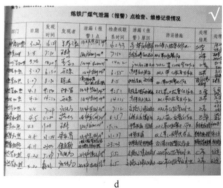

图 2-6　煤气集中监控报警及处置并记录情况

a—煤气集中监控无声光报警；b—煤气集中监控报警设施完好；

c—煤气超标无处置记录；d—煤气超标及时处置记录

判定依据:《工作场所有毒气体检测报警装置设置规范》(GBZ/T 233—2009) 中第 5.2.2 条 "预报值为 GB 22.1 所规定的 MAC 的 1/2 或 PC-STEL 的 1/2, 无 PC-STEL 的物质, 为超限倍数值的 1/2。预报提示该场所可能发生有毒气体释放, 应对相关设备进行检查、采取有效的预防控制措施。"

可能造成的后果: 煤气报警系统出现超标报警时, 表明相关检测区域可能出现了煤气浓度超过职业危害接触浓度, 甚至有煤气大量泄漏的情况, 同时存在发生焦炉煤气火灾、爆炸等风险, 当集中监控系统发生超标报警时, 应在保证人员安全条件下第一时间进行现场确认, 准确记录异常和处置情况, 及时进行信息沟通并报告, 否则可能因不处置或处置不及时, 造成中毒、火灾、爆炸等事故。尤其是在同一地点多次发生煤气超标报警的, 更要及时查明原因, 并处置到位。

隐患 6: 堆取料机未规范设置安全装置。规范设置如图 2-7a~d 所示。

图 2-7 堆取料机安全装置规范设置情况

a—堆取料机与相邻跨设置防撞装置;b—堆取料机回转机构设置了限位开关;
c—堆取料机变幅机构设置了限位开关;d—堆取料机设置有独立电源的电动夹轨钳

判定依据:《焦化安全规程》(GB 12710—2008) 中第 9.2.3 条 "堆取料机应设置下列装置:a. 风速计;b. 防碰撞装置;c. 运输胶带联锁装置;d. 与煤场调度通话装置;e. 回转机构和变幅机构的限位开关及信号;f. 手动或具有独立电源的电动夹轨钳。"

可能造成的后果: 焦化系统的堆取料机是用于连续装卸煤炭等原辅料的机械设备, 设置有防撞、限位、夹轨钳等安全装置, 目的是防止在运行过程中发生脱轨、超限位、溜轨等异常状况, 造成挤压、撞击、倾覆等机械伤害事故。

隐患7：备煤粉碎机、破碎机前未设置除铁器。规范设置如图 2-8 所示。

判定依据：《焦化安全规程》（GB 12710—2008）中第 9.3.3 条"粉碎机、破碎机前应设除铁器。"

可能造成的后果：备煤是指炼焦前对原料煤进行堆放、配合、粉碎、调湿、除杂等一系列工艺处理，使之达到炼焦要求的过程。除铁器设置在粉碎机、破碎机前，利用磁铁原理去除原料中混有的各类金属器件，避免其进入皮带或传动机构，造成运行卡阻，引起火灾或皮带撕裂事故。

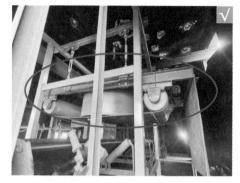

图 2-8　备煤粉碎、破碎机前设置除铁器

隐患8：皮带机等传动装置安全防护不规范。规范设置如图 2-9a、b 所示。

a　　　　　　　　　　　　　　　　b

图 2-9　皮带机安全防护装置设置情况

a—皮带机设置防跑偏装置；b—皮带机设置急停拉绳开关

判定依据：《焦化安全规程》（GB 12710—2008）中第 9.5.2 条"胶带输送机应有下列装置：a. 胶带打滑、跑偏及溜槽堵塞的探测器；b. 机头、机尾自动清扫装置；c. 倾斜胶带的防逆转装置；d. 胶带输送机至机头、机尾应安装紧急停车装置（两侧通行时，两侧均应安装）；e. 自动调整跑偏装置。"

可能造成的后果：皮带机是采取连续方式输送原煤、焦炭等物料的设备，在钢铁生产过程中运用广泛。为保障其安全运行，应设有头尾轮防护罩、防打滑、防跑偏、急停拉绳开关等安全装置。安全装置不全或失效，作业过程中可能发生人员卷入、皮带撕裂、皮带起火等事故。

隐患9：焦炉主控室便携式 CO 报警器低报值设置为 62.5mg/m³（50ppm），不符合规范要求（图 2-10a）。规范设置如图 2-10b 所示。

判定依据：《工业企业煤气安全规程》（GB 6222—2005）中第 4.10 条"煤气危险区（如地下室、加压站、热风炉及各种煤气发生设施附近）的一氧化碳浓度应定期测定，在关键部位应设置一氧化碳监测装置。作业环境一氧化碳最高允许浓度为 30mg/m³（24ppm）。"

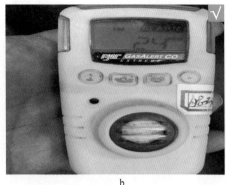

a   b

图 2-10　便携式煤气报警器低报值设置情况

a—便携式煤气报警器低报值设置不规范，为 50ppm；b—便携式煤气报警器低报值规范设置为 24ppm

可能造成的后果：焦炉主控室配备便携式 CO 检测报警器，是为岗位人员到煤气区域进行点巡检，或处置煤气设施异常情况时，随身携带检测环境中煤气浓度，在煤气超标时及时预警的，是保障人员生命安全的重要设施。低报值设置为 30mg/m³（24ppm），报警值设置不当，在出现煤气超标时报警不及时，人员应急迟缓，极易造成煤气中毒事故。

隐患 10：焦炉回炉煤气管道放散管高度不足（图 2-11a）。规范设置如图 2-11b 所示。

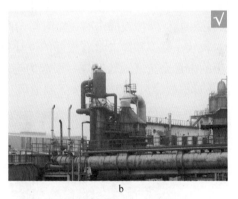

a   b

图 2-11　焦炉煤气放散管高度问题

a—焦炉煤气放散管高度不足；b—焦炉煤气放散管设置高度符合要求

判定依据：《工业企业煤气安全规程》（GB 6222—2005）中第 7.3.1.2 条"放散管口应高出煤气管道、设备和走台 4m，离地面不小于 10m。厂房内或距厂房 20m 以内的煤气管道和设备上的放散管，管口应高出房顶 4m。厂房很高，放散管又不经常使用，其管口高度可适当减低，但应高出煤气管道、设备和走台 4m。不应在厂房内或向厂房内放散煤气。"

可能造成的后果：放散管是一种专门用于在特殊情况下排放管道内部气体的装置，主要功能是进行气体吹扫和泄压放散的，有过剩放散管、事故放散管、吹扫放散管等多种形式。在正常运行过程中，可用于排放过剩气体；在事故应急状态下，可用于超压时及时泄压；在检修时，可用于吹扫排空管内残余气体。焦炉回炉管道的放散管高度不足，焦炉煤气可能会从放散口溢出，在空气中扩散至周围区域，引起中毒、火灾或爆炸事故发生。

隐患 11：易燃易爆场所使用易产生火花的工具（图 2-12a）。规范设置如图 2-12b 所示。

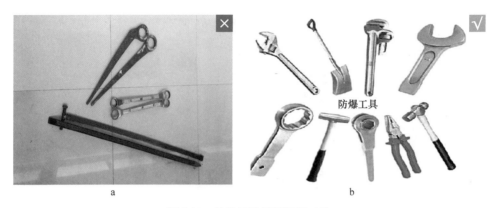

图 2-12　易燃易爆场所使用工具
a—钢制工具；b—铜制等其他不易产生火花工具

判定依据：《焦化安全规程》（GB 12710—2008）中第 4.18 条"在易燃、易爆场所，不应使用易产生火花的工具。"

可能造成的后果：普通钢制工具在使用时撞击和摩擦会产生火花（微小金属颗粒燃烧），主要是钢里含有很高的碳，在摩擦和撞击时，短时间内集聚的热量不能及时被吸收和传导，热量集中到摩擦和撞击时产生的微小金属颗粒上飞溅出来就是火花（颗粒燃烧）。防爆工具（防爆材料）和普通钢制工具不一样，由于铜等材料的良好导热性能以及几乎不含碳，工具在和物体摩擦或撞击时，短时间内产生的热量能够被及时吸收和传导，另外由于铜本身相对较软，摩擦和撞击时有很好的退让性，不易产生微小金属颗粒，几乎看不到火花，即使产生的微量火花（颗粒燃烧）引起的热量也不足以导致火灾、爆炸事故的发生。

隐患 12：鼓冷风机房未采取强制通风（图 2-13a）。规范设置如图 2-13b 所示。

图 2-13　鼓冷风机房强制通风设置情况
a—鼓冷风机房未设置强制通风设施；b—鼓冷风机房设有防爆型风扇进行强制通风

判定依据：《焦化安全规程》（GB 12710—2008）中第 5.3.8 条"有爆炸危险的甲、乙类厂房，宜采用'敞开或半敞开'式建筑；必须采用'封闭式建筑'时，应采取'强制通风换气'措施。"

可能造成的后果：鼓冷风机房是将焦炉产出的荒煤气在去除焦油氨水混合液、萘等杂质后，加压输送到下一道生产工序的重要场所。由于焦炉煤气鼓风机的轴封大多采用油封及自吸式气封结构，存在传动轴和端盖结合处易泄漏煤气、鼓冷风机房内 CO 浓度超标等风险。在《钢铁企业煤气储存和输配系统设计规范》（GB 51128—2015）中该区域被定义为爆炸危险环境 1 区，一旦该区域采用"封闭式建筑"且无"强制通风换气"措施时，风机房中泄漏的煤气易积聚，遇点火源，可能发生火灾爆炸事故。

隐患 13： 苯储槽区未设置固定式或半固定式泡沫灭火设施（图 2-14a）。规范设置如图 2-14b 所示。

图 2-14　苯储槽区泡沫灭火设施设置情况

a—苯储槽区未设置泡沫灭火设施；b—苯储槽区设置泡沫灭火设施

判定依据：《焦化安全规程》（GB 12710—2008）中第 6.3 条"下列场所应设消防灭火设施：a. 粗苯、精苯储槽区，应设固定式或半固定式泡沫灭火设施，槽区周围应有消防给水设施。"

可能造成的后果： 苯是无色、易燃、高毒液体，密度小于水，且不溶于水。为确保苯储槽区发生火情时的有效应急处置，应在苯储槽区针对性地设置固定式或半固定式泡沫灭火器。若缺少有效的灭火设施，在发生火情时，无法及时处置，易造成火灾扩大，甚至导致爆炸，污染周边环境，造成中毒事故。

隐患 14： 焦油槽未规范设置编号、名称、规格等标志（图 2-15a）。规范设置如图 2-15b 所示。

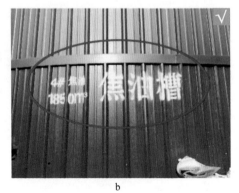

图 2-15　焦油槽编号、名称、规格等标志设置情况

a—焦油槽未设编号、名称、规格等标志；b—焦油槽设有编号、名称、规格等标志

判定依据：《焦化安全规程》（GB 12710—2008）中第 8.1.2 条"储槽、塔器及其他设备的外壳，应有设备编号、名称及规格等醒目标志。"

可能造成的后果：储槽、塔器及其他设备上规范设置设备的编号、名称及规格等信息，是给设备设施标注，以名片、可视化的形式告知区域作业人员该设施的重要信息，促使作业人员进一步地了解其特性、风险及应采取的防范措施，防止作业人员对设备设施、介质等不知晓，盲目作业，引发事故。

隐患 15：停用设备、管线清扫后未堵盲板（图 2-16a）。规范设置如图 2-16b 所示。

a 　　　　　　　　　　　　　　　b

图 2-16　停用设备、管线清扫后堵盲板情况

a—停用设备、管线清扫后未堵盲板；b—停用设备、管线清扫后堵盲板

判定依据：《焦化安全规程》（GB 12710—2008）中第 8.1.8 条"停产不用的塔器、容器、管线等，应清扫干净，并应打开放散管和隔断对外连接；报废不用的设备和管线，清扫干净后应立即拆除。"

可能造成的后果：焦化工艺中的大部分设备设施及管道盛装或有易燃易爆、有毒有害介质流经，停用后，若未清扫置换干净，设备设施、管道内仍会残余积聚物，不断散发出气体，形成有毒有害或爆炸性气体环境，一旦泄漏会发生中毒事故，遇点火源会发生火灾爆炸事故；若停用的设备设施与原系统间未设置可靠隔断，或未完全脱开，一旦误操作相连通的阀门、管道等设备设施，可能致易燃易爆、有毒有害介质窜入，造成中毒等事故。

隐患 16：阀门无开、关状态指示（图 2-17a）。规范设置如图 2-17b 所示。

a 　　　　　　　　　　　　　　　b

图 2-17　阀门开闭状态指示设置情况

a—阀门未设开、关状态指示牌；b—阀门设有开、关状态指示牌

判定依据：《焦化安全规程》（GB 12710—2008）中第 8.2.8 条"阀门应有开、关旋转方向和开、关程度指示，旋塞应有明显的开、关方向标志。"

可能造成的后果：阀门的开、关旋转方向和开关程度指示为操作阀门提供了可视化的指示，未标示开关方向或程度的阀门，操作人员操作阀门时，可能会发生误操作，搞错开关旋转方向，或导致开关不到位，引发事故；尤其是在应急状况下，更容易发生误操作。

隐患 17：焦油储罐未设置防止超温的检测报警装置。规范设置如图 2-18 所示。

图 2-18　焦油储罐设置了防止超温的检测报警装置

判定依据：《焦化安全规程》（GB 12710—2008）中第 8.3.4 条"设有蒸汽加热器的储罐，应采取防止液体超温的措施。"

可能造成的后果：焦油是焦化的副产品，焦油是黏稠的油状液体，在其储存过程中易黏结，堵塞阀门或管道，此外焦油中含有水分，一般要求含水量要小于 4%，为保证焦油的流动性与蒸发去除多余水分，焦油储罐会设置加热器来控制温度，但是温度不能过高，否则会造成焦油中残余的氨气等有毒气体溢出，甚至发生中毒事故，为避免此类事故发生，须采取现场温度计控温或在线控温等措施，并伴随有超温声光报警，有效避免温度失控的情况发生。

隐患 18：硫酸储罐无满流管或液位控制装置（图 2-19a）。规范设置如图 2-19b 所示。

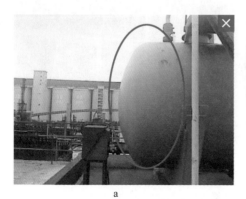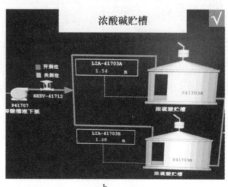

图 2-19　硫酸储罐满流管或液位控制装置设置情况
a—硫酸储罐无满流管或液位控制装置；b—硫酸储罐设有液位控制装置

判定依据：《焦化安全规程》（GB 12710—2008）中第 8.3.9 条"酸、碱和甲、乙、丙类液体高位储槽，应设满流管或液位控制装置。"

可能造成的后果： 硫酸储罐如果未设置满流、回流管或液位控制装置，在输送过程中可能会导致硫酸存储满后溢出，硫酸属强酸，具有腐蚀性，一旦溢出，会腐蚀周边设备设施，严重时引发伤亡事故。

隐患 19： 鼓风冷凝工段只有一路水源（图 2-20a）。规范设置如图 2-20b 所示。

图 2-20　鼓风冷凝工段冷凝水供水水源设置情况
a—鼓风冷凝工段只有单路水源；b—鼓风冷凝工段设有双路供水

判定依据：《焦化安全规程》（GB 12710—2008）中第 11.1.1 条"冷凝鼓风工段应有两路电源和两路水源，采用两台以上蒸汽透平鼓风机时，应采用双母管供汽。"

可能造成的后果： 焦炉通常是全年连续生产的，冷凝鼓风是对焦炉生产出来的煤气进行冷却除萘和加压的工序，是焦化化产的头道工序。如果只有一路水源，一旦发生突发状况，水源中断，焦炉煤气冷却、水洗萘、焦炉煤气鼓风机加压等将会停止，无法保证焦炉煤气正常外供，还会造成焦炉炉顶冒黄烟、强制点火放散，导致严重的事故发生。

隐患 20： 加煤车螺旋输送机运行时开盖（图 2-21a）。规范设置如图 2-21b 所示。

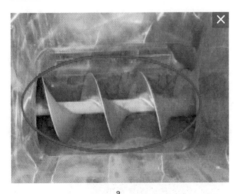

图 2-21　螺旋输送机运行时开盖设置情况
a—螺旋输送机运行时开盖；b—螺旋输送机运行时孔盖关闭

判定依据：《焦化安全规程》（GB 12710—2008）中第 11.2.12 条"螺旋输送机应设

盖板，设备运转时，不应开盖。"

可能造成的后果：加煤车通常采用螺旋输送的方式将煤传送至焦炉横向不同部位的装煤孔，为便于在发生堵料时进行清理，在其上方设有检修孔，正常运行时加盖封闭。若在堵料处理或检修结束后，不及时恢复封闭，在运行状态下，易造成异物落入卡住或损坏设备，若人员不慎踏入，还会造成伤害事故。

隐患21：化学储罐区未规范设置应急清洗装置（图2-22a）。规范设置如图2-22b所示。

图2-22 化学储罐区应急清洗装置设置情况
a—化学品储罐区未设置洗眼器；b—化学品储罐区设置洗眼器

判定依据：《焦化安全规程》（GB 12710—2008）中第11.2.13条"在酸、碱泵及其介质易外泄的生产设施附近选择相对安全、方便的位置设置洗手盆、淋洗器、洗眼器。"

可能造成的后果：危险化学品通常具有有毒和腐蚀性的特点，在装卸、使用或设备检维修等作业过程中，人员容易发生沾染事故，需及时进行清洗，因此在危险化学品储罐区应就近设置应急清洗装置（控制范围15m内）。若该装置缺失或日常检查维护不到位，在应急状况下，沾染人员不能得到及时清洗，会造成严重的人身伤害事故。

隐患22：焦化煤气压缩机房报警仪接地线与线缆桥架外壳相连接（图2-23a）。规范设置如图2-23b所示。

图2-23 设备、机组、贮罐、管道等的静电接地线设置情况
a—煤气报警仪接地线与线缆桥架外壳相连；b—静电接地线单独与接地干线相连接

判定依据：《电气装置安装工程爆炸和火灾危险环境电气装置施工及验收规范》（GB 50257—2014）中第7.2.1.2条"设备、机组、贮罐、管道等的静电接地线，应单独与接地体或接地干线相连。"

可能造成的后果：煤气压缩机房属爆炸危险区域，容易发生煤气泄漏形成爆炸环境，机房内电气设施选用、安装须满足防爆要求，避免因发生漏电或静电，造成火灾、爆炸事故。为确保报警仪等电气设备接地的可靠性，应尽量减少导流环节，就近接地。电缆桥架虽由金属连接组成，但其连接环节较多，发生传导不良的可能性较大，报警仪等电气设备接地线与其连接，会增加因传导不良引起火灾爆炸事故的风险。

隐患23：氨缓冲罐及吸收塔缺少氨气泄漏检测探测器（图2-24a）。规范设置如图2-24b所示。

a b

图 2-24　氨罐区可燃气体检测报警器设置情况

a—未设置可燃气体检测报警器；b—设置可燃气体检测报警器

判定依据：《石油化工可燃气体和有毒气体检测报警设计标准》（GB/T 50493—2019）中第3.0.1条"在生产或使用可燃气体及有毒气体的生产设施及储运设施的区域内，泄漏气体中可燃气体浓度可能达到设定值时，应设置可燃气体探测器；泄漏气体中有毒气体浓度可能达到报警设定值时，应设置有毒气体探测器；既属于可燃气体又属于有毒气体的单组分气体介质，应设有毒气体探测器；可燃气体与有毒气体同时存在的多组分混合气体，泄漏时可燃气体浓度和有毒气体浓度有可能同时达到报警设定值，因此应分别设置可燃气体探测器和有毒气体探测器。"

可能造成的后果：氨是焦化化产的副产品之一，常温下氨是一种可燃气体，且有毒和腐蚀性，重度中毒可致肺水肿、脑水肿、喉头水肿、喉痉挛、窒息，抢救不及时可能危及生命。为防止氨泄漏造成人员伤害或引起火灾，需在氨缓冲罐、吸收塔等氨的相关工艺装置周边设置固定式氨气检测报警器，若未规范设置检测报警器或报警器失效，一旦发生泄漏不能及时报警，易发生人员中毒或火灾事故。

隐患24：甲醇转化装置升温炉、预热炉和燃料器管道周围缺少固定可燃气体检测器（图2-25a）。规范设置如图2-25b所示。

判定依据：《石油化工可燃气体和有毒气体检测报警设计标准》（GB/T 50493—2019）中第4.2.1条"释放源处于露天或敞开式厂房布置的设备区域内，可燃气体探测器距其所

图 2-25 可燃气体报警器设置情况

a—未设置可燃气体检测报警器；b—设置可燃气体报警器

覆盖范围内的任一释放源的水平距离不宜大于 10m，有毒气体探测器距其所覆盖范围内的任一释放源的水平距离不宜大于 4m。"

可能造成的后果： 甲醇属高度易燃液体，其蒸汽与空气混合容易形成爆炸性气氛。为防止甲醇泄漏，须在甲醇转化装置升温炉、预热炉和燃料器管道等甲醇生产、输送、储存装置周边设置固定式可燃气体检测报警器，若未要求设置检测报警器或报警器失效，一旦发生泄漏不能及时报警，易发生火灾爆炸事故。

隐患 25： 焦炉地下室煤气排水器水位观察措施损坏，液位计腐烂损坏（图 2-26a）。规范设置如图 2-26b 所示。

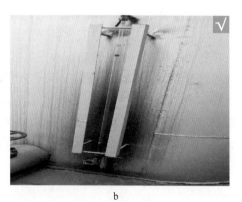

图 2-26 焦炉地下室地坑内排水器液位计腐烂漏水情况

a—焦炉地下室地坑内煤气排水器液位计漏水失效；b—焦炉地下室地坑内煤气排水器液位计完整有效

判定依据：《煤气排水器安全技术规程》（AQ 7012—2018）中第 4.1.2 条 "水封式排水器除了满足 4.1.1 的要求，还应满足以下要求：

——设有加水口；不采用连续加水的，宜设置便于检查水封高度的装置。"

可能造成的后果： 焦炉煤气的冷凝水中含有多种化学物质，具有较强的腐蚀性，排水器的筒体内部及配件容易发生腐烂致使排水器内的水封水泄漏，如果排水器水位观察设施损坏，液位计腐烂失效，一旦排水器内的水封水泄漏，很难及时发现，如未能及时补水，会导致煤气击穿泄漏，引发人员中毒事故。

隐患 26：气体泄漏检测报警仪未见现场声光报警（图 2-27a）。规范设置如图 2-27b 所示。

图 2-27　现场气体检测报警仪设置情况

a—现场无声光报警；b—现场有声光报警

判定依据：《石油化工可燃气体和有毒气体检测报警设计标准》（GB/T 50493—2019）中第 3.0.4 条"控制室操作区应设置可燃气体和有毒气体声、光报警，现场区域警报器宜根据装置占地的面积、设备及建构筑物的布置、释放源的理化性质和现场空气流动的特点进行设置，现场区域警报器应有声、光报警功能。"

可能造成的后果：钢铁企业内部使用的气体，有不少是无色、无味的气体，比如氧气、氮气、氩气、高炉煤气等，气体泄漏时，不容易被发现，采用的气体泄漏检测报警仪，为液晶数字显示，在不同的光线下，观察的效果不同，因此需要加装现场声光报警功能，一旦检测到气体泄漏超过安全报警值，能够发出声光报警，提醒现场作业人员，及时采取处置和避险措施，起到预防事故发生和控制事故扩大的目的。气体泄漏检测报警仪如果没有声光报警，不能及时发现有毒有害气体泄漏，就可能会发生人员中毒、窒息、火灾爆炸事故。

隐患 27：合成氨控制室可燃、有毒气体报警仪主机处缺少警报器（图 2-28a）。规范设置如图 2-28b 所示。

图 2-28　主控室气体检测报警设置情况

a—主控室无声光报警；b—主控室设置声光报警

判定依据：《石油化工可燃气体和有毒气体检测报警设计标准》（GB/T 50493—2019）中第5.4.2条"控制室内可燃气体和有毒气体声光警报器的声压等级应满足设备前方1m处不小于75dB（A），声、光警报器的启动信号应采用第二级报警设定值信号。"

可能造成的后果：焦炉合成氨是用于提取焦炉煤气中氢气和空分装置的氮气，生产液氨。合成氨控制室的可燃、有毒气体报警仪主要是检测是否有氨气泄漏，氨气是一种无色、有强烈刺激气味的有毒气体，对人的皮肤、眼睛、上呼吸道、肺部有腐蚀作用，人员吸入氨气会造成氨中毒，大量吸入氨气严重氨中毒，还会造成心跳停止。报警仪主机加装现场声光报警后，一旦检测到氨气泄漏超过限值，发出声光报警，提醒控制室值守等人员，及时采取处置措施并报告，可以起到预防事故目的，避免发生人员氨中毒事故。

隐患28：甲醇预热炉煤气管道接地不全（图2-29a）。规范设置如图2-29b所示。

图2-29 煤气管道接地设置情况
a—煤气管道未设置接地；b—煤气管道设置接地

判定依据：《工业煤气安全规程》（GB 6222—2005）中第6.2.1.2条"交叉处的煤气管道设置可靠接地。"

可能造成的后果：焦炉煤气中的甲烷和少量多碳烃转化合成甲醇，甲醇预热炉采用煤气加热，煤气经管道输送至甲醇预热炉使用，煤气输送时，具有一定的流速，煤气与管道壁摩擦可能会产生静电。煤气管道接地不全，静电不能得到释放，会产生静电积聚，易引发火灾、爆炸事故。煤气管道在设计时，要每间隔200~300m设置接地点，释放煤气输送时产生的静电，防止静电积聚，预防事故的发生。

隐患29：甲醇压缩机房一层四级空冷器防爆软管不符合要求（图2-30a）。规范设置如图2-30b所示。

判定依据：《电气装置安装工程爆炸和火灾危险环境电气装置施工及验收规范》（GB 50257—2014）中第5.3.6条"钢管配线应在下列各处装设防爆挠性连接管：1. 电机的进线口处；2. 钢管与电气设备直接连接有困难处；3. 管路通过建筑物的伸缩缝、沉降缝处。"

可能造成的后果：当采用非防爆型护套包括单纯塑料护套，或是塑料外层内附铝层护套时，防爆功能的可靠性存在不足，当易燃介质发生泄漏时，存在电气设施潜在电气火花引发火灾、爆炸事故的可能。应按照《爆炸危险环境电力装置设计规范》（GB 50058—

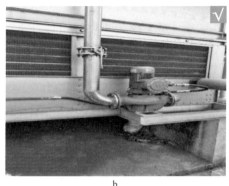

a   b

图 2-30　爆炸和火灾危险环境电线穿管设置情况
a—穿线管不防爆；b—穿线管防爆

2014）的规定，爆炸危险场所内，除在配电盘、接线箱或采用金属导管配线系统内，无护套的电线不应作为配电线路（主要目的是没有护套的电线绝缘层容易破损而存在产生火花的危险性）。因此任何爆炸危险场所内不允许无护套电线作为配电线路，同时为避免金属钢管作护管直接连接时可能承受过大的额外应力和连接困难，规定需要在钢管配线与设施、构筑物连接的特殊位置采用挠性管连接。同时为满足爆炸性环境防爆要求，应采用防爆型挠性连接管。

隐患 30：化产回收煤气管道放散管高度不足（图 2-31）。

判定依据：《工业企业煤气安全规程》（GB 6222—2005）中第 7.3.1.2 条"放散口应高出煤气管道、设备和走台 4m，离地面不小于 10m。"

可能造成的后果：煤气设施吹扫放散期间会有一氧化碳、硫化氢、氮气等有毒有害气体集中释放，当放散管高度较低时，容易造成操作平台甚至地面区域的有毒有害物质浓度超标甚至引发人员中毒和窒息伤害，遇不易扩散天

图 2-31　煤气管道放散管高度不足

气或受风向等因素叠加，后果更加严重，因此应严格执行标准规定，确保放散管高度达标，最大程度提高煤气放散时的扩散稀释效果和安全可靠性，避免事故发生。

隐患 31：化产回收区域部分警示标识损坏，有限空间警示标识信息不完备（图 2-32a）。规范设置如图 2-32b 所示。

判定依据：《工贸企业有限空间作业安全管理与监督暂行规定》（国家安全监管总局令第 59 号公布，第 80 号修正）第十九条"工贸企业有限空间作业还应当符合下列要求：（二）设置明显的安全警示标志和警示说明。"

可能造成的后果：焦化化产主要是对焦炉粗煤气中的化工产品进行回收加工的工序，其涉及的大多是易燃、易爆、有毒物质，如果涉及的有限空间未设置安全警示进入标志、未对区域的风险及防范措施进行告知，进入区域作业的人员对有限空间内的风险不知晓，

图 2-32　有限空间安全告知牌设置情况

a—有限空间未张贴安全告知牌；b—有限空间设置安全告知牌

盲目作业，可能造成中毒窒息、火灾爆炸等事故。

隐患 32：化产氢气管道架设在其他可燃气体、可燃液体的下方（图 2-33a）。规范设置如图 2-33b 所示。

图 2-33　气体管道布置情况

a—氢气管道设置在可燃气体、液体管道下方；b—氢气管道设置在可燃气体、液体管道上方

判定依据：《氢气使用安全技术规程》（GB 4962—2008）中第 4.4.6 条"氢气管道与氧气管道、其他可燃气体管道、可燃液体管道同架敷设时，氢气管道应与上述管道之间宜用公用工程管道隔开，或保持不小于 250mm 的距离，分层敷设时，氢气管道应位于上方。"

可能造成的后果：氢气管道架设在其他可燃气体、可燃液体的下方时，存在其他管道检修时，焊渣火花落在氢气管道上发生危险的可能性；同时氢气比重较轻，极易向上扩散，当布置在其他管道下部时，氢气管道发生事故情况下（如泄漏、火灾等），会增加其上部相关管道的安全风险。

隐患 33：输送氢气、氧气、煤气等危化品的管道上未见接地装置（图 2-34a）。规范设置如图 2-34b 所示。

判定依据：《氢气使用安全技术规程》（GB 4962—2008）中第 4.4.11 条"室内外架空或埋地敷设的氢气管道和汇流排及其连接的法兰间宜互相跨接和接地。氢气设备与管道

a　　　　　　　　　　　　　b

图 2-34　气体管道接地设置情况

a—气体管道未设置接地；b—气体管道设置接地

上的法兰间的跨接电阻应小于 0.03Ω。"《氧气站设计规范》（GB 50030—2013）第 9.0.10
条 "氧气管道应有导除静电的接地装置。"《工业企业煤气安全规程》（GB 6222—2005）
第 6.1.3 条 "煤气管道应采取消除静电和防雷措施。"

可能造成的后果：氢气、氧气、煤气均属于易燃易爆气体，在输送过程中，若发生泄
漏，极易在周边形成易燃易爆氛围，而气体在输送过程中容易在管道内部产生摩擦静电，
若不及时将静电接地消除，有可能会产生火花，引起火灾爆炸事故。管道法兰连接因存在
锈蚀、油漆等因素，若不设跨接，极易因静电传导不良引发事故。

隐患 34：硫酸槽检修人孔门未张贴有限空间安全警示牌（图 2-35a）。规范设置如图
2-35b 所示。

a　　　　　　　　　　　　　b

图 2-35　有限空间安全警示牌设置情况

a—硫酸槽有限空间未见安全警示牌；b—硫酸槽有限空间有安全警示牌

判定依据：《工贸企业有限空间作业安全管理与监督暂行规定》（国家安全监管总局
令第 59 号公布，第 80 号修正）第十九条 "工贸企业有限空间作业还应当符合下列要
求：（二）设置明显的安全警示标志和警示说明。"

可能造成的后果：硫酸槽内壁防腐层若存在破损，硫酸可与金属槽壁接触发生反应生
成氢气。人员进入槽内检修，存在腐蚀、缺氧、易燃易爆等风险，属于有限空间作业，为

警示作业人员，告知危险因素，并明确安全要求，须在槽壁人孔处设置有限空间安全告示牌。若不设置或信息不全，极易因安全措施不到位造成腐蚀、窒息、火灾事故。

隐患35：氮氢压缩厂房可燃气体报警仪位置过低（图2-36a）。规范设置如图2-36b所示。

图2-36　可燃气体检测报警器安装位置

a—报警器安装在可能泄漏点下方；b—报警器安装在可能泄漏点上方

判定依据：《石油化工可燃气体和有毒气体检测报警设计标准》（GB/T 50493—2019）中第6.1.2条"检测比空气轻的可燃气体或有毒气体时，探测器的安装高度宜在释放源上方2m内。"

可能造成的后果：氮氢压缩厂房设置可燃气体报警仪，主要检测的是氢气含量，氢气比空气轻，当氢气发生泄漏时，会往上方积聚，探测器只有安装在泄漏源的上方，才能及时准确地检测到泄漏的氢气，提醒操作人员采取措施。如果安装过低，则检测出的数值不能真实反映周围环境中的氢气含量，易发生火灾、爆炸事故。

隐患36：氮氢压缩机南侧防爆软管不符合要求（图2-37a）。规范设置如图2-37b所示。

图2-37　爆炸危险环境电气穿线管接设情况

a—防爆穿线管接头不规范；b—防爆穿线管规范接设

判定依据：《危险场所电气防爆安全规范》（AQ 3009—2007）中第6.1.1.3.10条

"导管系统中下列各处应设置与电气设备防爆形式相当的防爆挠性连接管：电动机的进线口；导管与电气设备连接有困难处；导管通过建筑物的伸缩缝、沉降缝处。"

可能造成的后果： 氢气属易燃易爆气体，氮氢压缩机容易发生氢气泄漏，当防爆软管防爆功能不可靠，氢气发生泄漏时，电气设备使用时易释放电气火花会引发火灾、操作事故。

隐患37： 鼓冷风机房与变配电室的防火墙上有门（图2-38a）。规范设置如图2-38b所示。

图2-38   变配电室与危险区域的防火分区设置情况

a—变配电室与危险环境未用防火墙分隔；b—变配电室与危险环境采用防火墙分隔

判定依据：《建筑设计防火规范》（GB 50016—2014，2018版）中第3.3.8条"变、配电站不应设置在甲、乙类厂房内或贴邻，且不应设置在爆炸性气体、粉尘环境的危险区域。供甲乙类专用的10kV变配电站，当采用无门窗、洞口的防火墙分隔时，可一面贴邻。"

可能造成的后果： 鼓冷风机房火灾危险性属于甲类厂房，且有易燃易爆特性属于防爆Ⅰ区。贴邻的变配电室若隔墙设有门窗，发生煤气泄漏时，易窜入变配电室内，遇电气火花引发火灾或爆炸事故。

隐患38： 热风机（60℃）进出口管道缺少防烫设施、警示标识（图2-39a、b）。

图2-39   高温管道防护情况

a—高温管道无隔热防护；b—高温管道未设置警示标识

判定依据:《设备及管道绝热技术通则》(GB/T 4272—2008)中第4.1条"具有下列工况之一的设备、管道及其附件必须保温: a)外表面温度超过 323K(50℃)者。"

可能造成的后果: 管道、设备等外表温度超过 323K(50℃),应采取保温措施或防护措施进行隔离,且在现场设警示标志,提醒作业人员作业环境中的风险及防范措施。如未进行保温、隔离防护或警示,人员误触高温设施,可能造成灼烫事故。

隐患 39: 风机房一楼电缆穿墙处未进行封堵(图 2-40a)。规范设置如图 2-40b 所示。

图 2-40　配电间电缆孔洞封堵情况
a—电缆孔洞未封堵完善;b—电缆孔洞封堵

判定依据:《焦化安全规程》(GB 12710—2008)中第7.1.6条"对易受外部影响着火的电缆密集场所或可能着火蔓延而酿成事故的电缆回路,可采取以下防火阻燃措施: a. 电缆穿过竖井、墙壁、楼板或进入电气盘、柜的孔洞处,用防火堵料密实封堵。"

可能造成的后果: 建构筑物内的电缆敷设会涉及不同的防火分区,在水平建构筑物或上下层建构筑物间需通过电缆桥架穿墙或电缆护套管穿墙等方式穿越,在孔洞处需采用防火堵料封堵。如未封堵密实,一旦发生火灾,火苗、烟雾等可能窜入另一防火分区,尤其是窜入有人值守的区域,造成人员伤亡事故;另外孔洞未封堵完善,老鼠等小动物也可能在不同房间内穿越,咬破电缆,造成断路、跳电等事故。

3 烧结球团事故隐患图鉴

3.1 烧结球团工艺流程简介

随着钢铁工业的快速发展，金属填料天然富矿在产量和质量上都远远不能满足高炉冶炼的要求，而大量贫矿经选矿后得到的精矿粉却不能直接入炉冶炼，只能通过人工方法将这些粉矿制成块状的人造富矿供高炉使用。球团与烧结是钢铁冶炼行业中作为提炼铁矿石的两种常用工艺，烧结法生产的人造富矿称为烧结矿，球团法生产的人造富矿称为球团矿。

3.1.1 烧结

铁矿粉在一定的高温作用下，部分颗粒表面发生软化和熔化，产生一定量的液相，并与其他矿石颗粒作用，冷却后，液相将矿粉颗粒藏结成块，这个过程称为烧结。烧结而成的有足够强度和粒度的烧结矿可作为炼铁的熟料。利用烧结熟料炼铁对于提高高炉利用系数、降低焦比、提高高炉透气性保证高炉运行均有一定意义。烧结系统工艺流程如图 3-1 所示。

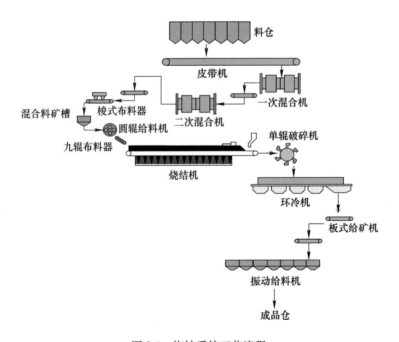

图 3-1 烧结系统工艺流程

3.1.2 球团

球团矿是细磨铁精矿或其他含铁粉料造块的又一方法。它是精矿粉、熔剂（有时还有黏结剂和燃料）的混合物，在造球机中滚成直径 8~15mm（用于炼钢则要大些）的生球，然后干燥、焙烧，固结成型，成为具有良好冶金性质的优良含铁原料，供给钢铁冶炼需要。球团法生产的主要工序包括原料准备、配料、混合、造球、干燥和焙烧、冷却、成品和返矿处理等工序。球团系统工艺流程如图 3-2 所示。

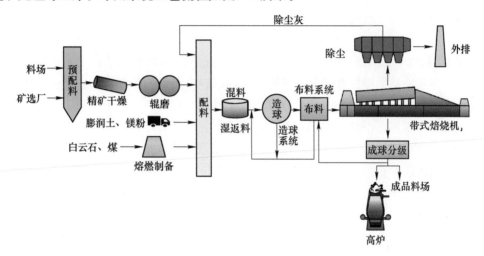

图 3-2　球团系统工艺流程

3.2　烧结球团工艺主要风险点

烧结球团工艺中主要有以下安全风险点：

（1）烧结工艺系统主要风险点。烧结工艺涉及原料输送、配置、计量、混合、烧结、冷却、破碎、输送等环节，涉及的重点设备有汽车或火车运输车辆、堆取料机、配料仓、皮带机、混合筒、烧结机、破碎机、环冷机、成品皮带以及余热回收、环保处理等设备。主体存在的风险点有车辆运输的伤害风险；堆取料机的机械伤害风险和料场坍塌风险；料仓的有限空间风险；皮带机的机械伤害风险；混合筒的机械伤害风险；烧结机的煤气中毒、火灾、爆炸和机械伤害风险；破碎系统的机械伤害和烫伤风险；环冷机的机械伤害和烫伤风险；成品皮带火灾和机械伤害风险等。

（2）球团工艺系统主要风险点。球团工艺涉及原料输送、配置、计量、干燥、球磨、造球、焙烧、冷却、输送等环节，涉及的重点设备有汽车或火车运输车辆、堆取料机、配料仓、皮带机、干燥窑、球磨机、造球机、竖炉、回转窑、链算机以及余热回收、环保处理等设备。主体存在的风险点有车辆运输的伤害风险；堆取料机的机械伤害风险和料场坍塌风险；料仓的有限空间风险；皮带机的机械伤害风险；干燥窑的煤气中毒、火灾、爆炸和机械伤害风险；球磨机的机械伤害风险；造球机的机械伤害风险；竖炉的煤气中毒、火灾、爆炸和机械伤害风险、回转窑的煤气中毒、火灾、爆炸和机械伤害风险、链算机的机械伤害风险等。

3.3　烧结球团典型事故案例

事故案例 1　烧结成品皮带火灾事故

事故经过: 2019 年 10 月 24 日,某钢铁公司炼铁厂烧结车间 1 号烧结机于 23 日晚停止烧结工段作业,过程中环冷机停机后内部仍有炽热状态的烧结矿,对烧结机进行排空后,大量红料进入皮带输送工序。成品一皮带被大火烧断并剧烈燃烧,火势迅速将皮带通廊密封用采光瓦引燃,被烧断的皮带随配重辊迅速下坠,导致成品一皮带通廊里 8 名灭火人员中的 7 人死亡。

事故原因: (1) 在烧结机尾料没有推空的情况下提前关闭烧结机主抽风机,造成过量的烧结矿在环冷机内继续燃烧;在环冷机内烧结矿未排空的情况下,提前关闭环冷风机,造成环冷机上剩余的尾料不能充分冷却,大量红料渐次进入皮带输送工序,引燃防尘罩护皮、成品皮带和皮带通廊。(2) 对烧结料成品温度管控不严,缺少烧结成品一皮带的物料温度检测及联锁打水降温系统。(3) 火灾初期现场灭火指挥者,未遵守应急救援现场处置方案规定,在未查明火灾势态情况下,盲目安排人员冒险灭火;未要求本班组灭火人员佩戴防护用品,注意安全;在火灾险情扩大时,未及时组织灭火人员撤离,是造成人员伤亡的主要原因。

事故案例 2　烧结煤气管道检修爆炸事故

事故经过: 2016 年 12 月 26 日,某公司球团计划检修回转窑、链算机等部位进行耐材拆除作业。当时现场作业共 17 人,其中 13 人在回转窑部位、4 人在链算机部位。与此同时,公司工程师站按照计划安排对厂内 PLC 设备进行检修。切断 PLC 电源时,生产线天然气失控大量排放,遇明火发生爆炸,现场多名施工人员在爆炸过程中受伤。

事故原因: (1) 球团事业部停产检修时,天然气手动阀、盲板阀、窑头手动阀全部处于开启状态,检维修人员在切断 PLC 电源后,因失电导致电控气动切断阀打开,天然气大量排放进入回转窑内和链算机区域。遇明火引发爆炸。(2) 回转窑操作人员未严格执行公司安全操作规程,疏于对回转窑内水、电、气切断情况进行检查,天然气手动阀门在事故发生前处于开启状态,仅依靠电控气动切断阀进行控制。

3.4　烧结球团常见事故隐患图鉴

隐患 40: 转运成品烧结矿未设置测温及超温打水联锁控制措施 (图 3-3a)。规范设置如图 3-3b 所示。

判断标准:《钢铁冶金企业设计防火标准》(GB 50414—2018) 第 6.5.1 条第 2 款 "烧结矿冷却后平均温度应小于 120℃。"

可能造成的后果: 成品烧结矿经环冷等设备通风冷却后,上转运皮带输送至炼铁高炉区域备用,为避免因生产节奏加快,造成冷却时间不够或冷却风量不足,使超温矿料 (≥120℃) 进入皮带,引燃非阻燃的皮带或可燃物,须对转运皮带前端烧结矿料进行连续测温,出现超温未打水降温等可能发生皮带火灾等事故。

图 3-3　转运成品烧结矿测温和打水的联锁控制设置情况

a—转运成品烧结矿未设置测温和打水的联锁控制；b—转运成品烧结矿设置测温和打水的联锁控制

隐患 41： 皮带机未规范设置拉绳开关（图 3-4a）。规范设置如图 3-4b 所示。

图 3-4　混合筒出口皮带拉绳开关设置情况

a—混合筒出口皮带无拉绳开关；b—混合筒出口皮带设置了拉绳开关

判定依据：《带式输送机安全规范》（GB 14784—2013）中第 4.1.11 条"输送机应装设安全装置：i）沿输送机人行通道的全长应设置急停拉绳开关。拉绳开关的间距不得大于 60m。"

可能造成的后果： 带式运输机是以连续方式运输物料的机械，有托辊、滚筒等传动装置，运转时可能造成机械伤害。皮带机两侧设置急停拉绳开关，是为了在输送机沿线发生故障或日常点检与检修维作业时，操作人员不慎与其传动部位接触后能够使皮带机立即停止运行的紧急开关，在第一时间能够防止人员卷入、绞入引发人身伤害的事故。

隐患 42： 配料运输皮带机头尾轮无防护（图 3-5a）。规范设置如图 3-5b 所示。

判定依据：《带式输送机安全规范》（GB 14784—2013）中第 4.1.2 条"滚筒防护应采用防护罩（板）。"

可能造成的后果： 皮带机属于连续运转设备，应在转运部位设置防护罩（板）等安全防护设施，避免点巡检和操作人员在皮带机旁侧行走或是贴临机头尾轮时，被卷入其中

图 3-5　配料运输皮带机头尾轮防护设置情况

a—配料运输皮带机头尾轮无防护；b—配料运输皮带机头尾轮有防护

造成伤害，尤其是在皮带机输运散料情况时，发生滑跌导致卷入挤伤的风险将大大增加。必须采取金属框架加钢板或多孔板、钢板网、钢丝网制作的防护罩等措施进行防护，同时应注意网格尺寸大小选择和安装位置与头尾轮之间的安全距离设置。若未安装可能导致机械卷入，造成机械伤害事故。

隐患 43：车式重锤拉紧装置区域未设置护栏（图 3-6a）。规范设置如图 3-6b 所示。

图 3-6　车式重锤拉紧装置区域防护设置情况

a—车式重锤拉紧装置区域无防护；b—车式重锤拉紧装置区域有防护

判定依据：《带式输送机安全规范》（GB 14784—2013）中第 4.1.4.2 条"车式重锤拉紧装置小车的滚筒应按照 4.1.2 的规定进行防护。"

可能造成的后果：皮带机重锤拉紧装置，可能因运输机生产负荷变化发生上下移动，同时拉紧小车也会出现左右移动，相关区域内的机械伤害和物体打击风险增加。若不按标准规定设置限位装置和护栏防护，人员进入该区域时，可能会发生因重锤钢丝绳松脱、断裂，拉紧小车异常移位等情形，导致人员伤害事故。

隐患 44：烧结机原料运输皮带跑偏严重（图 3-7a）。规范设置如图 3-7b 所示。

判定依据：《输送设备安全工程施工及验收规范》（GB 50270—2010）中第 3.0.13 条

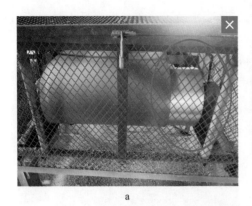

a   b

图 3-7　烧结机原料运输皮带设置情况
a—烧结机原料运输皮带跑偏严重；b—烧结机原料运输皮带未跑偏

第 2 款 "输送带运行时，其边缘与托辊辊子外侧端缘的距离应大于 30mm。"

可能造成的后果：烧结机皮带主要是用于输送含铁原料和辅料的混合料至烧结机的，皮带由驱动滚筒驱动，皮带机运动方向可由改向滚筒改变，在皮带机运输过程中由于驱动滚筒和改向滚筒长时间与输送带之间摩擦拖动，会出现皮带跑偏现象，引起皮带在跑偏侧的堆积折叠，在不均衡力的长时间作用下，易造成皮带纵向与横向撕裂、物料崩出伤人等事故发生。

隐患 45：烧结皮带通廊倾角过大未设置踏步（图 3-8a）。规范设置如图 3-8b 所示。

a   b

图 3-8　烧结皮带通廊倾角过大踏步设置情况
a—烧结皮带通廊倾角过大未设置踏步；b—烧结皮带通廊倾角过大设置有踏步

判定依据：《炼铁安全规程》（AQ 2002—2018）中第 6.12 条 "采用带式输送机运输应遵守 GB 14784 的规定：应根据带式输送机现场的需要，应有防滑措施，超过 12°时，应设踏步；地下通廊和露天栈桥亦应有防滑措施。"

可能造成的后果：运输烧结原料或成品的皮带机通常设置在皮带通廊内部，通廊内部的两侧设有行走通道，一般宽度为 0.8~1.5m，若未采取防滑措施，人员行走过程可能出现滑跌、挤伤甚至卷入运转皮带事故，特别是在通廊内部出现物料洒落时发生事故的概率将会明显增加，尤其是通廊倾角较大，超过 12°时，常用的花纹钢板或是普通钢板焊接钢筋条等防滑措施的可靠性明显不足，此时应按标准要求设置踏步，以降低人员通行过程的滑跌可能性。

隐患 46：成品皮带长距离运输未设置过桥（图 3-9a）。规范设置如图 3-9b 所示。

a　　　　　　　　　　　　　　　b

图 3-9　成品皮带长距离运输过桥设置情况

a—成品皮带长距离运输未设置过桥；b—成品皮带长距离运输设置有过桥

判定依据：《带式输送机设计规范》（GB 50431—2008）中第 11.7.4 条"长距离固定式带式输送机无横向通道时应在带式输送机上设人行跨线桥，人行跨线桥的间距或相邻两出口的距离，不宜大于 150m。"

可能造成的后果：皮带输送是实现物料高效输送的方式之一，当长输送皮带过长时，若未设置供人员横向行走的通道，人员可能因不愿意绕远路而违章跨越皮带，易发生机械伤害事故。

隐患 47：设备下方人员通道处，旋转部位未设置防护罩（图 3-10a、b）。规范设置如图 3-10c、d 所示。

判定依据：《烧结球团安全规程》（AQ 2025—2010）中第 5.1.6 条"设置裸露的运转部分，应设有防护罩、防护栏杆或防护挡板。"

可能造成的后果：裸露的设备转动部位，如不设置防护罩、防护栏杆或防护挡板，将转动部位与人员进行有效隔离，容易发生将作业人员手套、衣物、头发等卷入，发生机械伤害事故。

a　　　　　　　　　　　　　　　b

图 3-10 旋转设备防护罩设置情况

a—链箅机一侧未设置防护栏；b—混合机下方人员通道处，旋转部位未设置防护罩；

c—破碎机机侧旋转区域采用防护罩；d—造球机皮带运输电机设置防护罩

隐患 48：烧结机主控室、烧结机区域等未设置固定式煤气报警器（图 3-11a、c）。规范设置如图 3-11b、d 所示。

图 3-11 烧结机主控室、烧结机点火炉煤气区域固定式煤气报警器设置情况

a—烧结机主控室未设置固定式煤气报警器；b—烧结机主控室设置固定式煤气报警器；

c—烧结机点火炉煤气区域未设置固定式煤气报警器；d—烧结机点火炉煤气区域设置固定式煤气报警器

判定依据：《冶金企业和有色金属企业安全生产规定》（国家安全生产监督管理总局

令〔2018〕第91号）第三十二条规定："生产、储存、使用煤气的企业应当严格执行《工业企业煤气安全规程》（GB 6222—2005），在可能发生煤气泄漏、聚集的场所，设置固定式煤气检测报警仪和安全警示标志。"

可能造成的后果： 烧结机点火器及烧结机周边设有较多煤气管线设施，存在煤气泄漏风险，并易扩散至烧结机主控室等处，因此应在烧结机主控室及点火器周边等人员易聚集区域设置固定式煤气检测报警器，一旦出现煤气泄漏时，第一时间发出报警并进行处置，避免引发中毒、火灾爆炸等事故。

隐患49： 烧结机区域固定式煤气报警器信号没有送到有人值守的控制室。规范设置如图3-12所示。

判定依据：《石油化工可燃气体和有毒气体检测报警设计标准》（GB 50493—2019）中第3.0.3条"可燃气体和有毒气体检测报警信号应送至有人值守的现场控制室、中心控制室等进行显示报警。"

可能造成的后果： 烧结机点火器周边煤气管线设施存在煤气泄漏风险，且大多设置在厂房内，存在通风不良、易积聚特点，因此必须在现场多个位置设置固定式煤气检测报警器，若信号未接至有人值守的控制室，出现煤气泄漏时，不能及时发现并加以处置，容易引发中毒、火灾爆炸等事故。

图3-12　烧结机区域固定式煤气报警器信号送到有人值守的控制室设置情况

隐患50： 烧结机点火炉煤气阀门无开闭状态指示（图3-13a）。规范设置如图3-13b所示。

a   b

图3-13　烧结机点火器煤气阀门开闭状态指示设置情况

a—烧结机点火器煤气阀门无开闭状态指示；b—烧结机点火器煤气阀门显示开闭状态

判定依据：《工业企业煤气安全规程》（GB 6222—2005）中第7.2条"隔断装置（关于旋塞、闸阀等阀门）需要明显的开关标志的要求。"

可能造成的后果： 阀门的开、闭状态指示为操作阀门提供了可视化的指示，未标示阀门开闭状态，操作人员操作阀门时，可能会发生误操作，引发事故。

隐患 51：烧结机点火操作规程没明确点火失败后对炉膛吹扫、检测合格后再次点火要求（图 3-14a）。规范设置如图 3-14b 所示。

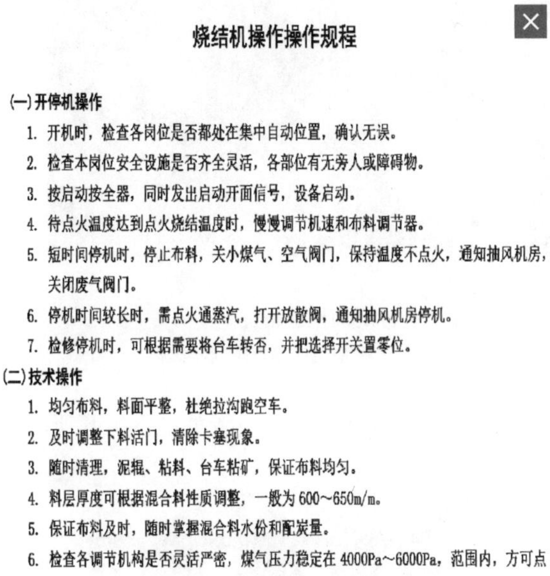

烧结机操作操作规程 ✕

（一）开停机操作
1. 开机时，检查各岗位是否都处在集中自动位置，确认无误。
2. 检查本岗位安全设施是否齐全灵活，各部位有无旁人或障碍物。
3. 按启动按全器，同时发出启动开机信号，设备启动。
4. 待点火温度达到点火烧结温度时，慢慢调节机速和布料调节器。
5. 短时间停机时，停止布料，关小煤气、空气阀门，保持温度不点火，通知抽风机房，关闭废气阀门。
6. 停机时间较长时，需点火通蒸汽，打开放散阀，通知抽风机房停机。
7. 检修停机时，可根据需要将台车转否，并把选择开关置零位。

（二）技术操作
1. 均匀布料，料面平整，杜绝拉沟跑空车。
2. 及时调整下料活门，清除卡料现象。
3. 随时清理，泥辊、粘料、台车粘矿，保证布料均匀。
4. 料层厚度可根据混合料性质调整，一般为 600～650m/h。
5. 保证布料及时，随时掌握混合料水份和配炭量。
6. 检查各调节机构是否灵活严密，煤气压力稳定在 4000Pa～6000Pa，范围内，方可点

a

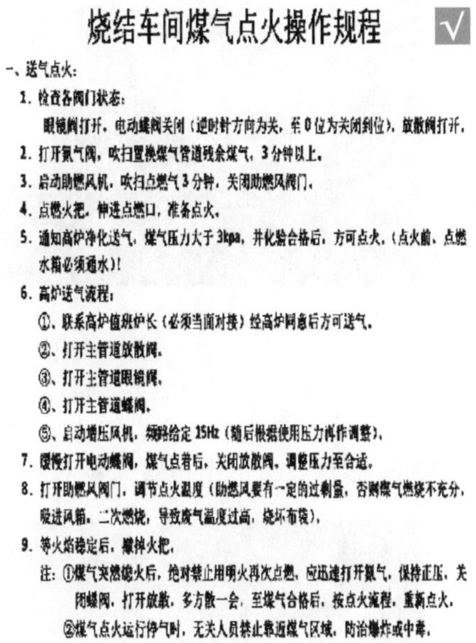

烧结车间煤气点火操作规程 ✓

一、送气点火：
1. 检查各阀门状态：
眼镜阀打开，电动蝶阀关闭（逆时针方向为关，在 0 位为关闭到位），放散阀打开。
2. 打开氮气阀，吹扫置换煤气管道残余煤气，3 分钟以上。
3. 启动助燃风机，吹扫总煤气 3 分钟，关闭助燃风阀门。
4. 点燃火把，伸进点燃口，准备点火。
5. 通知高炉净化送气，煤气压力大于 3kpa，并化验合格后，方可点火。（点火前，点燃水阀必须放水）！
6. 高炉送气流程：
①．联系高炉值班班长（必须当面对接）经高炉同意后方可送气。
②．打开主管道放散阀。
③．打开主管道眼镜阀。
④．打开主管道蝶阀。
⑤．启动增压风机，频率给定 15Hz（随后根据使用情况再作调整）。
7. 慢慢打开电动蝶阀，煤气点着后，关闭放散阀，调整压力至合适。
8. 打开助燃风阀门，调节点火温度（助燃风要有一定的剩余量，否则煤气燃烧不充分，吸进烟筒，二次燃烧，导致废气温度过高，烧坏布筒）。
9. 等火焰稳定后，撤掉火把。
注：①煤气突然熄火时，绝对禁止用明火再次点燃，应迅速打开氮气，保持正压，关闭蝶阀，打开放散，多方散一会，至煤气合格后，按点火流程，重新点火。
②煤气点火运行停气时，关掉人员禁止和意其他煤气区域，防治爆炸或中毒。

b

图 3-14　烧结机点火的规程全面，明确点火失败后对炉膛吹扫、检测合格后再次点火要求设置情况
a—烧结机点火的规程不全面，没明确点火失败后对炉膛吹扫、检测合格后再次点火要求；
b—烧结机点火的规程全面，明确点火失败后对炉膛吹扫、检测合格后再次点火要求

判定依据：《工业企业煤气安全规程》（GB 6222—2005）中第 10.1.5 条"送煤气时不着火或者着火后又熄灭，应立即关闭煤气阀门，查清原因，排净炉内混合气体后，再按规定程序重新点火。"

可能造成的后果：烧结机台车点火器若采用电子打火方式，存在点火失败的可能，在再次点火前，若不对炉膛进行有效吹扫，并检测合格，炉膛内残余煤气与空气混合，贸然点火可能会发生爆炸事故。相关操作程序要求若不在规程中固化明确，并使从业人员熟练掌握，容易因岗位人员操作不到位引发事故。

隐患 52：烧结机主控室空气呼吸器未进行定期检查（图 3-15a）。规范设置如图 3-15b 所示。

判定依据：《工业空气呼吸器安全使用维护管理规范》（AQ/T 6110—2012）使用、维护条款中第 5.3.1 条"空气呼吸器日常检查由使用单位管理人员组织进行，每月至少检查一次。使用单位可根据空气呼吸器的使用频度和使用环境适当增加检查次数。"

可能造成的后果：烧结机采用的燃料大多是高炉煤气，或混合煤气，煤气是无色、无味的有毒性气体。烧结机的煤气燃烧系统是由多个阀组和燃烧器组成的，长期使用，煤气管道阀组和燃烧器存在老化损坏的情况，如没有及时修复，容易发生煤气泄漏。烧结机主控室距离煤气设施比较近，且值守人员集中，一旦发生煤气泄漏，烧结机主控室配置的空气呼吸器是应急救援和应急处置的重要设备，而空气呼吸器要定期检查，保证气瓶内具有一定的压力和完好状态，满足使用需要。否则，会贻误时机造成事故扩大。

图 3-15　烧结机主控室空气呼吸器进行定期检查情况
a—烧结机主控室未定期检查空气呼吸器；b—烧结机主控室定期检查空气呼吸器

隐患 53： 烧结机主控室未配置空气呼吸器（图 3-16a）。规范设置如图 3-16b 所示。

图 3-16　烧结机主控室空气呼吸器设置情况
a—烧结机主控室未设置空气呼吸器；b—烧结机主控室设置空气呼吸器

判定依据：《工业空气呼吸器安全使用维护管理规范》（AQ/T 6110—2012）管理与培训条款中第 6 条"在危险作业场所中，根据有毒有害物质危害程度，可能达到的最高浓度配备足够的空气呼吸器。"

可能造成的后果： 烧结机采用的燃料主要成分是煤气，烧结机主控室距离煤气设施比较近，且值守人员集中，主控室内配置空气呼吸器是应急处置的需要，也是较好的应急器材配置地点，一旦发生煤气泄漏，方便快速处置。

隐患 54： 烧结使用的煤气管道与氮气吹扫硬连接（图 3-17a）。规范设置如图 3-17b 所示。

判定依据：《工业企业煤气安全规程》（GB 6222—2005）中第 7.5.2 条"为防止煤气串入蒸汽或氮气管道内，只有在通蒸汽或氮气时，才能把蒸汽或氮气管道与煤气管道连通，停用时应断开或堵盲板。"

可能造成的后果： 煤气管道在投用前和停用后，需要使用氮气或蒸汽等惰性气体对煤气管道内的空气和残留煤气进行吹扫置换，正常使用的过程中，不需要氮气与蒸汽，吹扫

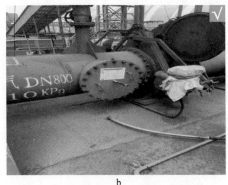

a   b

图 3-17　烧结使用的煤气管道与氮气吹扫软管连接，不用时保持脱开状态设置情况

a—烧结使用的煤气管道与氮气吹扫硬连接；b—烧结使用的煤气管道与氮气吹扫软管连接，不用时保持脱开状态

管一般采用闸阀或截止阀与煤气管道连接，不属于隔断设施。当吹扫管采用硬连接，在煤气管道正常使用过程中，氮气或蒸汽管道压力低于煤气管道压力时，煤气会倒窜入氮气或蒸汽管道中，造成氮气或蒸汽中带煤气，发生煤气中毒、爆炸事故。

隐患 55： 烧结机高炉煤气管道上的盲板阀前后无放散管（图 3-18a）。规范设置如图 3-18b 所示。

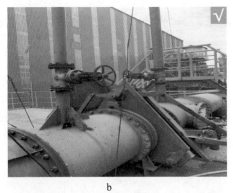

a   b

图 3-18　烧结机高炉煤气管道上的盲板阀前后放散管设置情况

a—烧结机高炉煤气管道上的盲板阀前后无放散管；b—烧结机高炉煤气管道上的盲板阀前后设置放散管

判定依据：《钢铁企业煤气储存和输配系统设计规范》（GB/T 51128—2015）中第 8.1.9 条"在煤气管道隔断装置处、管道末端及 U 形水封前后，均应设置煤气放散管。"

可能造成的后果： 高炉煤气管道上的盲板阀是煤气管道的可靠隔断装置，煤气管道停用或检修关闭盲板阀后，需要对煤气管道内的残留煤气进行吹扫干净，盲板阀前后作为煤气管道的末端放散点最为合适，没有吹扫死角，盲板阀前后安装放散管，可以避免煤气残留，防止煤气中毒事故发生。

隐患 56： 烧结机区域煤气排水器未设置便于检查水封高度的装置（图 3-19a）。规范设置如图 3-19b 所示。

判定依据：《煤气排水器安全技术规程》（AQ 7012—2018）中第 4.1.2 条"水封式排

图 3-19　烧结机区域逆止水封水位计设置情况

a—烧结机区域逆止水封无水位计；b—烧结机区域逆止水封设置水位计

水器除了满足 4.1.1 的要求，还应满足以下要求：

——设有加水口：不采用连续加水的，宜设置便于检查水封高度的装置。"

可能造成的后果： 煤气排水器主要作用是排出煤气管道的冷凝水，利用煤气排水器内部水位高度，对煤气密封，防止煤气外溢泄漏。当煤气排水器的水因损坏泄漏或蒸发时，如果未设置便于检测水封高度的装置，水位降低达到一定程度后，煤气会外溢泄漏，造成煤气中毒事故。

隐患 57： 烧结机煤气管道进口阀门平台上放散管无取样管、根部无加强筋板（图 3-20a）。规范设置如图 3-20b 所示。

图 3-20　烧结机煤气管道进口阀门平台上放散管设置取样管、挣绳、根部加强筋板等情况

a—烧结机煤气管道进口阀门平台上放散管无取样管、无挣绳、根部无加强筋板；
b—烧结机煤气管道进口阀门平台上放散管设取样管、挣绳、根部加强筋板

判定依据：《工业企业煤气安全规程》（GB 6222—2005）中第 7.3.1.5 条 "放散管的闸阀前应装有取样管"；第 7.3.1.4 条 "放散管根部应焊加强筋，上部用挣绳固定。"

可能造成的后果： 放散管上设置取样管是用于吹扫后检测煤气管道中 CO 含量的，检测合格后才可进行检维修作业或动火作业，避免由于吹扫不干净而造成煤气中毒、爆炸等事故发生。加强筋是起到加强放散管与煤气管道连接强度的措施，避免当遇到大风等恶劣天气时，放散管超幅摆动，底部连接处易发生金属疲劳、产生裂缝，造成煤气泄漏。

隐患 58： 烧结机煤气进口阀组平台蝶阀前后放散管共用（图 3-21a）。规范设置如图 3-21b 所示。

a   b

图 3-21 烧结机煤气进口阀组平台蝶阀前后放散管分别设置情况

a—烧结机煤气进口阀组平台蝶阀前后放散管共用；b—烧结机煤气进口阀组平台蝶阀前后放散管分别设置

判定依据：《工业煤气安全规程》（GB 6222—2005）中第 7.3.1.6 条"煤气设施的放散管不应共用，放散气集中处理的除外。"

可能造成的后果： 煤气设施检修时，通过煤气阀门组来可靠切断煤气，将需要检修的部分从系统中隔离出来，再置换、吹扫合格后进行检修。如果阀前、阀后放散管共用，用以放散管切换的阀门由于关不严等原因，可能使运行段的煤气倒灌入检修段，造成中毒、火灾、爆炸等事故。

隐患 59： 烧结进厂房前煤气管道排水器玻璃水位计未划设警示水位线（图 3-22a）。规范设置如图 3-22b 所示。

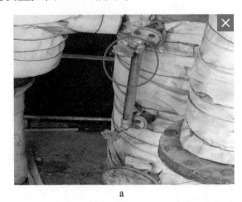

a   b

图 3-22 烧结进厂房前煤气管道排水器玻璃水位计划设警示水位线设置情况

a—烧结进厂房前煤气管道排水器玻璃水位计未划设警示水位线；

b—烧结进厂房前煤气管道排水器玻璃水位计划设警示水位线

判定依据：《煤气排水器安全技术规程》（AQ 7012—2018）中第 4.1.2 条"水封式排水器除了满足 4.1.1 的要求，还应满足以下要求：

——设有加水口：不采用连续加水的，宜设置便于检查水封高度的装置。"

可能造成的后果：水封式煤气管道排水器是在连续排除管道内冷凝水的过程中，通过排水器内水封水柱高度形成的静压力，阻挡煤气泄出。为便于检查确保水柱保持有效高度，排水器须满足溢流观察要求或设置玻璃水位计等指示水位高度的装置。若在玻璃水位计上未划设警示线，检查人员易发生疏忽，不能及时发现排水器水封缺水，导致煤气泄漏，引发煤气中毒、火灾爆炸事故。

隐患60：烧结机进厂房前煤气管道放散管与盲板阀间距大于50cm，且未设置放气头（图3-23a）。规范设置如图3-23b所示。

a　　　　　　　　　　　　　　　　b

图3-23　烧结机进厂房前煤气管道盲板阀与蝶阀间距大于50cm，放散管设置情况

a—烧结机进厂房前煤气管道放散管与盲板阀间距大于50cm，未设放散管；

b—烧结机进厂房前煤气管道盲板阀与蝶阀间距大于50cm，设放散管

判定依据：《工业企业煤气安全规程》（GB 6222—2005）中第7.3.1.1条"煤气设备和管道隔断装置前，管道网隔断装置前后支管闸阀在煤气总管旁0.5m内，可不设放散管，但超过0.5m时，应设放气头。"

可能造成的后果：煤气管道在投用或停运检修前，须对管道内气体进行吹扫置换合格，以确保运行和检修安全。进气管或吹扫管与盲板阀之间管段内气体在吹扫时不能有效置换，属于盲管（死角），两者间距离大于50cm，且不设放气头，其间气体残留量较多，煤气与空气混合有可能形成爆炸性氛围，在投用或检修时易引发中毒或火灾爆炸事故。

隐患61：有限空间未设置有限空间标识牌（图3-24a、c）。规范设置如图3-24b、d所示。

判定依据：《工贸企业有限空间作业安全管理与监督暂行规定》（国家安全监管总局令第59号公布，第80号修正）第二条"本规定所称有限空间，是指封闭或者部分封闭，与外界相对隔离，出入口较为狭窄，作业人员不能长时间在内工作，自然通风不良，易造成有毒有害、易燃易爆物质积聚或者氧含量不足的空间"，第十九条第二款"设置明显的安全警示标志和警示说明。"

可能造成的后果：烧结工序中混合机、烧结矿料仓中主要原料有烧结料、混合料、矿石等，因部分原料存在一定黏度会黏在内壁上，块型料也会出现悬料等现象，需要作业人员进入其中进行清理与疏通，存在物料坍塌、窒息事故，如未悬挂有限空间警示牌，作业人员不清楚内部空间存在的风险与防范措施，盲目作业易发生人身伤害事故。

图 3-24   烧结矿料仓入口处有限空间标识设置情况

a—混合机属于有限空间，未设置有限空间标识牌；b—混合机属于有限空间，设置有限空间标识；

c—烧结矿料仓入口处未设置有限空间标识；d—烧结矿料仓入口处设置有限空间标识

隐患 62：烧结机点火炉高温区域管道无防烫伤警示牌（图 3-25a）。规范设置如图 3-25b所示。

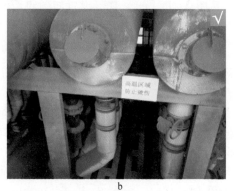

图 3-25   烧结机点火炉高温区域防烫警示牌图设置情况

a—烧结机点火炉高温区域未设置防烫警示牌；b—烧结机点火炉高温区域设置防烫警示牌

判定依据：《安全标志及其使用导则》（GB 2894—2008）中第 4.2.3 条"警告标志中有烫伤物体的场所设置当心高温标识牌。"

可能造成的后果：烧结机点火炉是燃烧过程或冷却过程的地方，设备表面均存在着能致人员烫伤的温度，若未设置防烫伤警示牌，作业、巡检或其他人员不经意触碰，可能发生灼烫事故。

隐患63：烧结机平台防护栏杆未及时关闭（图3-26a）。规范设置如图3-26b所示。

图3-26　烧结机平台防护栏杆及时关闭情况
a—烧结机平台防护栏杆未及时关闭；b—烧结机平台防护栏杆已及时关闭

判定依据：《机械安全防护装置固定式和活动式防护装置设计与制造一般要求》（GB/T 8196—2003）中第6.4.1条运动传递部位"对运动传递部件，如皮带轮、皮带、齿轮、导轨、齿杆、传动轴产生的危险的防护，应采用固定式防护装置（见图1）或活动式联锁防护。"

可能造成的后果：烧结机台车在生产过程中始终处于运动状态，其滚轮与轨道啮合处有机械伤害的风险。在平台处设置防护栏杆是为了保护周围人员不与运动的台车相接触，如果防护栏杆未及时关闭，就起不到防护的作用，周围的人员有可能接触到台车，严重的会造成机械伤害或其他伤害。

隐患64：造球室煤气区域电气设备接线、球团加压机房内部分电缆穿线管不符合防爆要求（图3-27a、c）。规范设置如图3-27b、d所示。

判定依据：《危险场所电气防爆安全规范》（AQ 3009—2007）中第6.1.1.3.10条导管系统中下列各处应设置与电气设备防爆型式相当的防爆挠性连接管：

——电动机的进线口；

——导管与电气设备连接有困难处；

——导管通过建筑物的伸缩缝、沉降缝处。"

可能造成的后果：造球室、球团加压机房内煤气设施较多，且通风不畅，容易有煤气泄漏积聚，属于爆炸危险区域，区域内电气设施接线、穿管等安装维护若不符合防爆要求，产生的电火花会引发煤气火灾、爆炸事故。

隐患65：竖炉区域管道、回转窑煤气管道无介质类型、管径、流向等标识（图3-28a、c）。规范设置如图3-28b、d所示。

判定依据：《工业管道的基本识别色、识别符号和安全标识》（GB 7231—2003）中第5章识别符号"工业管道的识别符号由物质名称、流向和主要工艺参数等组成"。

可能造成的后果：竖炉是采用高炉煤气焙烧，使生球在窑内高温气氛下氧化、固结，生成酸性氧化球团的设备，煤气管道标识的目的是便于人员快速、准确识别管道内的物质，避免在操作或设备检修时发生误判断，引发煤气中毒、爆炸等事故。

图 3-27　造球室煤气风机区域电气设备接线符合防爆要求、球团加压机房内电缆穿线管防爆要求设置情况

a—造球室煤气风机区域电气设备接线不符合防爆要求；b—造球室煤气风机区域电气设备接线符合防爆要求；

c—球团加压机房内部分电缆穿线管不符合防爆要求；d—球团加压机房内电缆穿线管符合防爆要求

图 3-28　竖炉区域煤气管道介质、流向标识和回转窑煤气管道管径、流向等标识设置情况

a—竖炉区无介质、流向标识；b—竖炉区域煤气管道有介质、流向标识；

c—回转窑煤气管道无管径、流向等标识；d—回转窑煤气管道有管径、流向等标识

隐患66： 球团煤气加压机房与操作室间隔墙设有窗户（图3-29a）。规范设置如图3-29b所示。

 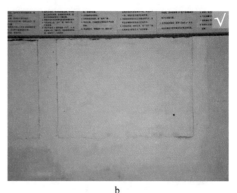

图3-29 球团煤气加压机房与操作室间隔采用实墙封堵设置情况

a—球团煤气加压机房与操作室间隔墙设有窗户；b—球团煤气加压机房与操作室间隔采用实墙封堵

判定依据：《钢铁企业煤气储存和输配系统设计规范》（GB 51128—2015）中第9.1.2条有关爆炸危险区域划分的规定。

可能造成的后果： 煤气加压机是一种煤气升压设备，火灾危险性属于乙类，具有易燃易爆特性，若发生煤气泄漏积聚或火灾事故时，易从窗户窜入邻近的操作室内，引发煤气中毒等事故。

4 炼铁事故隐患图鉴

4.1 炼铁工艺流程简介

炼铁过程实质上是将铁从其自然形态——铁矿石等含铁化合物中还原出来的过程。高炉生产时从炉顶装入焦炭、天然富块矿、烧结矿和球团矿及熔剂石灰石、白云石等物料，并从位于炉子下部沿炉周的风口吹入经预热的空气。在高温下，焦炭和喷吹的煤粉中的碳燃烧生成的一氧化碳将铁矿石中的氧夺取出来，得到铁。炼铁工艺流程如图 4-1 所示。

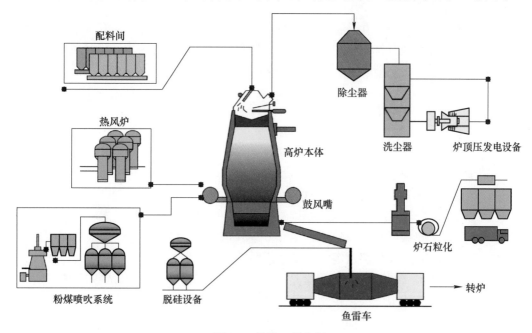

图 4-1　炼铁工艺流程

高炉炼铁系统主要由上料系统、高炉本体与送风系统、出铁出渣系统、水冷却系统、喷吹制粉系统、煤气净化系统、铸铁机系统等七个部分组成。具体工艺如下：

（1）上料系统。上料系统是将中间斗的原燃料放入上料小车内，由主卷扬机把料车拉到炉顶并将车内的料倒入炉顶受料斗内；带式输送机上料是高炉主带式输送机将烧结矿、焦炭、块矿输送到高炉炉顶分离器，经布料溜槽进行布料进入炉内。

（2）高炉本体、送风系统。高炉本体是热风经过高炉下部的风口进入高炉，热风在风口前与燃料（焦炭、煤粉）进行剧烈的燃烧反应，产生高温还原性气体（CO），高温气流在上升过程中与炉料（主要是铁的氧化物）发生还原反应，形成铁水，铁水积聚在高炉炉缸，经出铁口流出。送风系统是将大气中的冷风经空气过滤器、脱湿鼓风冷却室（选配）吸入机组压缩做功，冷风被加压到200~350kPa左右后，经逆止阀、送风阀、送风管网进入高炉热风炉加热到1200℃左右。

（3）出铁、出渣系统。出铁、出渣系统是炉内铁水、液渣经铁（渣）口流出，铁水经铁沟进入铁水兑罐区装罐；液渣流入渣沟经冷却水形成水淬渣。

（4）水冷却系统。高炉在冶炼过程中部分高温部位需要使用水进行冷却，冷却时通过水泵把水供给冷却壁、风口大中小套等进行冷却，再经回水管返回冷却装置，降温后循环使用。

（5）喷吹制粉系统。喷吹制粉系统包括制粉、喷吹两个系统。制粉系统是通过磨煤机将原煤磨成200目（0.074mm）左右的煤粉，喷吹系统是通过气体将煤粉送入高炉风口。由于煤与焦炭价差较大，采用喷煤工艺可以降低焦炭的使用量，降低生产成本。

（6）煤气净化系统。煤气净化系统是高炉冶炼的副产品（高炉煤气）经过上升管、下降管进入重力除尘系统进行一次除尘，然后再进行二次除尘，经过TRT（或BPRT）降压后的净煤气作为燃料回收使用。

（7）铸铁机系统。高炉生产的铁水一般供炼钢使用，当与炼钢产能不匹配时需将部分多余铁水铸成铁块，此时就需要铸铁机来进行铸造。铸铁机是将铁水铸造成铁块的设备，铁水送至铸铁区域，由倾翻装置缓慢注入铸铁机的链板装置，经过水冷却后成型。

4.2 炼铁工艺主要风险点

炼铁工艺中主要有以下安全风险点：

（1）上料系统主要危险因素是各类机械运动和传动部位防护不到位，造成机械伤害，另外还存在高空落物伤人及皮带机火灾事故因素。

（2）高炉本体、送风系统主要危险因素是在高炉炼铁中铁水、炉渣遇水或遇潮瞬间产生大量水蒸气，能量瞬间释放导致爆炸飞溅。高炉冶炼工艺参数不稳定如入炉料潮湿、炉内塌料、炉缸烧穿铁水失控遇水等，可能导致爆炸。

（3）出铁、出渣系统主要危险因素是出铁场和渣处理系统：渣中带铁，干渣池、铁水罐、铁沟、渣沟等积水或潮湿，接触高温铁水、炉渣的工器具潮湿，使得高温铁水、炉渣与水或潮湿物料、工器具、地面接触，均可引发爆炸。

（4）水冷却系统主要危险因素是高炉水冷系统故障或漏水可能导致（高炉）风口烧穿、高温炉料喷溅，水冷壁损坏可导致炉凉、炉壁发红、烧穿，高温炉料烟气等穿出，引起火灾、烫伤等事故。

（5）喷吹制粉系统主要危险因素是制粉系统积存煤粉，遇明火高热将导致煤粉尘火灾和爆炸事故；磨煤机出口温度超标，会引发煤粉尘爆炸事故；除尘系统失效，粉尘堆积与空气形成爆炸性混合物，可能导致粉尘爆炸事故；磨煤机含氧量高，或出口温度超限，易导致煤粉爆炸事故；爆炸危险场所若未采用防爆电气系统将导致火灾爆炸事故；烟气炉发生故障导致煤气泄漏，煤气与空气混合达到爆炸浓度会发生火灾爆炸事故；氮气大量泄漏将导致人员窒息事故；煤粉喷吹系统、烟煤贮仓、喷吹罐漏入空气会引发煤粉自燃爆炸。

（6）煤气净化系统及主要危险因素是煤气泄漏引起中毒，通风不良场所易引起火灾事故，煤气管路系统如含氧量超标达到爆炸极限，易引起爆炸事故。吹扫用的氮气若发生泄漏易引起窒息事故。

（7）铸铁机系统及主要危险因素是高温铁水异常泄漏会发生烫伤、火灾事故，若遇水会引起爆炸。

4.3 炼铁典型事故案例

事故案例 1 高炉煤气上升管爆裂事故

事故经过： 2019 年 5 月 29 日，某钢铁公司炼铁厂二号高炉南出铁场出铁时，作业人员发现渣铁边出边结，导致铁口堵不上，被迫减风处理过程中，东南、西南方向两根炉顶煤气上升管底部波纹补偿器处发生爆裂，上升管移位、形变，从波纹补偿器处断开，上升管旁的平台护栏受上升管撞击后落下，击穿南侧出铁场屋面彩钢瓦。波纹补偿器爆裂的瞬间，大量高温焦炭从爆裂处喷出、掉落，最远飞出距离约 300m，事故共造成 6 人死亡，4 人受伤。

事故原因： 高炉长期违规超压组织运行。高炉工作日志显示，炉顶工作压力长期控制在 234kPa 左右，超出 200kPa 设计工作压力。高炉从计划检修后恢复生产开始，持续出现炉凉、悬料等炉况异常状况，事发前连续两天高炉四个上升管处炉顶温度显示 157～500℃（高于 200～300℃的正常炉顶温度），且呈现不均，为降低炉顶温度，两个班次通过炉顶打水装置长时间连续打水，打入的液态水未经雾化，部分落在炉料上，在炉内减风操作时出现崩料，含水炉料落入炉体下部高温区，其中的水分迅速汽化，体积急剧膨胀（1200～1500 倍），引发炉内压力瞬间陡升。同时因炉顶放散阀处于"手动"操作模式，未与炉顶压力联锁，未及时自动开启泄放炉内压力，导致上升管波纹补偿器爆裂，大量高温焦炭从爆裂处喷出。

事故案例 2 高炉出残铁喷爆事故

事故经过： 2011 年 9 月，某钢铁公司炼铁厂实施 5 号高炉停炉放残铁作业，在完成残铁口位置的炉皮切割、用吹氧管烧割并取下冷却壁后，炉前大班长用水冷却取下的冷却壁以及扑灭碳素填充料上明火。在高炉实施复风操作过程中，在残铁口位置大量高温铁水突然涌出，造成 12 人死亡、1 人受伤，直接经济损失 1208 万元。

事故原因：（1）5 号高炉在预休风阶段就将炉皮开口处的冷却壁取下，使炭砖长时间处于失去冷却壁支撑保护状态；（2）残铁口开口偏大，在已取下冷却壁的情况下，至少会使一块炭砖完全失去支撑保护；（3）现场人员用水冷却取下的冷却壁和扑灭碳素填充料上的明火时，将水喷到残铁口处高温发红状态的炭砖，致炭砖温度骤降、体积收缩，使得原本紧密砌筑的炭砖之间产生松动和裂缝，降低了炭砖承受高炉内部压力的能力；（4）在进行复风降料线作业过程中，当热风压力加大到 27kPa 左右时，原来承压能力已处于临界状态的炭砖无法继续承受高炉内部铁水产生的静压以及复风的热风压力而瞬时塌落，使得炉内高温铁水大量涌出。

4.4　炼铁常见事故隐患图鉴

隐患 67：高炉未采用双钢丝绳牵引上料小车。规范设置如图 4-2a、b 所示。

a　　　　　　　　　　　　　　　　b

图 4-2　双钢丝绳牵引上料小车设置情况

a—上料小车使用双钢丝绳；b—使用卷扬机牵引上料小车

判定依据：《关于发布金属冶炼企业禁止使用的设备及工艺目录（第一批）的通知》（国家安管四〔2017〕142 号）第七条"高炉上料料车单钢丝绳牵引设备，自 2019 年 3 月 1 日起禁止。"

可能造成的后果：小型高炉通常采用上料小车将高炉冶炼所用的各类原辅料送到炉顶并装入受料槽内，提升高度高达几十米，提升质量较大，使用单钢丝绳牵引料车安全系数较低，在钢丝绳发生断裂、断股等异常情况下，容易造成小车脱轨、坠落等事故。

隐患 68：高炉皮带机未设置防跑偏、拉绳开关、事故警铃装置，改向滚筒防护不全（图 4-3a）。规范设置如图 4-3b~d 所示。

判定依据：《炼铁安全规程》（AQ 2002—2018）第 6.12 条"采用带式输送机运输应遵守 GB 14784 的规定：应有防打滑、防跑偏和防纵向撕裂的措施以及能随时停机的事故开关和事故警铃；头部应设置遇物料阻塞能自动停车的装置；头轮上缘、尾轮及拉紧装置应有防护装置。"

可能造成的后果：高炉皮带机主要是用于输送烧结矿、球团矿、焦炭等原辅料至高炉的，皮带由驱动滚筒驱动，运动方向可由改向滚筒改变，在皮带机运输过程中由于驱动滚筒和改向滚筒长时间与输送带之间摩擦拖动，如果不设置防跑偏装置会使皮带产生跑偏现象，引起皮带在跑偏侧的堆积折叠，在不均衡力的长时间作用下或滚筒磨损情况下，造成皮带纵向与横向撕裂、物料崩出伤人等事故发生。皮带机未设置事故警铃和拉绳开关，在输送沿线发生故障或日常点检与检修维作业时，操作人员不慎与皮带机的传动部位接触后，不能及时停止皮带机运行和发出警报信号，容易造成人员卷入、绞入，引发机械伤害事故。

图 4-3 带式输送机防护设施

a—拉紧装置改向滚筒防护不全；b—设置事故警铃；c—设置防跑偏装置；d—带式输送机设置拉绳开关

隐患 69：带式输送机运转期间从胶带下方通过（图 4-4a）。规范设置如图 4-4b 所示。

图 4-4 带式输送机人行天桥设置情况

a—未设置人行天桥，违章从皮带下方通行；b—设置人行天桥通行

判定依据：《炼铁安全规程》（AQ 2002—2018）第 6.12 条"采用带式输送机运输应遵守 GB 14784 的规定：带式输送机运转期间，不应进行清扫和维修作业，也不应从胶带下方通过或乘坐、跨越胶带；应根据带式输送机现场的需要，每隔 30~100m 设置一条人行天桥；应有防滑措施，超过 12°时，应设踏步；地下通廊和露天栈桥亦应有防滑措施。"

可能造成的后果： 带式输送机是钢铁企业用于物料输送的高效设备之一，运行期间通过电机驱动，使输送机的头轮、尾轮转动，从而带动整条皮带高速运转。如果在输送机运行期间，有人员在周边进行清扫或对设备开展维修，作业工具、人员衣物等容易被运动的皮带卷入，从而发生机械伤害事故。同样，从胶带下方通过或乘坐、跨越皮带，也存在被带式输送机卷入的风险。因此，应根据现场需要，合理设置人员过桥通道。

隐患 70： 上料小车斜桥下面未设有防护板或防护网（图 4-5a）。规范设置如图 4-5b 所示。

图 4-5　斜桥下方安全防护设置情况

a—斜桥下方未设防护网；b—斜桥下方设置防护网和防护板

判定依据：《炼铁安全规程》（AQ 2002—2018）第 7.10 条"斜桥下面应设有防护板或防护网，斜桥一侧应设通往炉顶的走梯。"

可能造成的后果： 小型高炉通常采用上料小车将高炉冶炼所用的各类原辅料送到炉顶并装入受料槽内，提升高度达几十米，所运送物料中小块居多，当小车装料过满或车边带料，在提升过程中，极易抖落，如果未在小车运行轨道的斜桥底部设置防护措施，掉落的物料会对下方通行人员造成伤害。

隐患 71： 矿槽楼梯踏步板无防积水措施（图 4-6a）。规范设置如图 4-6b 所示。

图 4-6　矿槽楼梯踏步板防积水措施

a—矿槽楼梯踏步板无防积水措施；b—矿槽楼梯踏步板采用格栅板防积水

判定依据:《炼铁安全规程》(AQ 2002—2018)第 6.3 条"天桥、通道和斜梯踏板以及各层平台,应用防滑钢板或格栅板制作,钢板应有防积水措施。"

可能造成的后果:楼梯踏步板结构面铺设材质大部分为平面滑面材料,长时间不清扫卫生,楼梯踏步板面会留有圆珠状微型沙土颗粒,如果还有积水,更增加人员滑倒的风险。另外,长时间经过外界雨水侵蚀,容易造成踏步板腐蚀,严重的还会引发人员高处坠落事故。

隐患 72:卷扬机联轴器防护罩或栏杆缺失(图 4-7a)。规范设置如图 4-7b 所示。

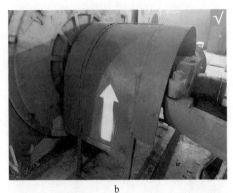

a   b

图 4-7 卷扬机联轴器防护设置情况
a—卷扬机联轴器防护罩或栏杆缺失;b—卷扬机联轴器设置防护罩

判定依据:《炼铁安全规程》(AQ 2002—2018)第 7.16 条"卷扬机运转部件,应有防护罩或栏杆,下面应留有清扫撒料的空间。"

可能造成的后果:卷扬机联轴器是电机与卷扬之间的传动装置,依靠螺栓进行紧固连接,运行时高速旋转。若联轴器周围缺少防护罩或栏杆,运行时螺栓等突出部分,可能将靠近的人员衣物卷入,造成伤害事故。

隐患 73:高炉主控室、会议室、休息室未安装固定式一氧化碳报警仪(图 4-8a)。规范设置如图 4-8b 所示。

a   b

图 4-8 操作室固定式一氧化碳报警仪设置情况
a—操作室未安装固定式一氧化碳报警仪;b—操作室已设置固定式一氧化碳报警仪

判定依据：《冶金企业和有色金属企业安全生产规定》（国家安全生产监督管理总局令〔2018〕第91号）第三十三条"生产、储存、使用煤气的企业应当严格执行《工业企业煤气安全规程》（GB 6222），在可能发生煤气泄漏、聚集的场所，设置固定式煤气检测报警仪和安全警示标志。"

可能造成的后果：高炉生产过程有副产品煤气产生，可能会通过高炉风口、出铁口、炉身等部位泄漏，容易扩散至高炉主控室、会议室、休息室等人员较集中的场所，若未在上述场所规范设置固定式煤气检测报警仪，在出现煤气泄漏时，不能及时发现并采取有效处置措施，容易引发煤气中毒事故。

隐患74：高炉风口（及以上）平台容易发生煤气泄漏区域未规范设置固定式一氧化碳报警仪（图4-9a、b）。

a　　　　　　　　　　　　　　　　　b

图4-9　炼铁高炉区域固定式一氧化碳报警仪设置情况

a—风口平台未安装固定式一氧化碳报警仪；b—固定式一氧化碳报警仪故障

判定依据：《炼铁安全规程》（AQ 2002—2018）第6.9条"煤气危险区域，包括高炉风口（及以上）平台、热风炉操作平台、喷煤干燥炉、TRT、除尘器卸灰平台等易产生煤气泄漏而人员作业频率较高的区域，应设固定式一氧化碳监测报警装置。"

可能造成的后果：高炉煤气可能通过高炉风口、出铁口、炉身等部位逸出，煤气容易在高炉风口（及以上）平台区域积聚。高炉操作人员和水煤工等需要定期在现场进行巡检作业，若未在巡检通道、楼梯口等人员活动频繁区域规范设置固定式一氧化碳报警仪，不能及时监测煤气浓度，贸然进入，容易发生中毒事故。

隐患75：高炉主控室、休息室等人员较为集中区域，固定式一氧化碳报警仪未安装在煤气来源入口位置（图4-10a）。规范设置如图4-10b~d所示。

判定依据：《工作场所有毒气体检测报警装置设置规范》（GBZ/T 233—2009）第4.2.4条"工作场所虽无有毒气体释放点，但邻近释放点一旦释放有毒气体，可能扩散并导致人员急性职业损伤的，应设检测报警点，检测报警点设在有毒气体可能的入口处或人员经常活动处。"

可能造成的后果：高炉主控室、休息室大多设置在高炉本体附近，高炉生产的副产品煤气，如果发生泄漏，会通过邻近高炉的门、窗扩散至室内并积聚。室内的固定式一氧化碳报警仪，若未安装在煤气扩散来源的入口处，不能起到预警报警作用，影响应急处置的响应速度，有可能发生煤气中毒事故。

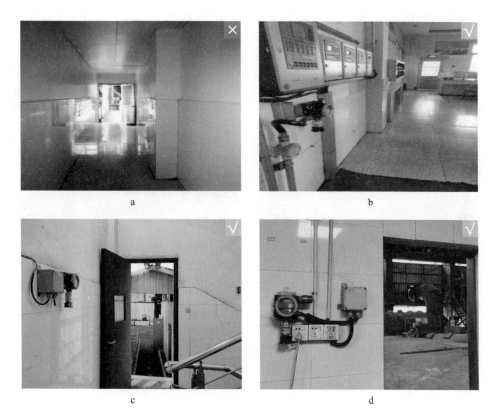

图 4-10　高炉区域固定式一氧化碳报警仪安装位置

a—主控室通往高炉通道未设置固定式一氧化碳报警仪；b—主控室在房间里侧设置固定式一氧化碳报警仪；

c—通往高炉通道设置固定式一氧化碳报警仪；d—炉前休息室固定式一氧化碳报警器安装在有毒气体来源方向门口处

隐患 76：进入高炉煤气区域人员佩戴未经检验合格的一氧化碳监测报警仪（图 4-11a）。规范设置如图 4-11b 所示。

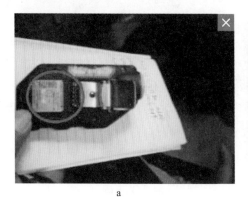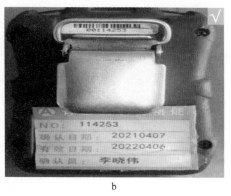

图 4-11　进入高炉区域人员携带的便携式一氧化碳报警仪

a—便携式一氧化碳报警仪无计量检验标识；b—便携式一氧化碳报警仪在检验有效期内

判定依据：《一氧化碳检测报警器》（JJG 915—2008）中第 5.5 条检定周期"仪器的检定周期为 1 年。"

可能造成的后果： 便携式一氧化碳报警仪，主要供进入煤气区域的人员使用，及时掌握工作场所的一氧化碳浓度。为保证便携式一氧化碳报警仪灵敏可靠，须每年进行校验，如佩戴不符合要求的一氧化碳报警仪，不能准确检测工作场所的一氧化碳浓度，影响人员的判断和处置，可能造成人员煤气中毒。

隐患 77： 高炉的主控室仅配备两套空气呼吸器，无其他呼吸器，不能满足逃生要求（图 4-12a）。规范设置如图 4-12b 所示。

图 4-12　高炉主控室逃生呼吸器配备情况
a—高炉的主控室仅配备两套空气呼吸器，未配备逃生呼吸器；
b—高炉主控室除配备空气呼吸器外还配备逃生呼吸器

判定依据：《工业空气呼吸器安全使用维护管理规范》（AQ/T 6110—2012）第 3.6 条"在危险性工作场所中根据有毒有害物质危害程度、可能达到的最高浓度配备足够的空气呼吸器并考虑以下原则：在缺氧工作场所，应按作业岗位额定人数每人配备一套。轮换作业可按实际作业人数每人配备一套。"

《钢铁企业煤气安全管理规范》（DB 32/T 3954—2020）第 11.3.1 条"焦炉、高炉、转炉、加热炉、煤气柜等操作室内应至少配备 2 台空气呼吸器，并配备应急逃生用呼吸器，选用类型及数量应满足实际岗位人数需求。"

可能造成的后果： 高炉生产过程中有副产品煤气产生，容易发生煤气泄漏。如果发生煤气大量泄漏，会快速扩散至高炉周边及主控室等人员较集中的场所，可能引起煤气中毒事故，须及时疏散人员、抢救伤员。空气呼吸器是确保在有毒有害气体环境下作业或救援人员安全的呼吸用具；逃生呼吸器不满足作业和救援要求，仅可用于逃生使用。应急救援时，应每人佩戴空气呼吸器；逃生时，未佩戴空气呼吸器的，应佩戴逃生呼吸器。

隐患 78： 使用者在佩戴前检查正压式空气呼吸器，发现问题未报告并及时更换（图 4-13a~d）。

判定依据：《工业空气呼吸器安全使用维护管理规范》（AQ/T 6110—2012）检查与检测的第 2.1 条"使用者在佩戴前按如下方法检查：

空气呼吸器外表有无损坏并核对标识是否在有效使用期内。

打开气瓶阀，向空气呼吸器供气，待压力表稳定后检查气瓶压力。

图 4-13 佩戴前检查正压式空气呼吸器发现问题
a—正压式空气呼吸器面罩抱箍断裂；b—正压式空气呼吸器面罩皮管老化；
c—正压式空气呼吸器压力表泄压后不归零，压力表故障；d—正压式空气呼吸器面罩损坏

检查各连接部位是否漏气。关闭气瓶阀，观察压力表 1 min，指示值下降不允许超过 2MPa。

检查面罩与面部的密封性。戴上面罩堵住接口吸气并保持 5s，无漏气现象。

检查供气阀性能。将供气阀与面罩连接，试呼吸 8 至 12 次，呼吸顺畅。

检查警报器。观察压力表值在 5MPa 至 6MPa 时警报器鸣响。"

检查与检测的第 2.2 条"空气呼吸器不符合要求，使用者应立即报告空气呼吸器管理人员，并及时更换。"

可能造成的后果： 正压式空气呼吸器是确保在有毒有害气体环境下作业或救援人员安全的呼吸用具。在备用状态下必须确保隔离面罩、供气管路，低压报警等部件和功能完好有效。若出现破损或功能失效未及时发现并更换，可能会造成使用人员中毒和窒息事故，还可能会导致应急响应不及时，延误救援，造成事故扩大。

隐患 79： 高炉本体及各连接部位泄漏煤气，未及时处置（图 4-14a、b）。

判定依据：《炼铁安全规程》（AQ 2002—2018）第 9.1.4 条"风口、渣口及水套应牢固、严密，不应泄漏煤气。"

可能造成的后果： 高炉在生产过程中，炉内充满煤气，并具有一定压力。如果高炉本体及连接部位密封不好，煤气极易发生泄漏，泄漏的煤气很快扩散到高炉本体周边，作业

人员如不及时采取措施，可能造成煤气中毒。

图 4-14　高炉各区域煤气泄漏报警

a—高炉风口漏煤气；b—高炉出铁口与风口平台之间存在煤气泄漏现象

隐患 80：固定式一氧化碳检测报警信号未送至有人值守的岗位。规范设置如图 4-15a、b 所示。

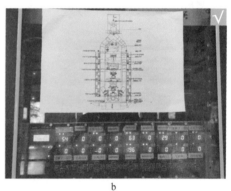

图 4-15　煤气报警器信号接入煤气报警器主机

a—高炉区域固定一氧化碳报警仪信号接入煤气报警器主机；
b—高炉区域报警主机应就近粘贴固定式一氧化碳报警仪分布图

判定依据：《石油化工可燃气体和有毒气体检测报警设计规范》（GB/T 50493—2019）第 3.0.3 条"可燃气体和有毒气体检测报警信号应送至有人值守的现场控制室、中心控制室等进行显示报警。"

可能造成的后果：固定式一氧化碳报警仪一般安装在容易发生煤气泄漏的煤气设施旁。检测数值实时传送至有人值守的控制室后，人员能够及时了解设施煤气泄漏的情况，以便及时采取处置措施。如果未将报警信号传送至控制室，发生煤气泄漏时，不能及时发现并处置，严重的可能造成煤气中毒、火灾爆炸事故。

隐患 81：炉基周围存在积水和堆积废料（图 4-16a～c）。规范设置如图 4-16d 所示。

判定依据：《炼铁安全规程》（AQ 2002—2018）第 9.1.3 条"炉基周围应保持清洁干燥，不应积水和堆积废料，炉基水槽应保持畅通。"

可能造成的后果: 高炉生产过程中,可能会发生铁水泄漏、溢渣、喷溅,若高炉炉基周围存在积水,泄漏的高温铁水或熔渣,流淌至炉基处,遇水会发生爆炸,遇堆积的废料会发生火灾。同时,路基周围堆积废料,会堵塞应急通道,影响事故救援。

图 4-16 高炉炉基周围情况

a—高炉炉基地面积水较多;b—高炉净水管漏水,造成炉底积水;
c—高炉炉基周围堆积可燃物;d—高炉炉基周围干燥、无可燃物无积水

隐患 82: 高炉炉基水槽有杂物和积水 (图 4-17a)。规范设置如图 4-17b 所示。

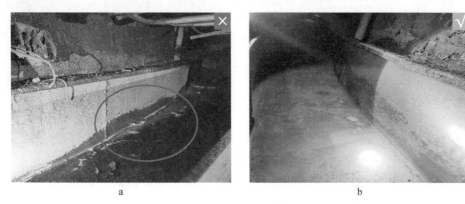

图 4-17 高炉炉基水槽

a—高炉炉基水槽内有杂物、有积水;b—高炉炉基水槽内无杂物、无积水

判定依据：《炼铁安全规程》（AQ 2002—2018）第 9.1.3 条"炉基周围应保持清洁干燥，不应积水和堆积废料，炉基水槽应保持畅通。"

可能造成的后果：高炉炉基水槽主要用于排放高炉冷却水的，如果炉基水槽中有杂物，会造成排水不畅，形成积水。一旦发生高温铁水泄漏或溢渣，遇水会发生爆炸事故。

隐患 83：高炉风口平台存在积水（图 4-18a）。规范设置如图 4-18b 所示。

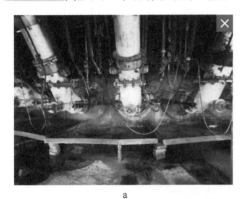

a　　　　　　　　　　　　　　　b

图 4-18　高炉风口平台积水情况

a—高炉风口平台积水；b—高炉风口平台无积水

判定依据：《炼铁安全规程》（AQ 2002—2018）第 9.1.2 条"风口平台应有一定的坡度，并考虑排水要求，宽度应满足生产和检修的需要，上面应铺设耐火材料。"

可能造成的后果：高炉风口是高炉进风的部位，可能发生铁水喷溅和红焦喷出。风口平台是作业人员比较集中的区域，大量的冷却水管道和水槽等冷却设施设置于风口平台及以上，以及存在其他用水的操作，若平台排水不畅形成积水，遇铁水喷溅和红焦喷出，可能发生爆炸事故。

隐患 84：高炉炉底未进行自动、连续在线测温。规范设置如图 4-19 所示。

判定依据：《炼铁安全规程》（AQ 2002—2018）第 9.1.9 条"热电偶应对整个炉底进行自动、连续测温，其结果应正确显示于中控室（值班室）。"

可能造成的后果：高炉炉底由耐火材料砌筑，高炉生产过程中，高温、高压的环境以及矿石、烧结矿中含有的有害成分会对炉底产生侵蚀，造成炉底减薄，甚至炉底烧穿。如果未

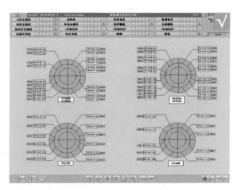

图 4-19　高炉炉底测温画面

采取自动、连续测温或功能不完好，不能及时准确掌握侵蚀程度和炉底状况，并采取针对性的措施，可能会造成炉底烧穿，大量铁水泄漏，严重时还可能发生爆炸事故。

隐患 85：高炉炉前工业蒸汽分汽包管道阀门未标明用户及阀门开关状态（图 4-20a）。规范设置如图 4-20b 所示。

a   b

图 4-20　高炉炉前工业蒸汽分汽包管道阀门
a—高炉炉前工业蒸汽包管道未标明用户及阀门开关状态；
b—高炉炉前工业蒸汽包管道已标明用户及阀门开关状态

判定依据：《炼铁安全规程》（AQ 2002—2018）第 8.1.8 条"高炉应有各自的工业蒸汽分汽包，分汽包通至各用汽点的阀门，应有明确的标志。工业蒸汽分汽包蒸汽管道入口应设置防止炉顶煤气倒灌的装置或设施。"

可能造成的后果：高炉生产过程中使用蒸汽点较多，炉前安装蒸汽分汽包，集中供汽。分汽包上通往各用汽点的阀门标识清楚，可防止误操作，否则可能误送汽，发生人员烫伤或生产事故。

隐患 86：高炉出铁场使用活动主沟。规范设置如图 4-21 所示。

判定依据：《关于发布金属冶炼企业禁止使用的设备及工艺目录（第一批）的通知》（国家安管四〔2017〕142 号）第九条"高炉出铁场使用活动主沟，自 2019 年 3 月 1 日起禁止。"

可能造成的后果：高炉炉前出铁有活动主沟和固定主沟两种方式。活动主沟因连接结构处理困难，极易引发漏铁水事故，如果铁沟下面有积水或杂物，还会引起爆炸和火灾事故。

图 4-21　高炉采用固定主沟出铁

固定式主沟可提高主沟的整体使用寿命，有效避免漏铁水事故。

隐患 87：高炉炉下铁水装罐区后部通道未设隔墙（图 4-22a）。规范设置如图 4-22b 所示。

判定依据：《冶金企业和有色金属企业安全生产规定》（国家安全生产监督管理总局令〔2018〕第 91 号）第二十八条"企业在进行高温熔融金属冶炼、保温、运输、吊运过程中，应当采取防止泄漏、喷溅、爆炸伤人的安全措施，其影响区域不得有非生产性积水。"

可能造成的后果：高炉出铁时，如果出现对罐错位、超装以及铁水包穿包等情况，会造成铁水溢出或泄漏，装罐区后部通道如无挡墙，高温铁水会流淌至通道内，可能会烧坏通道内设施，严重的还会发生人员烧伤和爆炸事故。

图 4-22　高炉炉下铁水罐区后部通道防护情况

a—高炉炉下铁水装罐区后部通道未设隔墙；b—高炉炉下铁水装罐区后部通道已设隔墙

隐患 88：铁水包铁路运输沿线排水设施设置不规范（图 4-23a）。规范设置如图 4-23b 所示。

图 4-23　铁水运输沿线排水设施

a—铁水运输线排水不畅，路边有积水；b—铁水罐车运输专线高于周围地面

判定依据：《冶金企业和有色金属企业安全生产规定》（国家安全生产监督管理总局令〔2018〕第 91 号）第二十八条"企业在进行高温熔融金属冶炼、保温、运输、吊运过程中，应当采取防止泄漏、喷溅、爆炸伤人的安全措施，其影响区域不得有非生产性积水。"

可能造成的后果：铁水包长期使用，耐火材料被侵蚀逐渐减薄，若检查维护不及时或烘烤不良。在铁水运输过程中，可能发生穿包造成大量铁水泄漏，若铁水运输沿线排水设施设置不规范，存在积水，泄漏的高温铁水遇水会发生爆炸事故。

隐患 89：高炉炼铁堵铁口使用含水炮泥（图 4-24a）。规范设置如图 4-24b 所示。

判定依据：《关于发布金属冶炼企业禁止使用的设备及工艺目录（第一批）的通知》（国家安管四〔2017〕142 号）第五条"高炉炼铁使用有水炮泥堵铁口，自 2018 年 3 月 1 日起禁止。"

可能造成的后果：炮泥是高炉出铁后用于堵铁口的材料，通常分为有水炮泥、无水炮泥、环保炮泥等，若采用有水炮泥，所带的水分与高温铁水接触后，极易引发铁口"放火箭"，造成人员烫伤或火灾事故。

图 4-24 堵铁口使用炮泥情况

a—有水炮泥；b—无水炮泥

隐患 90： 高炉泥炮机液压油管存在漏油现象（图 4-25a）。规范设置如图 4-25b 所示。

图 4-25 泥炮机现场

a—泥炮机漏油导致出铁口区域积油；b—泥炮机采取防护措施将可能泄漏的液压油与高温隔离

判定依据：《炼铁安全规程》（AQ 2002—2018）第 11.1.4 条"液压设备及管路不应漏油。"

可能造成的后果： 泥炮机是用于高炉出铁结束后将炮泥打入铁口进行封堵的设备。通常采用液压油驱动，若使用过程中液压油管存在漏油，遇高温铁水容易发生火灾、爆炸事故。

隐患 91： 泥炮和开口机操作室观察窗未采取防喷溅措施（图 4-26a）。规范设置如图 4-26b 所示。

判定依据：《炼铁安全规程》（AQ 2002—2018）第 10.7 条"泥炮和开口机操作室，应能清楚地观察到泥炮和开口机的工作情况和铁口的状况，并应保证发生事故时操作人员能安全撤离。"

可能造成的后果： 高炉生产使用开口机和泥炮机进行铁口的开、堵作业，在操作过程中，需要通过观察窗进行观察。若观察窗不清晰，导致判断不准，容易造成误操作。如观察窗无防喷溅措施，高炉出铁时，可能发生铁水异常喷溅，会烫坏玻璃，严重时会喷入操作室，造成人员烧伤和引发火灾事故。

a　　　　　　　　　　　　　b

图 4-26　泥炮和开口机操作室观察窗
a—泥炮房观察窗为单层普通玻璃；b—泥炮房观察窗采取防喷溅措施

隐患 92：高炉炉前起重机无额定起重量标识（图 4-27a）。规范设置如图 4-27b 所示。

a　　　　　　　　　　　　　b

图 4-27　行车标识牌设置情况
a—行车未设置额定起重量标识；b—行车设置了额定起重量标识

判定依据：《起重机械安全规程第一部分：总则》（GB 6067.1—2010）第 10.1.2 条"起重机的规格标记应符合下列要求：a）额定起重量（或额定起重转矩），应永久性标明"。

可能造成的后果：高炉炉前起重机是用于炉台吊运备件、物料的设备，起重机须在额定起重量范围内运行方能保证安全。起重机的显著位置须设置醒目的额定起重量标志，若标志缺失或信息不清晰，可能造成起重人员误判，超载运行导致钢丝绳断裂、坠物、起重机倾覆，引发事故。

隐患 93：氧气点阀箱未设置"禁油"标志（图 4-28a）。规范设置如图 4-28b 所示。

判定依据：《深度冷冻法生产氧气及相关气体安全技术规程》（GB 16912—2008）第 4.6.26 条"氧压机、液氧泵、冷箱内设备、氧气及液氧储罐、氧气管道和阀门、与氧接触的仪表、工机具、检修氧气设备人员的防护用品等，严禁被油脂污染。"

可能造成的后果：氧气属于助燃气体，油脂遇纯氧会氧化发热引起燃烧。氧气点阀箱

a　　　　　　　　　　　　　b

图 4-28　氧气点阀箱"禁油"标志设置情况

a—氧气点阀箱未设置"禁油"标志；b—氧气点阀箱已设置"禁油"标志

主要用于生产现场用氧点的管道连接，具有减压、分路、防护的作用。因管路连接点较多，容易发生氧气泄漏。若禁油警示标志缺失，作业人员误用带油手套操作阀门，会引发火灾事故。

隐患94：高炉未设置干渣坑等应急排渣措施（图 4-29a～c）。规范设置如图 4-29d所示。

c　　　　　　　　　　　　　d

图 4-29　高炉应急排渣措施

a—无干渣坑或渣罐；b—高炉事故溜槽末端耐火砖有缺损；c—干渣坑未设置临时性围挡；d—已设置干渣坑

判定依据：《炼铁安全规程》（AQ 2002—2018）第11.4.4条"水冲渣发生故障时，应有改向渣罐放渣或向干渣坑放渣的备用设施。"

可能造成的后果：高炉生产过程中产生的液渣经渣沟引出后，通过水冲渣或转鼓渣处理方式进行淬化，为便于在相关设施出现异常时，不影响高炉的正常生产，须对渣沟设置旁路，将流出的液渣引入干渣坑或渣罐。若未设干渣坑等排渣措施，异常情况下，高温液渣随意排放，容易造成烫伤、火灾爆炸事故。

隐患95：铁水兑罐区厂房立柱未设置隔热防护（图4-30a）。规范设置如图4-30b所示。

图4-30　铁水车库柱子隔热保护设置情况

a—高炉铁水车库柱子耐火砖破损；b—高炉铁水车库柱子采用耐火砖与铁皮防护

判定依据：《高温熔融金属吊运安全规程》（AQ 7011—2018）第5.6条"建（构）筑物有可能被高温熔融金属喷溅造成危害的建筑构件，应有隔热、绝热保护措施。"

可能造成的后果：高炉生产的铁水须经装罐后运送至炼钢或铸铁区域进行处理。高温铁水在装罐过程中，易发生喷溅、溢流或泄漏等情况，若周边厂房立柱未采取隔热防护措施，泄漏的铁水会损坏立柱，影响厂房结构安全，严重的会造成厂房倒塌。

隐患96：运输铁水通道上方可燃介质管线未设置隔热防护（图4-31a）。规范设置如图4-31b所示。

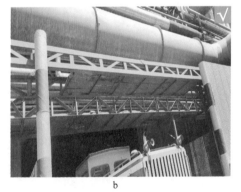

图4-31　运输铁水通道上方管线的隔热防护设置情况

a—火车铁水运输通过煤气总管下方，煤气总管无隔热防护措施；
b—铁水车通过煤气总管下方，煤气总管采取隔热防护措施

判定依据：《高温熔融金属吊运安全规程》（AQ 7011—2018）第 5.14 条"高温熔融金属、熔渣运输线上方的可燃介质管道和电线电缆应采取隔热防护措施。"

可能造成的后果：高炉生产的铁水装罐后通过铁路机车或汽车运送，受路况、车况等因素影响，常作停留，若上方设有可燃介质管线，未做隔热防护，罐内的高温铁水通过罐口对管线进行炙烤，会导致管线损坏，如有可燃介质泄漏，还可能发生可燃介质着火事故。

隐患 97：铁水运输过程中未采取防止喷溅的措施（图 4-32a、b）。规范设置如图 4-32c、d 所示。

a b

c d

图 4-32　运输铁水设备的隔热防护设置情况

a—牵引机车与铁水包之间无隔离措施；b—铁水车的油箱未进行隔离防护；c—铁水车驾驶室与铁水包进行有效隔离；
d—铁水车增加铁水包保温、防尘、防雨、防喷溅措施，进行有效隔离

判定依据：《冶金企业和有色金属企业安全生产规定》（国家安全生产监督管理总局令〔2018〕第 91 号）第二十八条"企业在进行高温熔融金属冶炼、保温、运输、吊运过程中，应当采取防止泄漏、喷溅、爆炸伤人的安全措施。"

可能造成的后果：高炉生产的铁水装罐后通过铁路机车或汽车运送，通常采取包口加盖、加隔离车、驾驶室防护等防喷溅措施，若未设置或措施不全，在铁水超装或铁水包未烘透的情况下，运送过程中因晃动会造成铁水喷溅或溢出。容易造成周边人员烫伤和设备损坏。

隐患 98：热风炉煤气总管未设置可靠隔断装置。规范设置如图 4-33a、b 所示。

判定依据：《炼铁安全规程》（AQ 2002—2018）第 12.1.6 条"热风炉煤气总管应有

图 4-33　热风炉煤气总管的盲板阀组设置情况

a—热风炉煤气总管设置蝶阀、扇形盲板阀阀组；b—热风炉煤气总管设置蝶阀、水平插板阀阀组

符合 GB 6222 要求的可靠隔断装置。"

可能造成的后果： 热风炉是为炼铁高炉提供高温热风的设备，一般通过煤气燃烧产生热量经炉砖换热将空气温度提高至 1000℃ 以上。热风炉进行检修前，须对煤气管道进行隔断，并对炉内进行吹扫置换合格，方可进入作业。若仅采用阀门、水封等隔断方式，未设置盲板等可靠隔断，极易因阀门不密封或水封漏水，造成煤气意外漏入作业空间，导致人员中毒或火灾事故的发生。

隐患 99： 热风炉煤气支管未规范设置煤气自动切断阀。规范设置如图 4-34 所示。

判定依据：《炼铁安全规程》（AQ 2002—2018）第 12.1.6 条"煤气支管应有煤气自动切断阀，当燃烧器风机停止运转，或助燃空气切断阀关闭，或煤气压力过低时，该切断阀应能自动切断煤气，并发出警报。"

可能造成的后果： 热风炉燃烧器前煤气支管上设置自动切断阀与煤气管道压力及助燃风压检测信号联锁，在运行过程中，若发生燃烧器风机停运、助燃空气阀门关闭或煤气管道压力

图 4-34　热风炉煤气支管设置快速切断阀

过低时，能及时自动切断煤气输送。若未设置自动切断阀或功能失效，在出现上述异常情况时，会造成熄火，此时若继续通入煤气，与炉内残余的空气混合可能形成爆炸性气体，在炉内高温条件下，极易引发爆炸事故。

隐患 100： 热风炉煤气管道阀门两侧放散管设置不规范（图 4-35a、b）。规范设置如图 4-35c 所示。

判定依据：《炼铁安全规程》（AQ 2002—2018）第 12.1.6 条"管道最高处和燃烧阀与煤气切断阀之间应设煤气放散管。"

可能造成的后果： 热风炉煤气管道在投用或停运检修前，须对管道内气体进行吹扫置换合格，置换气体通过常设放散管排出，以确保运行和检修安全。若煤气管道阀门两侧未设置放散管或设置位置不当，管段内气体在吹扫时不能有效置换，存在盲管（死角），残留气体

图 4-35　热风炉煤气管的放散管设置情况

a—盲板阀两侧未设放散管；b—热风炉煤气进口闸板阀与煤气放散管距离超过 0.5m，未设置放气头；

c—热风炉煤气总管盲板阀、切断阀两侧均设置放散管

较多，煤气与空气混合后一旦达到爆炸极限，在投用或检修时易引发中毒或火灾爆炸事故。

隐患 101：热风炉煤气管放散管高度高出检修平台不足 4m（图 4-36a）。规范设置如图 4-36b 所示。

图 4-36　热风炉煤气管放散管高度设置情况

a—热风炉煤气进口处放散管高度未高出管道 4m；b—已规范设置放散管，高出管道、平台 4m

判定依据：《工业企业煤气安全规程》（GB 6222—2005）第 7.3.1.2 条"放散管口应高出煤气管道、设备和走台 4m，离地面不小于 10m。"

厂房内或距厂房 20m 以内的煤气管道和设备上的放散管，管口应高出房顶 4m。厂房

很高，放散管又不经常使用，其管口高度可适当减低，但应高出煤气管道、设备和走台4m。不应在厂房内或向厂房内放散煤气。

可能造成的后果： 热风炉或煤气管道检修时，须对煤气管道进行吹扫置换，因此在煤气管道盲板阀两侧设置放散管，管口应高于检修平台4m以上，若低于此高度，排放出的气体不能有效扩散，可能造成检修平台上作业人员煤气中毒事故。

隐患102： 热风炉煤气管放散管未设置挣绳（图4-37a）。规范设置如图4-37b所示。

图4-37　热风炉煤气放散管固定设置情况

a—热风炉煤气放散管无挣绳固定；b—热风炉煤气放散管设置挣绳固定

判定依据：《工业企业煤气安全规程》（GB 6222—2005）第7.3.1.4条"放散管根部应焊加强筋，上部用挣绳固定。"

可能造成的后果： 热风炉煤气管道放散管通常以焊接的方式与主管连接，因高处露天布置，受天气条件影响，在风力作用下，放散管会持续晃动，若不设揽风绳（挣绳），晃动幅度过大，在放散管根部连接焊缝处承受的交变应力超过疲劳极限，易产生疲劳裂纹，拉裂管道，造成煤气泄漏。

隐患103： 热风炉煤气管道放散管无取样管（图4-38a）。规范设置如图4-38b所示。

图4-38　热风炉煤气管道放散管取样管设置情况

a—热风炉煤气管道放散管无取样管；b—热风炉煤气管道放散管已设置取样管

判定依据：《工业企业煤气安全规程》（GB 6222—2005）第 7.3.1.5 条"放散管的闸阀前应装有取样管。"

可能造成的后果：因热风炉或煤气管道检修需要，须对煤气管道进行吹扫置换，为便于在置换末期对管道内气体成分进行取样分析，须在放散管阀门下方设置取样管。若该装置缺失，不能对管道内气体置换情况进行分析确认，极易因煤气置换不彻底，造成检修作业人员发生中毒或火灾爆炸事故。

隐患 104：热风炉煤气管道区域电气设备不防爆（图 4-39a、c）。规范设置如图 4-39b、d所示。

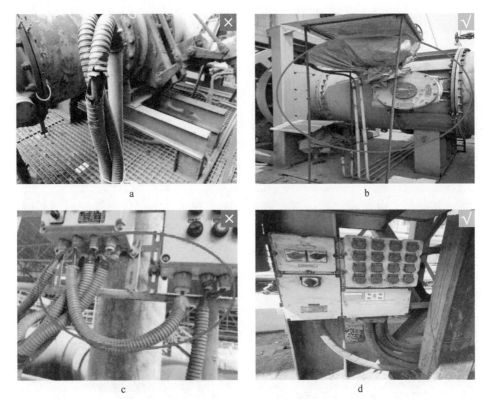

图 4-39　热风炉煤气管道区域电气设备设置情况

a—高炉热风炉煤气盲板阀接线口未使用防爆挠性管连接，接口未有效封堵；

b—高炉热风炉煤气盲板阀接线口已使用防爆挠性管连接，接口已有效封堵；

c—高炉热风炉电动蝶阀操作箱接线不防爆；d—高炉热风炉电动蝶阀操作箱已按防爆要求进行接线

判定依据：《钢铁企业煤气储存和输配系统设计规范》（GB 51128—2015）第 9.1.2 条"煤气管道上的法兰等外缘 3.0m 范围内，爆炸危险环境区域为 2 区。"

可能造成的后果：热风炉周边煤气管道阀门、法兰等连接点较多，运行过程中，若日常检查维护不到位，发生煤气泄漏的可能性较大，该区域属于防爆区域，电气设施的选用、安装若不符合防爆要求，产生的电火花可能会引发煤气火灾、爆炸事故。

隐患 105：热风炉、重力除尘平台煤气区域未安装固定式一氧化碳报警器（图 4-40a）。规范设置如图 4-40b 所示。

a

b

图 4-40　热风炉平台固定式一氧化碳报警器设置情况

a—高炉重力除尘区域未安装固定式一氧化碳报警器；

b—高炉热风炉高炉煤气总管阀门平台安装固定式一氧化碳报警器

判定依据：《工业企业煤气安全规程》（GB 6222—2005）第 4.10 条"煤气危险区（如地下室、加压站、热风炉及各种煤气发生设施附近）的一氧化碳浓度应定期测定，在关键部位应设置一氧化碳监测装置，作业环境一氧化碳最高允许浓度为 30mg/m³（24ppm）。"

可能造成的后果：热风炉、重力除尘平台等区域常有点巡检、卸灰等人员作业活动，周边煤气设施法兰、阀门等连接点较多，运行过程中，若日常检查维护不到位，容易发生煤气泄漏，该处若不设置固定式一氧化碳监测报警仪，在出现煤气泄漏时，不能及时发现，可能会造成周边人员煤气中毒。

隐患 106：水封式煤气管道排水器溢流口被遮挡（图 4-41a）。规范设置如图 4-41b 所示。

a

b

图 4-41　煤气排水器溢流口设置情况

a—高炉热风炉煤气管道排水器溢流管插入排水管内，无法观察溢流情况；

b—高炉热风炉煤气管道排水器溢流管可以观察溢流情况

判定依据：《煤气排水器安全技术规程》（AQ 7012—2018）第 4.1.2 条"水封式排水器应满足以下要求：设有加水口，不采用连续加水的，宜设置便于检查水封高度的装置；设有溢流口，溢流口下方设溢流漏斗连接排水管道，便于观察溢流。"

可能造成的后果：水封式煤气管道排水器，在连续排放冷凝水过程中，通过水封水柱形成的静压力阻止管道内煤气逸出。为确保水柱保持有效高度，须对排水器内水封情况进行检查，发现缺水及时补充，在无其他水位指示方式时，若溢流口被遮挡，不能观察溢流状态，水封水柱高度无法判定，容易因缺水发生水封击穿，造成煤气泄漏事故。

隐患 107：高炉煤气管道排水器硬连接补水管未设置止回阀（图 4-42a）。规范设置如图 4-42b 所示。

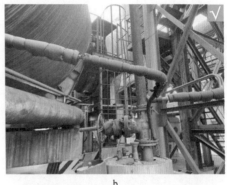

图 4-42　煤气排水器补水设置情况

a—煤气排水器加水管硬连接未设置止回阀；b—煤气排水器加水管软连接且脱开

判定依据：《煤气排水器安全技术规程》（AQ 7012—2018）第 4.1.2 条"水封式排水器应满足以下要求：多级水封式排水器的加水装置应设在高压室，加水管应设置止回阀防止煤气倒窜。"

可能造成的后果：高炉煤气管道排水器在连续排放冷凝水过程中，通过水封水柱形成的静压力阻止管道内煤气逸出。为确保水柱保持有效高度，通常在排水器上设置补水管，便于在缺水时及时补充，若采用硬连接方式时未安装止回阀，在发生断水情况下，煤气可能会通过补水管窜至补水管内，通过水管输送到其他区域，造成煤气泄漏，发生煤气中毒事故。

隐患 108：高炉煤气管道排水器连接管只设置下部一道阀门（图 4-43a）。规范设置如图 4-43b 所示。

图 4-43　煤气排水器连接管阀门设置情况

a—排水器连接管无上部一道阀门；b—排水器连接管设上、下两道阀门

判定依据:《煤气排水器安全技术规程》（AQ 7012—2018）第 5.2.4 条 "煤气主管与水封排水器之间的连接管上应安装上、下两道阀门，宜采用开度阀。上阀门作为检修、应急阀门，应尽量垂直设置在煤气管道的底部，与管底的距离应考虑阀门检修更换空间。下阀门作为切断煤气阀门，连接管上的煤气阀门尽量垂直安装避免水平安装。阀门宜设置操作平台和爬梯。"

可能造成的后果: 高炉煤气管道内凝结水通过连接管流入排水器排出，通常在连接管上部靠近碗口处下方设有阀门，若该阀门缺失或失效，在发生煤气排水器异常泄漏，下阀门可能失效时，不能及时有效切断煤气来源，给检修处置造成风险。

隐患 109: 高炉热风炉煤气管道与排水器之间的连接管无一定的倾斜弯度（图 4-44a）。规范设置如图 4-44b 所示。

a　　　　　　　　　　　　　b

图 4-44　煤气排水器连接管设置情况

a—排水器连接管采用直管；b—排水器连接管有倾斜弯度

判定依据:《煤气排水器安全技术规程》（AQ 7012—2018）第 5.3.3 条 "连接管应带有一定的倾斜弯度，转弯平管与水平线的夹角应大于 30°。"

可能造成的后果: 煤气管道与排水器之间通过连接管刚性连接，受环境温度变化影响，会发生热胀冷缩现象，为消除连接管因热胀冷缩产生的应力，通常在连接管上设置一段具有一定倾斜度的弯管。若该管段水平设置或倾斜度不足，应力易造成连接处焊缝开裂，发生煤气泄漏。

隐患 110: 高炉热风炉 DN2000mm 煤气管道与排水器之间的连接管内径为 50mm，不满足规范要求（图 4-45）。

图 4-45　DN2000mm 的煤气总管排水器连接管内径为 50mm

判定依据：《煤气排水器安全技术规程》（AQ 7012—2018）第4.2.1.2条"立式水封式排水器连接管、排水管管径应遵守表4-2的规定。"

表4-2　立式水封式排水器连接管、排水管内径

煤气主管内径 ϕ/mm	连接管内径/mm	排水管内径/mm
$\phi \le 800$	≥80	≥80
$800 < \phi \le 2000$	≥100	≥100
$\phi > 2000$	≥125	≥125

注1：煤气中焦油含量较高的，如焦炉煤气、焦炉混合煤气管道的前段，或冷凝水量较大的，连接管、排水管内径在前面尺寸基础上可提高一档。

注2：对于有较大排水量要求的水封式排水器，如高炉煤气洗涤塔、转炉煤气风机后部大水封或煤气冷却器处附近管道的排水器，连接管和排水管内径应根据需要，选择大于等于150mm。

可能造成的后果：煤气管道内凝结水通过连接管流入排水器排出，通常管道内流经的煤气量越大，凝结下来的冷凝水量越大，为确保冷凝水能及时有效排出，通常煤气排水器连接管应根据煤气主管的内径选用，若排水器连接管内径过细，不能满足排水要求，导致煤气主管内积水，加剧腐蚀，严重时会造成管道坍塌事故。

隐患111：辅助管道支架直接焊接在煤气管道上（图4-46a）。规范设置如图4-46b所示。

a　　　　　　　　　　　　　　　　b

图4-46　煤气管道上辅助管道设置情况

a—辅助管道支架直接焊接在煤气管道上；b—辅助管道支架未焊接在煤气管道上

判定依据：《工业企业煤气安全规程》（GB 6222—2005）第6.2.1.3条"架空煤气管道与其他管道共架敷设时，应遵守下列规定：其他管道的托架、吊架可焊在煤气管道的加固圈上或护板上，并应采取措施，消除管道不同膨胀的相互影响，但不应直接焊在管壁上。"

可能造成的后果：钢铁企业煤气管道由于管径较大，一般会作为主要管道通廊，水管、压缩空气、氧氮氩等小管道会利用煤气管道路径进行敷设。由于各种管道的膨胀应力的不同，煤气管道又是薄壁管道，如果辅助管道支架直接焊接在煤气管道上，会导致煤气管道撕裂，有造成煤气泄漏中毒事故的风险。

隐患112：热风炉氮气置换管在使用完毕后未与煤气管道断开（图4-47a）。规范设置如图4-47b所示。

a　　　　　　　　　　　　　　　　　　b

图4-47　氮气置换管道设置情况
a—氮气置换管在使用完毕后未与煤气管道断开；b—氮气置换管在使用完毕后已与煤气管道断开

判定依据：《工业企业煤气安全规程》（GB 6222—2005）第7.5.2条"蒸汽或氮气管接头应安装在煤气管道的上面或侧面，管接头上应安旋塞或闸阀。

为防止煤气串入蒸汽或氮气管内，只有在通蒸汽或氮气时，才能把蒸汽或氮气管与煤气管道连通，停用时应断开或堵盲板。"

可能造成的后果：煤气管道在投用前和停用后，需要使用氮气等对煤气管道内的空气和残留煤气进行吹扫和置换，正常使用的过程中，不需要氮气，吹扫管一般采用闸阀或截止阀与煤气管道连接，不属于隔断设施。氮气置换管在使用完毕后未与煤气管道断开，在煤气管道正常使用过程中，氮气管道压力低于煤气管道压力时，存在煤气倒窜入氮气管道中，造成氮气中带煤气，发生煤气中毒、火灾、爆炸等事故的风险。

隐患113：热风炉出现炉皮烧红等现象时未立即停用处理（图4-48a、b）。

a　　　　　　　　　　　　　　　　　　b

图4-48　热风炉异常现象
a—热风总管与人孔短管接口处内部耐材脱落未及时修复，造成表面烧红；
b—热风炉热风出口钢壳内部耐材脱落未及时修复，造成表面烧红

判定依据：《炼铁安全规程》（AQ 2002—2018）第 12.1.2 条"热风炉炉皮、热风管道、热风阀法兰烧红、开焊或有裂纹，应立即停用，并及时处理，值班人员应至少每 2h 检查一次热风炉。"

可能造成的后果：热风炉是通过燃烧煤气产生高温加热空气的设施，炉壳内砌有硅砖等隔热层，若隔热层开裂、脱落，会出现炉皮烧红现象，不立即停用处理，可能会造成炉皮烧穿，高温烟气窜出，引发火灾事故。

隐患 114：氧气管道使用的阀门未设置禁油标志。规范设置如图 4-49a、b 所示。

图 4-49　氧气管道阀门禁油标志设置情况
a—氧气管道气动调节阀悬挂"禁油"标牌；b—氧气管道截止阀本体有禁油标志

判定依据：《炼铁安全规程》（AQ 2002—2018）第 14.3 条"供氧设备、管道以及工作人员使用的工具、防护用品，均不应有油污。"

可能造成的后果：氧气具有强氧化性，属于助燃气体，纯氧遇到油脂容易引发火灾，通常氧气管道采用特殊防护措施的专用阀门，并设置禁油标志，若禁油标志缺失，人员误用油手或带油手套操作阀门，氧气异常泄漏时容易引发火灾事故。

隐患 115：氧气放散管未引出室外。规范设置如图 4-50 所示。

判定依据：《深度冷冻法生产氧气及相关气体安全技术规程》（GB 16912—2008）第 4.6.29 条"氧气放散时，在放散口附近严禁烟火，氧气的各种放散管，均应引出室外，并放散至安全处。"

可能造成的后果：氧气具有强氧化性，属于助燃气体，遇可燃物容易引发火灾事故，若氧气放散管未引至室外安全处，放散时，因氧

图 4-50　氧气放散管引出室外

气密度比空气大，泄出后会下沉积聚，可能形成火灾风险。

隐患 116：喷吹烟煤（混合煤）煤粉制备厂房电气设施不符合易燃易爆粉尘环境防爆要求（图 4-51a、c）。规范设置如图 4-51b、d 所示。

判定依据：《爆炸危险环境电力装置设计规范》（GB 50058—2014）第 4.1.1 条"当

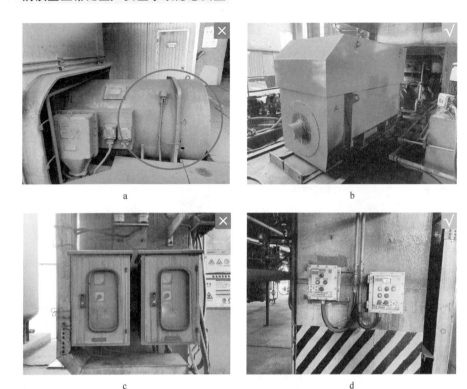

图 4-51　喷吹烟煤制粉系统电器设置情况

a—中速磨机采用ⅡB类气体防爆电机；b—磨机电机已采用粉尘防爆电机；

c—制粉区域采用非防爆控制箱；d—制粉区域采用防爆控制箱

在生产、加工、处理、转运或贮存过程中出现或可能出现可燃性粉尘与空气形成的爆炸性粉尘混合物环境时，应进行爆炸性粉尘环境的电力装置设计。"

可能造成的后果：高炉喷吹的烟煤（混合煤）煤粉属于可燃性粉尘，具有易燃易爆特性。如果煤粉制备厂房内的电气设施不符合易燃易爆粉尘环境防爆要求，在可燃性煤粉异常泄漏的情况下，电气装置的接触性火花可能引起粉尘的着火和爆炸事故。

隐患 117：喷吹罐顶部泄爆片锈蚀未及时更换（图 4-52a）。规范设置如图 4-52b 所示。

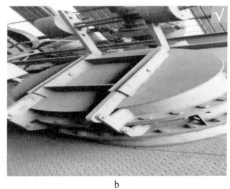

图 4-52　喷煤区域泄爆设施

a—喷吹罐顶部泄爆片锈蚀未及时更换；b—喷吹罐顶部泄爆装置

判定依据：《炼铁安全规程》（AQ 2002—2018）第 13.1.3 条 "煤粉仓、储煤罐、喷吹罐、仓式泵等设备的泄爆孔，应按 GB 16543 的规定进行设计；泄爆片的制造、安装和使用，应符合国家有关标准的规定；泄爆孔的朝向应不致危害人员及设备。泄爆片后面的压力引管的长度，不应超过泄爆管直径的 10 倍。"

可能造成的后果： 泄爆孔是设置在承压设备上的超压保护装置，需要定期检查维护，并在有效期内使用。若喷吹罐顶部泄爆片锈蚀未及时更换，会降低泄爆片的工作强度，严重的可能会造成泄爆片异常破损，罐内可燃性煤粉泄漏，给周边环境带来火灾、爆炸风险。

隐患 118： 喷煤制粉系统未严格控制氧含量。规范设置如图 4-53a、b 所示。

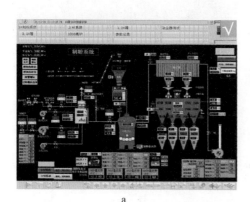

a   b

图 4-53　喷煤系统氧含量检测
a—制粉系统氧含量检测画面；b—磨机入口氧含量在线检测氧分析仪

判定依据：《高炉喷吹烟煤系统防爆安全规程》（GB 16543—2008）第 5.4.1 条 "制粉系统应采用惰化气体作为干燥介质，负压系统磨煤机入口氧含量小于或等于 8%，末端出口氧含量小于或等于 12%，煤粉仓内氧含量小于或等于 12%。"

可能造成的后果： 高炉喷煤制粉系统所用的烟煤（混合煤）煤粉属于可燃性粉尘，具有易燃易爆特性。当系统中氧含量超过安全值时，设备内部可燃的煤粉在大量助燃氧气的作用下，有出现异常燃烧、爆炸事故的风险。

隐患 119： 制粉系统和喷吹系统的煤粉仓未设有氮气连续惰化装置。规范设置如图 4-54 所示。

判定依据：《高炉喷吹烟煤系统防爆安全规程》（GB 16543—2008）第 5.4.3 条 "制粉系统和喷吹系统的煤粉仓应设有氮气连续惰化装置。"

可能造成的后果： 高炉喷煤制粉系统煤粉仓内的煤粉属于可燃性粉尘，具有易燃易爆特性。氮气属于惰性保护气体，在制粉系统和喷

图 4-54　喷煤喷吹系统采用氮气进行惰化

吹系统的煤粉仓设有氮气连续惰化装置,可以抑制系统中氧含量并降低仓内温度,避免设备内部可燃的煤粉在助燃氧气的作用下,出现异常燃烧、爆炸事故。

隐患 120:喷煤区域半封闭厂房未设置固定式氧气和一氧化碳报警仪(图 4-55a)。规范设置如图 4-55b 所示。

a   b

图 4-55 半封闭厂房固定式氧气和一氧化碳报警仪设置情况
a—半封闭厂房未设置固定式氧气和一氧化碳报警仪;b—半封闭厂房设置固定式氧气和一氧化碳报警仪

判定依据:《高炉喷吹烟煤系统防爆安全规程》(GB 16543—2008)第 5.7.11 条"厂房内人员活动区域应设置氧气和一氧化碳报警装置,防止一氧化碳中毒和氮气窒息。"

可能造成的后果:喷煤装置通常设置在通风不良的半封闭厂房内,生产过程中存在氮气、一氧化碳泄漏的风险。如果未设置固定式氧气和一氧化碳报警仪,一旦发生煤气、氮气泄漏,不能及时报警处置,可能会导致人员中毒、窒息事故。

隐患 121:喷煤区域设备、容器、管道法兰之间导线跨接不规范(图 4-56a)。规范设置如图 4-56b 所示。

a   b

图 4-56 煤粉喷吹管道阀门、法兰防静电跨接设置情况
a—煤粉喷吹管道防静电法兰跨接不符合规范要求;b—煤粉喷吹管道已规范设置防静电法兰跨接

判定依据:《高炉喷吹烟煤系统防爆安全规程》(GB 16543—2008)第 5.1.10 条"所有设备、容器、管道均应设防静电接地,法兰之间应用导线跨接,并进行防静电设计

校核。"

可能造成的后果： 高炉喷煤制粉系统所用的烟煤（混合煤）煤粉属于可燃性粉尘，具有易燃易爆特性。输粉管道、设备间通过紧固螺栓的法兰连接，在安装或运行过程中，因存在油漆、生锈等因素可能会导致法兰片之间金属接触面导电性能下降，电阻增大，如果在喷煤区域的设备、容器、管道法兰之间导线跨接不规范，煤粉输送过程中产生的静电不能有效消除，电荷积聚形成静电火花，可能会引燃煤粉，导致发生火灾、爆炸事故。

隐患 122： 高炉喷煤制粉区域布袋收粉器未设有充氮装置。规范设置如图 4-57 所示。

判定依据： 《高炉喷吹烟煤系统防爆安全规程》（GB 16543—2008）第 5.4.6 条 "布袋收粉器及喷煤系统的煤粉仓应设有充氮装置。"

可能造成的后果： 高炉喷煤制粉区域布袋收粉器是用于除尘的设施，其中积存的煤粉尘具有易燃易爆特性，如果未设有充氮装置，不能及时惰化、降温，容易因设备内部的煤尘与大量氧气混合，可能会发生异常燃烧爆炸事故。

图 4-57　布袋收粉器充氮装置设置情况

隐患 123： 高炉煤粉喷吹支管上未设切换阀。规范设置如图 4-58a、b 所示。

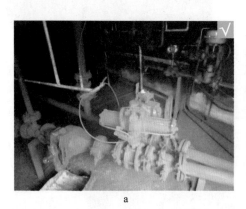

a

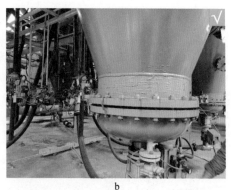

b

图 4-58　带电磁阀的气动阀门设置情况

a—管道上安装的带电磁阀的气动阀门；b—喷吹系统管道上安装的带电磁阀的气动阀门

判定依据： 《高炉喷吹煤粉工程设计规范》（GB 50607—2010）第 3.8.5 条 "煤粉喷吹管线应符合下列规定：在煤粉喷吹总管和煤粉喷吹支管上应设切换阀，当阀前压力降低到低于设定压力值时，喷煤通路自动切断并打开旁通管路气体。"

可能造成的后果： 高炉煤粉喷吹系统是通过气力输送的方式将磨细后的煤粉从风口吹入高炉的设施，因煤粉属于易燃易爆类粉尘。若高炉煤粉喷吹支管上未设切换阀，当输粉管路出现故障，管内压力过低时，不能自动切断并打开旁路气体，高炉内高温气体可能倒流进入煤粉喷吹管路，造成 "回火"，引发火灾、爆炸事故。

隐患 124：制粉系统未设一氧化碳浓度在线监测装置。规范设置如图 4-59 所示。

判定依据：《高炉喷吹烟煤系统防爆安全规程》（GB 16543—2008）第 5.7.3 条"制粉系统应设固定式氧含量和一氧化碳浓度在线监测装置，达到报警值时应报警并自动充氮，达到上限值时应自动停机。"

可能造成的后果：高炉制粉系统生产的煤粉属于易燃易爆类粉尘，如果制粉系统未设一氧化碳浓度在线监测装置，因干燥炉燃烧不充

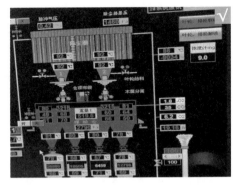

图 4-59　主画面连续显示一氧化碳浓度

分可能造成管路系统内一氧化碳浓度过高，与漏入的空气混合后，遇火源容易引发爆炸事故。

隐患 125：氮气罐未设置在室外或通风良好的地方。规范设置如图 4-60 所示。

判定依据：《高炉喷吹烟煤系统防爆安全规程》（GB 16543—2008）第 5.4.7 条"氮气罐及氮气分配气包应设置在室外。当喷煤厂房为（半）敞开式时，氮气罐及氮气分配气包允许设置在厂房内，并尽可能布置在通风良好的位置。"

可能造成的后果：氮气是惰性气体，会使人缺氧窒息。高炉喷吹烟煤系统通过氮气储罐

图 4-60　氮气罐设置在室外

提供一定压力的氮气作为工艺保护气体。如果氮气罐未设置在室外或通风良好的地方，泄漏的氮气不利于扩散，周边氮气大量积聚，人员进入会造成窒息事故。

隐患 126：喷煤区域烟气炉煤气管道的放散管口设置在厂房内（图 4-61a）。规范设置如图 4-61b 所示。

a　　　　　　　　　　　　b

图 4-61　烟气炉煤气管道放散管设置情况

a—烟气炉煤气管道的放散管设置在厂房内；b—烟气炉煤气管道的放散管设置在厂房外

判定依据：《工业企业煤气安全规程》（GB 6222—2005）第7.3.1.2条"放散管口应高出煤气管道、设备和走台4m，离地面不小于10m。厂房内或距厂房20m以内的煤气管道和设备上的放散管，管口应高出房顶4m。厂房很高，放散管又不经常使用，其管口高度可适当减低，但应高出煤气管道、设备和走台4m。不应在厂房内或向厂房内放散煤气。"

可能造成的后果：喷煤区域烟气炉是使用煤气作为燃料的炉窑，为便于开停炉时煤气管道吹扫置换，通常在隔断阀前后设置有放散管，若放散管口设置在厂房内，排放出来的有毒有害气体在厂房内积聚，容易造成室内人员中毒窒息或火灾爆炸事故。

隐患127：喷煤区域烟气炉煤气管道放散管道串联（图4-62a）。规范设置如图4-62b所示。

图4-62　煤气区域烟气炉放散管设置情况

a—煤气区域烟气炉煤气放散管道串联；b—煤气区域烟气炉煤气放散管道分开设置

判定依据：《工业企业煤气安全规程》（GB 6222—2005）第7.3.1.6条"煤气设施的放散管不应共用，放散气集中处理的除外。"

可能造成的后果：喷煤区域烟气炉是使用煤气作为燃料的炉窑，为便于开停炉时煤气管道吹扫置换，通常在隔断阀前后设置有放散管，如果不同煤气管道或同一管道隔断阀前后放散管串联共用，可能因阀门渗漏等因素造成在用管道内煤气窜入停用管线设施内，引发人员中毒或火灾爆炸等意外事故。

隐患128：上料带式输送机系统各旋转部位防护措施不规范（图4-63a）。规范设置如图4-63b所示。

判定依据：《炼铁安全规程》（AQ 2002—2018）第6.12条"采用带式输送机运输应遵守GB 14784的规定：应有防打滑、防跑偏和防纵向撕裂的措施以及能随时停机的事故开关和事故警铃；头部应设置遇物料阻塞能自动停车的装置；头轮上缘、尾轮及拉紧装置应有防护装置。"

可能造成的后果：上料带式输送机系统的头尾轮、托辊、张紧轮等部件在运行过程中均高速旋转，周边通道较为狭窄，且常有点巡检或清扫人员活动，若旋转部位未设置可靠的防护罩、栏杆、挡板等防护设施，人机不能有效隔离，在运行过程中容易卷入手套、衣物、头发等，发生机械伤害事故。

a   b

图 4-63　上煤带式输送机系统的防护情况

a—上煤带式输送机拉紧装置防护不到位；b—上煤带式输送机拉紧装置设置了安全护罩

隐患 129：氮气吹扫管在非吹扫状态下未与煤气管道断开（图 4-64）。

判定依据：《工业企业煤气安全规程》（GB 6222—2005）第 7.5.2 条"蒸汽或氮气管接头应安装在煤气管道的上面或侧面，管接头应安旋塞或闸阀。为防止煤气串入蒸汽或氮气管内，只有在通蒸汽或氮气时，才能把蒸汽或氮气管与煤气管道连通，停用时应断开或堵盲板。"

可能造成的后果：煤气管道在投用前和停用后，需要使用氮气等惰性气体对煤气管道内的空气和残留煤气进行吹扫置换，若吹扫置换

图 4-64　氮气吹扫管在非吹扫状态下未与煤气管道断开

结束后氮气管道未与煤气管道断开或堵盲板，仅采用闸阀、截止阀等普通阀门进行隔断，在氮气管道失压时，容易因阀门不密封，煤气通过氮气管道窜入其他区域，可能造成人员意外中毒或火灾爆炸事故。

隐患 130：高炉未采用煤气在线综合分析仪进行煤气成分检测（图 4-65a）。规范设置如图 4-65b 所示。

a   b

图 4-65　煤气检测装置

a—采用人工取样；b—在线综合分析仪的主机

判定依据：《关于发布金属冶炼企业禁止使用的设备及工艺目录（第一批）的通知》（国家安管四〔2017〕142号）第六条"高炉炉身煤气取样机，自2018年9月1日起禁止。"

可能造成的后果：为确保高炉煤气回收质量，避免因氧气等含量超标造成煤气回收系统风险。需要在高炉炉身部位对煤气成分进行取样分析，因高炉炉身属于煤气危险区域，若未采用在线综合分析仪等远程自动控制方式，仅依靠人工取样分析，容易发生煤气中毒事故。

隐患131： 高炉煤气重力除尘未使用气动或电动式泄灰阀（图4-66a）。规范设置如图4-66b所示。

图4-66　高炉重力除尘泄灰阀设置情况
a—高炉重力除尘器翻板式泄灰阀；b—高炉重力除尘器使用电动式卸灰阀

判定依据：《关于发布金属冶炼企业禁止使用的设备及工艺目录（第一批）的通知》（国家安管四〔2017〕142号）第十条"煤气重力除尘重锤式（翻板式、盘式）泄灰装置，自2018年9月1日起禁止。"

可能造成的后果：高炉重力除尘器是利用粉尘自身的重力使尘粒从煤气中沉降分离的装置。采用锤式（翻板式、盘式）泄灰装置难于实现精确控制，泄灰不均匀、关闭不彻底，需在除尘器内部存留一定高度的除尘灰来辅助实现煤气的密封，操作过程中易发生煤气泄漏，造成作业区域以及周边人员发生中毒事故。

隐患132： 高炉布袋除尘区域电气设备不符合防爆要求（图4-67a）。规范设置如图4-67b所示。

判定依据：《钢铁企业煤气储存和输配系统设计规范》（GB 51128—2015）第9.1.2条"相对密度小于或等于0.75的煤气净化设备外缘外4.5m，高7.5m范围内；相对密度大于0.75的煤气净化设备外缘外3.0m范围内，属于防爆2区。"

可能造成的后果：高炉布袋除尘器是依托除尘箱体内的滤袋，将高炉煤气进行二次净化的装置。除尘器的进出口及煤气管道等区域属于煤气易泄漏区域，存在爆炸危险。如果电气设备不符合防爆要求，容易因电气线路打火，引发火灾爆炸事故。

图 4-67 布袋除尘区域的防爆电气设备设置情况

a—布袋除尘器卸灰阀电机不是防爆电机；b—布袋除尘器卸灰阀控制箱采用防爆控制箱

隐患 133：高炉煤气放散塔高 45m，小于 50m（图 4-68a）。规范设置如图 4-68b 所示。

图 4-68 剩余高炉煤气放散塔

a—高炉煤气放散塔高 45m；b—高炉煤气放散塔高于 50m

判定依据：《钢铁企业煤气储存和输配系统设计规范》（GB 51128—2015）第 8.4.1 条"剩余煤气放散装置的布置应符合下列规定：剩余煤气放散塔燃烧器顶端的高度应高出周围建筑物，且距离地面不应小于 50m，并应高出操作平台 4m 以上。"

可能造成的后果：高炉煤气放散塔是用于高炉煤气无法回收或高炉异常情况的一种煤气排放装置。按规范规定：放散塔高度须高于地面 50m，若低于这一高度，由于高炉煤气密度略高于空气密度，如果放散口点火燃烧失效，在低气压情况下，排放出的高炉煤气扩散不良，容易下沉积聚，给周边区域带来人员中毒和火灾爆炸风险。

隐患 134：高炉煤气放散塔未设点火装置。规范设置如图 4-69a、b 所示。

判定依据：《钢铁企业煤气储存和输配系统设计规范》（GB 51128—2015）第 8.4.1 条"剩余煤气放散装置的布置应符合下列规定：剩余煤气放散塔应采用点火燃烧放散。放散量波动较大时，宜选用多管式结构形式。"

可能造成的后果：放散塔的点火装置是将高炉异常状态下排放的高炉煤气进行点燃的装置，通过点燃放散可燃烧高炉煤气中的一氧化碳成分，避免因一氧化碳聚集产生煤气中

a　　　　　　　　　　　　　　　b

图 4-69　高炉煤气放散塔的点火装置设置情况

a—高炉煤气放散塔未安装点火装置；b—高炉煤气放散塔安装点火装置

毒事故。若未设置点火装置，高炉煤气直接进行排放，在气压低的情况下，易发生人员中毒事故。

隐患 135：剩余煤气放散塔未设置隔断装置。规范设置如图 4-70 所示。

判定依据：《钢铁企业煤气储存和输配系统设计规范》（GB 51128—2015）第 8.4.1 条"剩余煤气放散装置的布置应符合下列规定：剩余煤气放散装置应设置隔断装置、调压设施、自动点火设施、燃烧设施、防回火设施和灭火设施等。"

可能造成的后果：高炉剩余煤气放散塔是高炉煤气的一种放散装置，与高炉煤气管道进

图 4-70　高炉煤气放散塔的盲板阀组

行连接。若未设置隔断装置，在放散塔检修情况下，不能保证其与煤气管道的有效切断，一旦发生煤气泄漏，可能造成检修人员煤气中毒、火灾爆炸事故。

隐患 136：高炉煤气管道放散管挣绳断裂（图 4-71a）。规范设置如图 4-71b 所示。

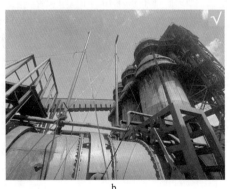

a　　　　　　　　　　　　　　　b

图 4-71　高炉煤气放散管挣绳设置情况

a—高炉煤气管道放散管挣绳断裂；b—高炉煤气管道放散管挣绳完好，固定牢靠

判定依据：《工业企业煤气安全规程》（GB 6222—2005）第7.3.1.4条"放散管根部应焊加强筋，上部用挣绳固定。"

可能造成的后果：放散管是煤气管道检修作业时，对煤气管道内部气体吹扫排放的设施，其挣绳是固定放散管的装置。若未设置挣绳，遇到大风等恶劣天气时放散管超幅摆动造成底部连接焊缝处金属疲劳、产生裂缝，可能使管道内煤气泄漏。

隐患137：横跨道路的煤气管道未设限高措施（图4-72a）。规范设置如图4-72b所示。

图4-72　横跨道路的煤气管道的防撞限高杆设置情况

a—跨越主路煤气管道未设置防撞限高杆；b—跨越主路煤气管道设置防撞限高杆

判定依据：《炼铁安全规程》（AQ 2002—2018）第6.6条"厂区各类横穿道路的架空管道及通廊，应标明其种类及下部标高，其与路面之间的净空应符合GB 50603、GB 50030、GB 50029、GB 6222等相关规定。道口、有物体碰撞坠落危险的地区及供电（滑）线，应有醒目的警示标志和防护设施，必要时还应有声光信号。煤气管道应架空敷设，严禁一氧化碳含量高于10%的煤气管道埋地铺设。煤气管道宜涂灰色，横跨道路的煤气管道应设防撞栏杆。"

可能造成的后果：限高措施是煤气管道穿越道路时，设置在其前后的限制高度的标识或防护措施。如未设置，车辆在通行时不能准确判断煤气管道高度，一旦车辆超高，会造成撞击损坏煤气管道，引起大量煤气泄漏的重大事故。

隐患138：TRT进出口管道阀门两侧放散管共用（图4-73a）。规范设置如图4-73b所示。

图4-73　TRT煤气管道放散管设置情况

a—TRT盲板阀两侧放散管联通；b—TRT盲板阀两侧放散管分开设置

判定依据：《工业煤气安全规程》（GB 6222—2005）第 7.3.1.6 条"煤气设施的放散管不应共用，放散气集中处理的除外。"

可能造成的后果： TRT 检修时，通过关闭进出口管道阀门来可靠切断煤气，在置换、吹扫合格后进行检修。如果管道阀门两侧放散管共用，若发生放散管阀门关不严等情况，可能使生产段中的煤气倒灌入检修段，造成中毒、火灾、爆炸等事故。

隐患 139： TRT 进出口管道冷凝水通过阀门直排（图 4-74a）。规范设置如图 4-74b 所示。

图 4-74　TRT 煤气管道冷凝水排放情况

a—TRT 煤气管道冷凝水通过阀门直排；b—TRT 煤气管道冷凝水通过排水器排放

判定依据：《工业企业煤气安全规程》（GB 6222—2005）第 7.4.1 条"排水器之间的距离一般为 200~250m，排水器水封的有效高度应为煤气计算压力至少加 500mm。高压高炉从剩余煤气放散管或减压阀组算起 300m 以内的厂区净煤气总管排水器水封的有效高度，应不小于 3000m。"

可能造成的后果： 水封式排水器是利用水柱高度克服煤气压力，将煤气管道中的冷凝水、积水等通过溢流方式自动排出的装置。若未设置水封式排水器，长时间不排水可能导致煤气管道腐蚀、截断，发生煤气泄漏事故；若采用人工手动排水，操作人员在排水过程中无法衡量煤气管道中剩余水量，一旦将冷凝水全部放完，易发生煤气泄漏，造成煤气中毒事故。

隐患 140： TRT 煤气管道阀台区域未安装固定式一氧化碳监测报警仪（图 4-75a）。规范设置如图 4-75b 所示。

判定依据：《工业企业煤气安全规程》（GB 6222—2005）第 4.10 条"煤气危险区（如地下室、加压站、热风炉及各种煤气发生设施附近）的一氧化碳浓度应定期测定，在关键部位应设置一氧化碳监测装置。"

可能造成的后果： TRT 煤气管道阀台区域的阀门设施，由于频繁操作及煤气腐蚀等因素，阀门连接处存在煤气泄漏风险。该区域若未设置固定式一氧化碳检测报警仪，出现煤气泄漏时无检测报警，操作、点巡检等人员进入附近作业，可能发生煤气中毒、火灾爆炸等事故。

a   b

图 4-75　TRT 入口煤气管道阀台固定式一氧化碳报警器设置情况

a—TRT 入口煤气管道阀台未安装固定式一氧化碳报警器；b—TRT 入口煤气管道阀台安装固定式一氧化碳报警器

隐患 141：TRT 煤气管道无介质流向及管径等参数标识（图 4-76a）。规范设置如图 4-76b 所示。

a   b

图 4-76　TRT 气管道介质流向等标识设置情况

a—煤气管道无介质流向及管径等参数标识；b—煤气管道已标注介质流向及管径等参数标识

判定依据：《钢铁企业煤气储存和输配系统设计规范》（GB 51128—2015）第 8.7.3 条"地上煤气管道表面涂装应符合下列规定：地上煤气管道应在管道上标识介质名称或代号和介质流向及管径。"

可能造成的后果：在管道上标明介质的流向和管径等标识，是告知区域人员管道内介质、流向等重要信息的措施。若未设置相关标识，管道、设备在检修或发生异常情况下，人员无法迅速判断相关信息，可能会发生误操作，导致煤气中毒、火灾爆炸等事故。

隐患 142：高炉炉前出铁场直接铸铁（图 4-77a）。规范设置如图 4-77b 所示。

判定依据：《关于发布金属冶炼企业禁止使用的设备及工艺目录（第一批）的通知》（国家安管四〔2017〕142 号）第八条"高炉炉前出铁场直接铸铁工艺，自 2018 年 3 月 1 日起禁止。"

a   b

图 4-77　高炉炉前出铁场直接铸铁

a—高炉炉前直接铸铁；b—采用鱼雷罐转运至炼钢

可能造成的后果：高炉炉前出铁场直接铸铁，是不通过鱼雷罐、铁包将铁水倒运到铸铁机后铸铁，而是通过出铁沟流出后直接铸造生成铸铁块的过程。由于炉前直接铸铁存在缺少铁水应急储存装置、铸铁区域易积水、直接铸铁增加了炉前作业人数等问题，极易引发高温烫伤、铁水"打炮"、煤气中毒等安全事故，还会造成严重的环境污染。目前通常采用铁水（鱼雷）罐车接运铁水运往炼钢生产单元或运输至专门铸铁车间进行铸造。

隐患 143：铸铁车间吊运铁水未用冶金起重机（额定起重量大于或等于 75t 的，应为铸造起重机）。规范设置如图 4-78 所示。

判定依据：《高温熔融金属吊运安全规程》（AQ 7011—2018）第 6.1.1 条"新建用于吊运熔融金属的起重机，其额定起重量大于或等于 75t 的，除应符合本规程外，还应符合 TSGQ0002 和 JB/T 7688.5 的相关要求，并应使用冶金铸造起重机。"

可能造成的后果：冶金铸造起重机与普通

图 4-78　铸铁车间使用铸造起重机

桥式起重机相比，具备了双制动、双驱动和防高温等功能。普通桥式起重机一旦制动或驱动失效，将有可能发生铁水倾覆，造成熔融金属火灾、爆炸等事故。而冶金铸造起重机中的一套制动或驱动失效后，仍然有另外一套制动或驱动保证其安全运行。

隐患 144：铸铁区域操作室设置在铁水吊运影响范围内（图 4-79a）。规范设置如图 4-79b 所示。

判定依据：《高温熔融金属吊运安全规程》（AQ 7011—2018）第 5.7 条"高温熔融金属和熔渣吊运行走区域禁止设置操作室、会议室、交接班室、活动室、休息室、更衣室、澡堂等人员集聚场所；不应设置放置可燃、易燃物品的仓库、储物间；不应有液压站、电气间、电缆桥架等重要防火场所和设施。危险区域附近的上述建筑物的门、窗应背对吊运区域。"

图 4-79　铸铁区操作室设置情况

a—操作室在铁水吊运影响范围内；b—操作室移出铸铁车间，设置在厂房外

可能造成的后果： 地面设置的铸铁区域操作室属于人员较为集中场所，如果设置在铁水吊运影响范围内，一旦发生铁水倾覆、喷溅，容易造成人员伤亡事故。

隐患 145： 铸铁区域铁水包冷修区设置在铁水吊运影响范围内（图 4-80a）。规范设置如图 4-80b 所示。

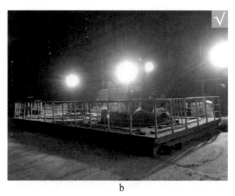

图 4-80　铸铁区域铁水包冷修区设置情况

a—铁水包冷修区设置在铁水吊运影响范围内；b—铁水包冷修区不在铁水吊运影响范围内

判定依据：《高温熔融金属吊运安全规程》（AQ 7011—2018）第 5.17 条"熔融金属罐冷热修区不应设在吊运路线上，应设置通风降温设施，地面应有安全通道。"

可能造成的后果： 铁水包冷修区是对铁水包进行修补和重新砌筑的区域，区域内人员一般较多，属于人员较为集中场所，如果设置在铁水吊运影响范围内，一旦发生铁水倾覆、喷溅，容易造成人员伤亡事故。

隐患 146： 铸铁机倾翻台下部积水（图 4-81a、b）。

判定依据：《炼铁安全规程》（AQ 2002—2018）第 15.6 条"铸铁机下不应通行，需要通行时，应设置专用的安全通道，铸铁机地坑内不应有积水。"

可能造成的后果： 铸铁机倾翻台是用于倾覆铁水包，将铁水浇铸到铸铁机的设施。若

图 4-81 铸铁机倾翻台下部积水情况

a—铸铁机倾翻台下地坑潮湿淤泥未清理；b—铸铁机倾翻台下地坑有少量积水

倾翻台下部积水，一旦发生铁水喷溅、溢流，容易发生遇水爆炸事故。

隐患 147：铸铁机链板机下部积水（图 4-82a、b）。规范设置如图 4-82c、d 所示。

图 4-82 铸铁机链板机下部积水情况

a—铸铁机链板机下地坑潮湿淤泥未清理；b—铸铁机链板机下地坑有少量积水；
c—铸铁机链板机头部下无积水；d—铸铁机链板机下无积水

判定依据：《炼铁安全规程》（AQ 2002—2018）第 15.6 条"铸铁机下不应通行，需要通行时，应设置专用的安全通道，铸铁机地坑内不应有积水。"

可能造成的后果：铸铁机是一种浇铸生铁块的设备。它由装有一系列铸模的循环链带（链板机）组成，铁水从链板机机头一端逐一注入运行中的铸模，在运行途中逐渐冷却，到达铸铁机尾部做反向运动时，凝固的铁块自动从铸模中脱落。由于其工艺特点，链板机机头部分既是设备最低点也是最先接触高温铁水的区域，若该区域下部积水，一旦发生铁水喷溅、溢流，极易造成爆炸事故。

隐患 148：铁水包耳轴未定期进行探伤检测，发现问题未及时整改。规范设置如图4-83a、b所示。

a　　　　　　　　　　　　　　b

图 4-83　铁水包耳轴检测报告

a—铁水包耳轴完好；b—铁水包耳轴检测报告

判定依据：《高温熔融金属吊运安全规程》（AQ 7011—2018）第6.2.6条"罐体和浇包耳轴加工后应进行探伤检查，探伤的要求应遵守 JB/T 5000 的规定。使用中的熔融金属罐体和包体每年应至少对耳轴做一次无损探伤检查，做好记录，并存档。凡耳轴出现内裂纹、壳体焊缝开裂、明显变形、耳轴磨损超过原轴直径的10%、机械失灵、内衬损坏超过规定，均应报修或报废。"

可能造成的后果：铁水包两侧耳轴是与行车吊钩连接的部位，也是主要的受力点。铁水包耳轴长期与行车吊钩摩擦，耳轴不断磨损甚至出现裂纹，一旦耳轴断裂将可能发生铁水倾覆、喷溅，导致火灾、爆炸事故。通过定期对耳轴进行探伤检测，发现问题及时处置，可避免事故发生。

隐患 149：铸铁车间烘烤器煤气管道未单独设置盲板阀（图4-84a）。规范设置如图4-84b所示。

判定依据：《工业企业煤气安全规程》（GB 6222—2005）第7.2.1条"一般规定凡经常检修的部位应设可靠的隔断装置。"

可能造成的后果：盲板阀是一种可靠切断煤气的装置，操作简便，性能可靠。通常情况，烘烤器煤气总管后分为多路支管，连接多台烘烤器，在单台烘烤器停用或检修等情况下，只需关闭支管上的盲板阀，就能够可靠切断煤气，避免切断烧烤器煤气总管，造成所有烘烤器停用，如果支管未单独设置盲板阀，而总管也未切断，煤气可能会因切断方式不可靠发生泄漏，造成煤气中毒或火灾爆炸事故。

图 4-84　铸铁车间烘烤器煤气管道隔断设置情况

a—铸铁车间烘烤器煤气管道未单独设置盲板阀；b—铸铁车间烘烤器煤气管道单独设置盲板阀

隐患 150： 铁水包未使用烘烤器烘烤、未设置防熄火装置。规范设置如图 4-85a、b 所示。

图 4-85　铁水包烘烤器

a—铁水包烘烤器；b—铁水包烘烤器控制箱

判定依据：《关于发布金属冶炼企业禁止使用的设备及工艺目录（第一批）的通知》（国家安管四〔2017〕142 号）第一条"钢（铁）水罐非烘烤器烘烤，自 2018 年 9 月 1 日起禁止。"

可能造成的后果： 铁水包是用于盛放、周转铁水的容器，铁水包外壳为钢材料，内层砌筑耐火材料，新砌筑的铁水包，耐材中含有一定水分，在装入铁水之前，须经过烘烤，把水分烘干，同时也为了预热，防止铁水装入后，温差过大损害耐材。若不使用专用烘烤器，仅用简单的火炬进行加热，容易发生烘烤不透、不均匀、耐材开裂等情况，装入铁水后可能会造成喷爆、铁水渗漏事故。同时如果未设火焰检测及燃气管道快切联锁等防熄火装置，在烘烤时发生意外熄火，不能及时切断燃气来源，极易发生燃气爆炸事故。

隐患 151： 铁水包烘烤器煤气管道未设置快速切断阀。规范设置如图 4-86 所示。

判定依据：《城镇燃气设计规范》（GB 50028—2006）第 10.6.6 条"工业企业生产用

气设备燃烧装置的燃气管道上，应安装低压报
警和紧急自动切断阀。"

可能造成的后果：烘烤器是通过燃烧煤气
等燃料产生的热量烘干铁水包新砌耐材中水分
或均匀提高冷包内衬温度的设备。在点火失败
或燃烧过程中因燃气压力波动等因素可能造成
熄火，煤气管道上若未设快速切断阀，不能及
时切断燃气，可能造成煤气大量泄漏与空气混
合后，在高温条件下，容易引发爆炸事故。

隐患 152：煤气烘烤作业区域未设固定式一
氧化碳检测报警装置（图 4-87a）。规范设置如图 4-87b 所示。

图 4-86　烘烤器煤气管道气动快速切断阀

a　　　　　　　　　　　　　　　　　b

图 4-87　烘烤区域固定式一氧化碳报警器设置情况
a—烘烤作业区域未设置固定式一氧化碳报警器；b—烘烤作业区域设置固定式一氧化碳报警器

判定依据：《工业企业煤气安全规程》（GB 6222—2005）第 4.10 条"煤气危险区的
一氧化碳浓度应定期测定，在关键部位应设置一氧化碳监测装置。"

可能造成的后果：烘烤器是通过燃烧煤气等燃料产生的热量烘干铁水包新砌耐材中水
分或均匀提高冷包内衬温度的设备。附属的煤气管道设备设施部件多，有盲板阀、蝶阀、快
切阀、烧嘴、法兰等，使用过程中有煤气泄漏的风险，如果在周边未设置固定式一氧化碳监
测报警装置，当煤气泄漏时，不能及时发现处置，容易发生煤气中毒或火灾爆炸事故。

隐患 153：铸铁机煤气管道放散管低于铸铁厂房（图 4-88a）。规范设置如图 4-88b
所示。

判定依据：《工业煤气安全规程》（GB 6222—2005）第 7.3.1.2 条"放散管口应高出
煤气管道、设备和走台 4m，离地面不小于 10m，厂房内或距厂房 20m 以内的煤气管道和
设备上的放散管，管口应高出房顶 4m。厂房很高，放散管又不经常使用，其管口高度可
适当减低，但应高出煤气管道、设备和走台 4m。不应在厂房内或向厂房内放散煤气。"

可能造成的后果：铸铁区域因设有烘烤器等燃气设施，需要通过煤气管道输送煤气，
为便于设备检修时的吹扫置换，通常在煤气管道隔断阀前后设置有放散管，若放散管口设
置在厂房内，排放出来的有毒有害气体在厂房内积聚，容易造成室内人员中毒窒息或火灾
爆炸事故。

图 4-88　铸铁机区域煤气放散管设置情况

a—铸铁机煤气管道放散管低于铸铁厂房；b—铸铁机煤气管道放散管高于铸铁厂房

隐患 154：铸铁车间操作室窗户未采用耐热玻璃（图 4-89a）。规范设置如图 4-89b 所示。

图 4-89　铸铁车间操作室玻璃防护设置情况

a—铸铁车间操作室的普通玻璃；b—铸铁车间操作室为耐热玻璃

判定依据：《炼铁安全规程》（AQ 2002—2018）第 15.4 条"在铸铁机操作室应采取隔热措施，室内应有空调及通讯、信号装置。操作室窗户应采用耐热玻璃，并设有两个方向相对、通往安全地点的出入口。"

可能造成的后果：铸铁机操作室一般设置在铸铁机尾部旁侧区域，以便在操作时观察浇铸生产过程中现场的情况，在铁水包（罐）倾翻浇铸过程中存在渣铁飞溅现象。操作室窗户若未采用耐热玻璃，飞溅的渣铁可能损坏玻璃，进而伤及操作人员。

5 炼钢事故隐患图鉴

5.1 炼钢工艺流程简介

炼钢在钢铁工业整个生产流程中起着举足轻重的作用，铁和钢最根本的区别是含碳量，在钢中，随着碳含量的增加，其强度、硬度增加，而塑性和冲击韧性降低。用氧化方法去除生铁和废钢中的杂质，加入适量的合金元素，使之成为具有高的强度、韧性或其他特殊性能的钢，这一工艺过程称为"炼钢"，主流的炼钢工艺有转炉炼钢和电炉炼钢。炼钢工艺流程简图如图 5-1 所示。

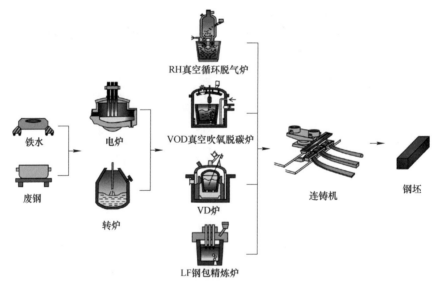

图 5-1 炼钢工艺流程简图

5.1.1 转炉炼钢

转炉炼钢是以铁水、废钢、铁合金为主要原料，采用顶吹、底吹和侧吹氧气的方式使氧与铁水中的碳等元素发生氧化还原反应，降低铁水中的碳含量，去除其他有害元素及杂质，生成合格钢水的过程。转炉炼钢应先加废钢，后兑铁水，废钢在配料区进行配料、装槽、称量后加入转炉；铁水运输至转炉加料跨，经铸造起重机吊运至转炉炉口兑入炉内。转炉插入氧枪进行吹炼，过程中产生转炉煤气，一氧化碳及氧含量合格的转炉煤气经除尘（干法/湿法）后回收，吹炼结束倾动转炉出钢至炉下钢包。转炉炼钢工艺示意图、OG

湿法除尘回收工艺流程图、LT 干法除尘回收工艺流程图如图 5-2~图 5-4 所示。

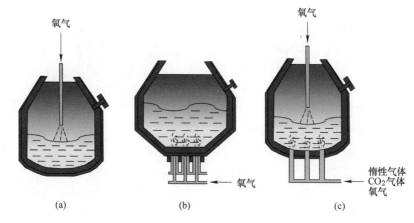

图 5-2 转炉炼钢工艺示意图

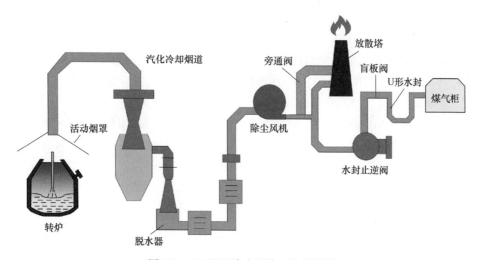

图 5-3 OG 湿法除尘回收工艺流程图

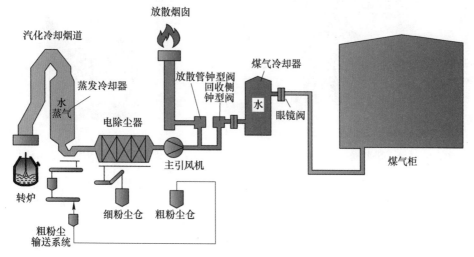

图 5-4 LT 干法除尘回收工艺流程图

5.1.2 电弧炉炼钢

电弧炉炼钢主要以废钢为原料，通过石墨电极输入电能，以电极端部和炉料之间发生的电弧为热源进行炼钢的方法。废钢入炉后，电炉开始通电，利用石墨电极与废钢（或铁水）之间产生电弧所放出的热量来熔化废钢和使熔融钢液升温；电弧炉炼钢有时需要吹入氧气，一方面帮助切割熔化废钢，另一方面帮助脱碳。供氧方式包括炉门吹氧、炉壁氧气烧嘴吹氧等，达到工艺要求时出钢。电弧炉炼钢工艺示意图如图5-5所示。

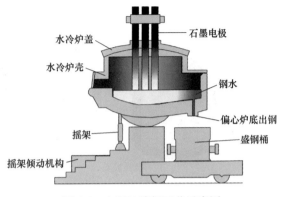

图 5-5 电弧炉炼钢工艺示意图

5.1.3 炉外精炼

炉外精炼是对钢水的成分和温度进行再调整的过程，主要采用 LF、ASEA-SKF、CAS-OB、VD、VOD、DH、RH、AOD、VAD 等精炼手段，进行脱硫、脱氧、除气、去夹杂物、合金化、温度管控。

（1）LF、ASEA-SKF 精炼工艺。利用钢水包作为容器，通过三相石墨电极和钢液之间产生电弧所放出的热量给钢液升温，利用钢包底部引入的氩气搅拌或安装电磁搅拌装置，过程中向钢液面加入石灰、萤石、高铝粉、铝粉等造渣和脱氧材料，进行脱氧、去硫、去夹杂，待钢水成分和温度合格后再浇铸。ASEA-SKF 精炼炉、LF 精炼炉工艺示意图如图5-6、图5-7所示。

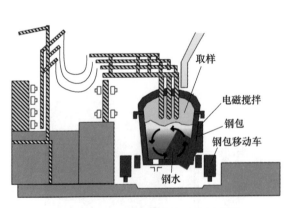

图 5-6 ASEA-SKF 精炼炉工艺示意图

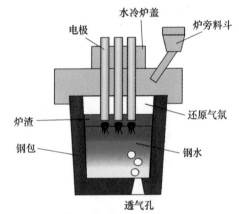

图 5-7 LF 精炼炉工艺示意图

（2）CAS-OB 精炼工艺。在钢包上方向钢液面插入密闭隔离浸罩，在隔离罩内增设顶氧枪吹氧，利用罩内加入的铝或硅铁与氧气反应所放出的热量直接对钢水加热升温、微合金化窄成分控制、深脱氧、钢水净化、夹杂物变性等精炼处理。CAS-OB 精炼法工艺示意图如图5-8所示。

（3）VD 精炼工艺。将 LF 处理好的钢水用冶金铸造行车吊入真空罐内，加盖密闭，利用真空罐腰部的管道连通蒸汽喷射泵或机械真空泵进行抽真空处理,并在真空环境中往钢水罐底吹入氩气搅拌,降低钢液中的[H]、[O]、[N]与夹杂物,满足工艺要求后再浇铸。VD 炉工艺示意图如图 5-9 所示。

(4) VOD 精炼工艺。

VOD 精炼工艺是在 VD 精炼工艺装置基础上增加顶吹氧枪,可直接利用电弧炉熔化不锈钢废料的钢液进行处理,钢水成分合格后可通过真空料仓添加合金、铝粒、石灰等,利用真空和底吹氩搅拌实现钢液的还原。VOD 炉工艺示意图如图 5-10 所示。

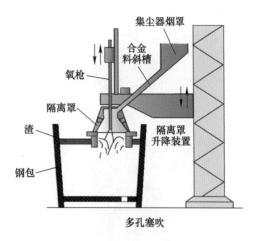

图 5-8　CAS-OB 精炼法工艺示意图

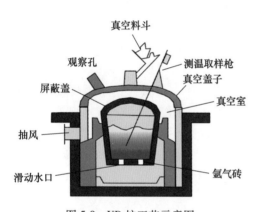

图 5-9　VD 炉工艺示意图

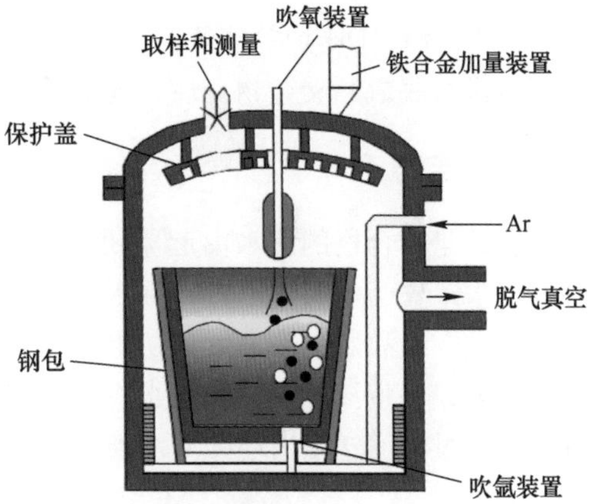

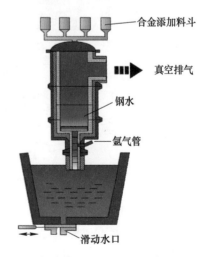

图 5-10　VOD 炉工艺示意图

(5) RH 和 DH 真空循环脱气精炼。

将 RH 炉真空室底部两根环流管插入钢水罐的钢液内,通过上升管内充氩气产生的"气泡泵"作用,使钢水不断从上升管流入真空室,再从下降管回到钢水罐,形成循环流动,并在真空室内实现对钢水的真空脱气处理。DH 炉、RH 炉工艺示意图如图 5-11、图 5-12 所示。

(6) AOD 精炼工艺。

将钢水注入 AOD 炉,冶炼时吹入 O_2、Ar 或 N_2 等气体,对钢水脱碳,同时由加料系统加入还原剂、脱硫剂、铁合金或冷却剂等调整钢水成分和温度,冶炼出合格的钢水供连铸机。AOD 工艺示意图如图 5-13 所示。

图 5-11　DH 炉工艺示意图

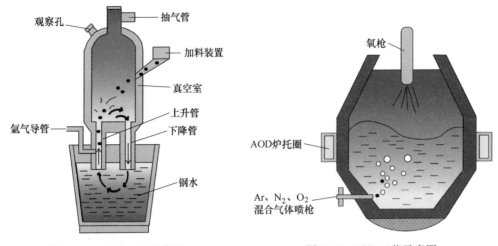

图 5-12　RH 炉工艺示意图　　　　　图 5-13　AOD 工艺示意图

（7）VAD 精炼。

在 VD 炉、DH 炉等精炼工艺装置基础上增加电弧加热装置。常配套使用喂丝工艺，对钢液进行脱氧、夹杂物变性、配加微量元素等。

5.1.4　连铸

连铸是将合格的钢水由起重机吊运到钢水罐回转台上，连接好钢水罐滑动水口液压缸，钢水罐置于中间罐上方，钢水经长水口进入中间罐，钢水通过浸入式水口流入结晶器内。钢水在结晶器内冷却形成初生坯壳后，通过引锭杆的牵引，进入二次冷却区。在二次冷却区内，将带液芯的铸坯喷水冷却直至完全凝固。铸坯经过火焰切割或液压切断装置，分段后通过辊道送至出坯区域。连铸工艺示意图如图 5-14 所示。

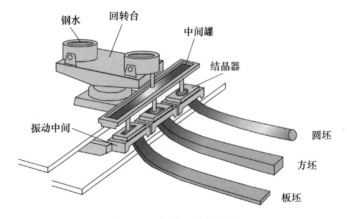

图 5-14　连铸工艺示意图

5.1.5　模铸钢锭

模铸钢锭是把炼钢炉中或炉外精炼所得到的合格钢水，经过钢包注入一定形状或尺寸的钢锭模中，使之凝固成钢锭。模铸工艺示意图如图 5-15 所示。

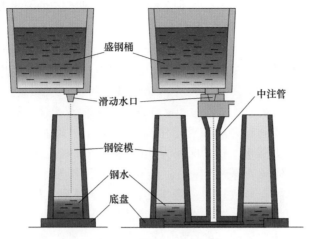

图 5-15   模铸工艺示意图

5.1.6   热闷渣与热泼渣、渣处理

热闷渣处理工艺将熔融钢渣装入热闷装置，喷少量水冷却，装到设计规定的钢渣量后盖上装置盖密封后喷水雾，钢渣消解自粉化，使钢渣稳定化处理，渣铁充分分离，便于磁选回收废钢。

热泼渣是将熔渣倾翻在热泼场或渣箱中，采用喷水方式对钢渣进行降温冷却的方法。

渣处理工艺多采用滴水粉化工艺处理，将渣罐用起重机吊运至粉化区域，按照滴水粉化工艺要求控制水量及时间，采用喷淋洒水装置对在封闭渣罐中的精炼渣进行粉化，然后进行磁选，废钢送炼钢厂回炉，尾渣外售处理，废钢渗水进入沉淀池，经沉淀池处理后回用。

5.2   炼钢工艺主要风险点

钢铁冶金行业炼钢作业场所主要存在火灾、爆炸、中毒和窒息、机械伤害、物体打击、高处坠落、灼烫、触电、起重伤害、车辆伤害及高温、粉尘、噪声等危险有害因素。

（1）钢、铁水吊运过程主要风险点。钢、铁水吊运过程使用桥式起重机吊运大吨位高温（1500℃左右）铁水，若使用的不是带固定式龙门钩的铸造起重机或铁水罐、钢水包耳轴、起重机吊钩、钢丝绳等磨损、疲劳、损坏，吊挂抗拉强度极限降低；或吊挂不到位，或钢包超装，或司机未经培训合格，或违章作业、违章指挥，或起重机高低限位、制动有缺陷、失效等，会发生熔融金属泼溅，铁水罐、钢水包倾翻、坠落等危险；若地面、坑、槽、沟有积水、积油、泼溅、倾翻的铁水或钢水覆盖积水、积油，会发生喷溅，从而导致损坏设备、伤害人体事故。若铁水或钢水吊运区域设置员工休息室、操作室，高温熔融金属泼溅，铁水罐、钢水包倾翻、坠落等，将加剧事故危害后果。

（2）废钢主要风险点。若废钢料潮湿、废钢中混入爆炸物或易燃物质的钢制容器回收物或混入放射性源，冶炼过程会发生炉内爆炸、炉衬侵蚀漏炉、放射性危害等危险；废钢加入过程中可能发生钢水喷溅、爆炸等事故。

（3）转炉冶炼过程主要风险点。转炉炉前兑铁水作业，若炉内渣未倒尽，雨天废钢积水等，会导致爆炸、喷溅伤人事故；若转炉的下方有积水或易燃易爆物，遇泄漏的钢水会造成爆炸事故；若转炉的控制室和转炉之间没有防护措施等均能够造成操作人员伤害事故；冶炼采用顶底复吹脱碳、硅，若氧压低，会发生回火氧气管爆炸和灼烫伤害；吹炼氧压过高，氧速过大，钢水熔池会发生大沸腾而喷溅出转炉；吹氧过分激烈，会发生翻炉底，从而导致炉底烧坏甚至炉底漏钢的严重事故；供氧系统（氧气管、阀门、氧枪）本身在高温下供气，若含有的颗粒杂质在管道中高速摩擦可产生高温，会发生火灾、爆炸事故；氧枪烧枪严重或枪头漏水，摇炉时易发生爆炸事故；氧枪等水冷元件无进出水流量差、水温差装置并与炉体倾动等进行联锁，易导致氧枪设备损坏漏水不被发现，若相关摇炉联锁功能同时失效，就会导致转炉喷爆事故；汽化烟道漏水严重或水冷却炉口漏水严重，漏水入炉或者放钢中漏入钢包，发生爆炸事故。

（4）电炉冶炼过程主要风险点。若废钢料潮湿、混入密闭容器，入炉后会发生爆炸事故；废钢装得过高，顶住炉盖水冷板，通电后容易引起炉盖导电，击穿水冷板引起漏水，可能产生爆炸；进料时主控室窗户挡板未放下，飞溅的钢渣或爆炸冲击波冲破窗户伤人；电炉送电前没有确认水冷系统是否正常，缺水冶炼造成水冷板局部溶蚀或循环管内形成蒸汽撑破水冷板，漏水爆炸；供水突然中断，造成水冷板循环管内形成蒸汽，冲破金属软管或接头，存在爆炸风险；使用天然气作为补充热源的电炉，未按照先点火后送气原则，或者出现管道阀门泄漏处理不当，都会引起爆炸；电炉新耐火材料烘烤不当，引起高温翻炉底，严重的造成漏钢，发生火灾或灼烫作业人员；水冷电极夹持器未定期清理，导电不良造成通电后与石墨电极拉弧，水冷铜块漏水进入钢液内，引起爆炸；出钢车没有联锁条件，放钢至一半被开出放钢位，剩余钢水漏入炉下，引起火灾；电炉出钢区域有积水或潮湿物，溢出的钢渣遇水爆炸。

（5）炉外精炼过程中主要风险点。

1）LF炉。钢包滑动水口安装质量问题，耐火材料质量问题，操作失误，滑动水口机械故障会引发滑动水口穿钢风险；吹氩过程中供氩系统压力高存在压力管道爆炸、钢水飞溅等风险；LF炉是钢包，钢包过度使用会发生钢包穿漏事故；钢包滑动水口滑板压紧太大、未均匀涂抹润滑剂、滑动水口烘烤温度过高或时间过长、耐火材料质量不好，可能引发处理过程发生滑动水口漏钢、穿钢；LF炉炉盖长时间使用或热胀冷缩，会造成漏水发生爆炸；喂丝机线圈及高速传送区域未防护，将附近作业人员击打受伤。

2）VOD炉。真空罐罐盖冷却板（圈）漏水，处置不当进入钢液发生爆炸；VOD真空泵回水池没有密闭和抽风系统，造成CO逸散，爆炸、中毒事故；VOD吹氧过程操作不当，造成真空管道内CO燃烧、氧气头部烧损漏水，严重时产生爆炸；氩气调节不当，造成钢渣飞溅，灼烫作业人员；精炼结束后未关闭氩气阀，造成大量氩气泄漏并积聚在真空罐下部，无措施人员进入作业发生窒息伤害。钢水罐发生泄漏，易引发火灾、爆炸等事故；氩气调节站泄漏，作业人员无防护措施进入，会发生窒息事故；RH炉添加合金时如果潮湿会造成爆炸。

3）AOD炉。炉前兑钢、铁水作业，包口积渣导致散流，灼烫指挥或作业人员；AOD作业平台上有积水，遇兑钢操作不当喷溅出的钢渣，发生爆炸；氧、氩压过高，气流速过大，钢水会发生大沸腾而喷溅出AOD炉；炉衬、出钢口严重侵蚀，发生漏钢、漏渣事故；

氧气管道压力控制不当，产生回火，出现燃爆事故；氧枪漏水入炉，处置不当发生爆炸事故；渣坑（罐）存在积水或潮湿物，钢渣遇水爆炸。

4）其他炉外精炼冶炼。浸入钢水的耐材、辅料必须保持干燥，必要时需烘烤至工艺要求温度，以免浸入钢液时发生爆炸；冶炼时钢包周围及冶炼后工位下方不得有人随意穿行，当心红热钢渣喷溅、穿漏包或剥落耐材掉落等造成灼烫、物体打击。

（6）合金炉料装卸过程主要风险点。硅铁、硅钙等铁合金粉遇湿会产生易燃易爆的氢气，铁合金和碳粉尘与空气混合会形成粉尘爆炸性混合物，铁合金和碳粉尘堆积层暴露于空气中受潮会积热自燃，存在粉尘与空气混合达爆炸极限，发生粉尘爆炸的危险。

（7）炉下渣车和钢包车区域主要风险点。高温钢水、炉渣，一旦溅到人体会造成灼烫，引起烧伤；运输范围内地面有积水一旦泄漏，钢水或钢渣遇水产生爆炸事故；高温钢水、炉渣失控遇气瓶、压力容器、压力管道等承压设备、管道，易引发爆炸事故。

（8）连铸过程主要风险点。结晶过程中如果钢水温度过高，氧化性过强，耐火材料质量不好，钢包、中间包砌筑质量不好，钢包、中间包过度使用（发现包衬有较大侵蚀仍使用），会发生钢包、中间包穿漏事故；结晶器有缺陷，冷却不均匀，搅拌不均匀，振动不协调，拉速过快，保护渣不合适等，会发生结晶器穿漏事故从而导致影响生产、损坏设备、伤害人体事故；结晶器若采用放射性物质检测仪，存在放射性（铯-137）β 源辐射危害；连铸平台缺少钢水漏、溢紧急排放设施，或排放设施内耐材损坏，或排放设施被遮挡、被杂物堆积，事故情况下钢水无法收集会造成火灾事故或造成人员被灼烫；连铸区域使用煤气或天然气对中间包、水口等进行烘烤，可以发生中毒、窒息和火灾、爆炸等事故；火焰切割机采用燃气泄漏与空气形成爆炸性混合物，遇高温、明火、电火花、静电火花等，会发生火灾、爆炸事故。

（9）模铸过程主要风险点。钢包吊运过程跑漏钢水、钢包坠落可能导致火灾、爆炸等风险；钢锭模潮湿、严重锈蚀、汤道耐材潮湿、浇铸坑渗水导致底板潮湿等，极易发生钢水注入后喷溅，对作业人员造成灼烫伤害；钢包水口不自开，人工烧氧引流过程氧气回火，燃烧的氧管朝向附近的操作工，都会造成人员被灼烫伤害；钢锭模烘烤时煤气或天然气泄漏，易发生中毒事故、爆炸事故；行车吊浇时行车起升机构失控，模铸车浇铸时液压电器失控，都会造成钢水瞬间偏离中注管的浇口，造成钢水飞溅，周围积水时会引发爆炸事故；钢锭模在脱模、摆模过程，易发生锭模倾倒、挤压撞击、高温、灼烫等伤害。

（10）热闷渣与热泼渣、渣处理过程主要风险点。若热泼渣场地、热闷装置潮湿存在积水，一旦熔融金属泄漏会发生爆炸、烫伤等事故；渣罐过满，在运输车辆运行过程中因晃动溢出，易引起火灾、灼烫；使用装载机清理炉渣的作业，将未凝固的液态钢渣一起倒入积水的渣池，引起爆炸；人工清理渣坑、渣车轨道作业时，若作业人员站位不当，确认不到位，可能会导致车辆伤害与物体打击事故。

5.3 炼钢典型事故案例

事故案例 1 钢水包滑落倾覆事故

事故经过： 2007 年 4 月 18 日 7 时 45 分，某特殊钢有限责任公司生产车间，一个装有约 30t 钢水的钢包在吊运至铸锭台车上方时，突然发生滑落倾覆，钢包倒向车间交接班室，钢水涌入室内，致使正在交接班室内开班前会的 32 名职工当场死亡，另有 6 名炉前作业人员受伤，其中 2 人重伤。

事故原因：（1）吊运钢水包的起重机主钩在下降作业时，控制回路中的一个联锁常闭辅助触点锈蚀断开，致使驱动电动机失电；电气系统设计缺陷，制动器未能自动抱闸，导致钢水包失控下坠；制动器制动力矩严重不足，未能有效阻止钢水包继续失控下坠，钢水包撞击浇铸台车后落地倾覆，钢水涌向被错误选定为班前会地点的工具间。（2）该公司未按要求选用冶金铸造专用起重机，违规在真空炉平台下方修建工具间，起重机司机无特种作业人员操作证，制定的应急预案操作性不强；起重机制造商不具备生产 80t 通用桥式起重机的资质，超许可范围生产。

事故案例 2　转炉检修煤气后窒中毒事故

事故经过： 2010 年 1 月 4 日，某钢铁企业炼钢车间转炉停产期间，在 1 号转炉生产的同时，2 号转炉进行砌炉作业，发生煤气泄漏事故，造成 21 人死亡、9 人受伤。

事故原因：（1）在 2 号转炉煤气回收系统不具备使用条件的情况下，割除煤气管道中的盲板；U 形水封未按图纸施工，存在设备隐患，U 形水封排水阀门封闭不严，水封失效，且没有采取 U 形水封与其他隔断装置并用的可靠措施。（2）该公司违章作业、违规建设，未对建设项目进行确认工程质量是否符合施工图和国标规定；在未对项目进行验收的情况下，同意 A 公司将 3 号风机煤气管道与主管道隔断的盲板割通，将未经验收的水封投入使用；在 U 形水封补水后，未对煤气回收系统中存在的危险、有害因素进行分析和确认；未确认水封是否达到设计要求，未按图纸要求安装补水管路和逆止阀。

5.4　炼钢常见事故隐患图鉴

隐患 155： 炼钢渣盆编号与探伤报告上编号不符，不能准确体现现场渣盆的探伤情况（图 5-16a、b）。规范设置如图 5-16c、d 所示。

判定依据：《炼钢安全规程》（AQ 2001—2018）第 8.1.3 条"应对罐体和耳轴进行探伤检测，耳轴每年检测一次，罐体每 2 年检测一次。"

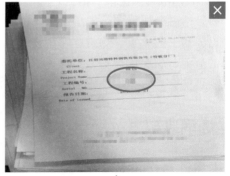

a　　　　　　　　　　　　　　　　　b

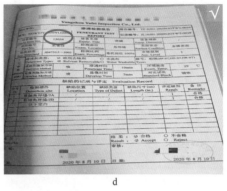

c   d

图 5-16　炼钢渣盆编号与探伤情况

a—炼钢现场渣盆编号 179 号；b—探伤报告上的渣盆编号是 4 号，与其不符，不能准确体现现场渣盆的探伤情况；
c—炼钢现场渣盆编号 1503 号；d—探伤报告上的渣盆编号是 1503 号，与其相符

可能造成的后果：由于使用环境较为恶劣，炼钢渣盆耳轴内部容易产生裂纹等缺陷，内部裂纹外观通常难以看到，须定期进行探伤检测。现场使用渣盆的个数较多，需要对每个渣盆进行编号管理，便于跟踪使用的次数和寿命。如果渣盆编号和探伤报告上编号不符，无法一一对应，容易造成渣盆漏探，导致无法及时发现耳轴内部裂纹等缺陷，当渣盆重载时可能发生耳轴断裂、高温熔融金属倾翻等事故。

隐患 156：铁水预处理倒罐坑内存在积水（图 5-17a）。规范设置如图 5-17b 所示。

a   b

图 5-17　铁水预处理倒罐坑是否存在积水情况

a—铁水预处理倒罐坑内存在积水现象；b—铁水预处理倒罐坑内无积水现象

判定依据：《炼钢安全规程》（AQ 2001—2018）第 6.2.7 条"铁水预处理、转炉、AOD 炉、电炉、精炼炉的炉下区域，应采取防止积水的措施。"

可能造成的后果：铁水预处理倒罐坑是铁水鱼雷罐车将铁水倾倒至铁水包的区域，因存在漏包、对位不准、过装等因素，容易发生铁水泄漏至坑内的情况，如果此区域存在积水，铁水与水接触会引起爆炸事故。

隐患 157：渣跨钢渣池内积水未及时排出（图 5-18a）。规范设置如图 5-18b 所示。

判定依据：《高温熔融金属吊运安全规程》（AQ 7011—2018）第 5.11 条"熔融金属

a　　　　　　　　　　　　　b

图 5-18　渣跨钢渣池是否存在积水情况

a—渣跨钢渣池内积水未及时排出；b—渣跨钢渣池内无积水现象

冶炼（熔炼）炉的炉下及周围、熔融金属罐、渣罐和浇包吊运区域、熔融金属罐车和渣罐车运行区域，地面不得有积水。"

可能造成的后果：采用热泼工艺处理转炉、连铸液渣，是将盛装液态渣的渣盆用行车吊运并倾倒至钢渣池中，通过喷淋打水方式进行冷却淬化的过程，如果渣池中积水不能及时排出，再次倒入的高温液态钢渣遇水容易发生爆炸事故。

隐患 158：转炉出渣渣道区域存在积水现象（图 5-19a）。规范设置如图 5-19b 所示。

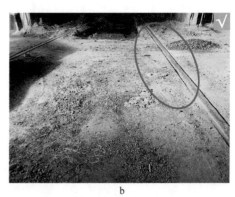

a　　　　　　　　　　　　　b

图 5-19　转炉出渣渣道区域是否存在积水情况

a—转炉出渣渣道区域存在积水；b—炉下渣罐车运行区域地面保持干燥

判定依据：《炼钢安全规程》（AQ 2001—2018）第 6.2.7 条"铁水预处理、转炉、AOD 炉、电炉、精炼炉的炉下区域，应采取防止积水的措施；炉下钢水罐车、渣罐车运行区域，地面应保持干燥。"

可能造成的后果：转炉出钢后的液态钢渣倾倒至渣罐，一般通过钢包车运输至渣跨，若出渣量过满，在行进过程中会发生液渣满溢，或因维护与管理不规范导致渣罐罐体侵蚀减薄发生液渣泄漏，一旦钢包车轨道区域有积水，高温液渣遇水会容易发生爆炸事故。

隐患 159：转炉氧枪冷却水进出水流量差监测仅设有报警功能，无停氧、停炉体倾动及提枪等联锁功能（图 5-20a）。规范设置如图 5-20b 所示。

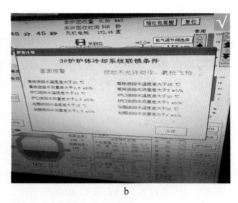

图 5-20　转炉氧枪冷却水进出水流量监测联锁设置情况
a—转炉氧枪冷却水进出水流量差监测仅设有报警功能，无停氧、停炉体倾动及提枪等联锁；
b—转炉氧枪冷却水进出水流量差监测与停氧、停炉体倾动及提枪等联锁

判定依据：《炼钢安全规程》（AQ 2001—2018）第 9.1.4 条"转炉氧枪升降装置，应配备钢绳张力测定、钢绳断裂防坠、事故驱动等安全装置；各枪位停靠点，应与转炉倾动、氧气开闭、冷却水流量和温度等联锁；当氧气压力小于规定值、冷却水流量低于规定值、出水温度超过规定值、进出水流量差大于规定值时，氧枪应自动升起，停止吹氧。转炉氧枪供水，应设置电动或气动快速切断阀。"

可能造成的后果：转炉氧枪是在转炉冶炼过程中向炉内铁水吹入氧气的设备，因工作环境恶劣，为保护氧枪不被高温烧坏，须设置氧枪水冷装置。同时为保证水冷系统的安全，要对进出水流量差等参数进行监测预警并自动联锁，保证氧枪漏水的情况下能够自动升起氧枪，停止吹氧，锁定炉体，让泄漏的水自然蒸发。若未设氧枪紧急提枪联锁等功能，在出现氧枪漏水时，不能及时停止吹氧，大量冷却水继续漏入炉内，在吹氧搅拌下可能被钢水覆盖，体积迅速膨胀引发爆炸，此时若倾动炉体，可能导致更多泄漏的水被钢水覆盖，引发更大的爆炸。

隐患 160：转炉氧枪供水管道未设置快速切断阀。规范设置如图 5-21 所示。

判定依据：《炼钢安全规程》（AQ 2001—2018）第 9.1.4 条"转炉氧枪供水，应设置电动或气动快速切断阀。"

可能造成的后果：转炉氧枪是在转炉冶炼过程中向炉内铁水吹入氧气的设备，工作环境恶劣，为保护氧枪不被高温烧坏，须设置氧枪水冷装置。同时为保证水冷系统的安全，要对进出水流量差等参数进行监测预警并自动联锁，

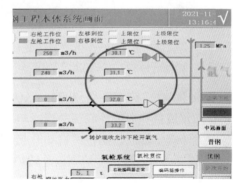

图 5-21　转炉氧枪供水管道设置了快速切断阀

保证氧枪漏水的情况下能够自动升起氧枪，停止吹氧，锁定炉体，并快速切断冷却水，让泄漏的水自然蒸发。若未设快速切断阀，在出现氧枪漏水时，不能及时关闭供水管道，大量冷却水继续漏入炉内，容易引发爆炸。

隐患 161：转炉副枪漏水监测报警未与倾动联锁（图 5-22）。

判定依据：《炼钢安全规程》（AQ 2001—2018）第 9.1.4 条"转炉副枪升降装置，应配备钢绳张力测定、钢绳断裂防坠、事故驱动等安全装置；各枪位停靠点，应与转炉倾动、冷却水流量和温度等联锁；当冷却水流量低于规定值、出水温度超过规定值、进出水流量差大于规定值时，副枪应自动升起，停止测量。转炉副枪供水，应设置电动或气动快速切断阀。"

图 5-22　转炉副枪漏水报警未与倾动联锁

可能造成的后果：转炉副枪是转炉冶炼过程中插入熔池内用于迅速测量钢水温度、碳含量、氧含量、液位高度的管状金属设备，因在高温恶劣环境下工作，为保护设备，副枪设有水冷系统。为保证安全，须对进出水流量差等参数进行监测预警并与提枪、停炉体倾动等自动联锁，并快速切断冷却水，如果副枪漏水报警未与炉体倾动联锁，在出现大量漏水时，倾动炉体，可能导致泄漏的水被钢水覆盖，引发爆炸。

隐患 162：转炉副枪冷却水无出水温度检测报警功能（图 5-23a）。规范设置如图 5-23b 所示。

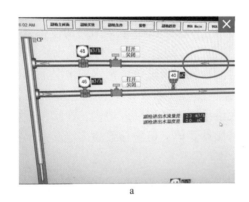
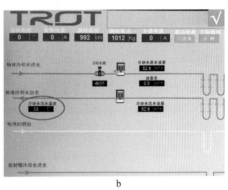

图 5-23　转炉副枪冷却水出水流量检测报警功能设置情况

a—转炉副枪无出水温度检测报警功能；b—转炉副枪设置了出水温度检测报警功能

判定依据：《炼钢安全规程》（AQ 2001—2018）第 9.1.4 条"转炉副枪应与转炉倾动、冷却水流量和温度等联锁；当冷却水流量低于规定值、出水温度超过规定值、进出水流量差大于规定值时，副枪应自动升起，停止测量。"

可能造成的后果：转炉副枪是转炉冶炼过程中插入熔池内用于迅速测量钢水温度、碳含量、氧含量、液位高度的管状金属设备，因在高温恶劣环境下工作，为保护设备，副枪设有水冷系统，当转炉副枪漏水时，冷却水出水温度将升高，如果无出水温度检测报警，温度超过规定值不能及时被发现，大量的冷却水漏入炉内，容易引发爆炸。

隐患 163：铁水包在倒罐站起吊过程中无人指挥（图 5-24）。

判定依据：《炼钢安全规程》（AQ 2001—2018）第 7.3.5 条"起重机龙门钩挂重铁水

罐时，应有专人检查是否挂牢，指挥人员应在 5m 以外，待核实后发出指令，起重机才能起吊。"

可能造成的后果：高炉生产的铁水装入鱼雷罐车后通过轨道运送至炼钢区域铁水倒罐站，倒入转运铁水包中，通过铸造起重机吊运兑入转炉内进行冶炼，铁水包起吊过程中如无人指挥，仅凭起重机司机观察，无法完全准确判断板钩钩头与铁水包两侧耳轴吊挂情况，一旦重包虚挂起吊，容易发生铁水包倾翻导致铁水泄出事故。

图 5-24 铁水包在倒罐站起吊过程中无人指挥

隐患 164：钝化镁粉仓未采取氮气保护措施。规范设置如图 5-25 所示。

判定依据：《炼钢安全规程》（AQ 2001—2018）第 7.3.8 条"脱硫剂的使用，应遵守下列规定：采用 CaC_2 与钝化镁作脱硫剂时，其贮粉仓应采用氮气保护。"

可能造成的后果：钝化镁粉在铁水预处理脱硫工序中做脱硫剂使用，由于镁粉属于易燃金属粉末，在生产工艺过程中会在镁粉颗粒加一层钝化剂进行钝化，但仍具有较大危险性，如果钝化镁粉仓未采取氮气保护措施，遇明火或潮湿环境，可能会发生剧烈化学反应，引发火灾爆炸事故。

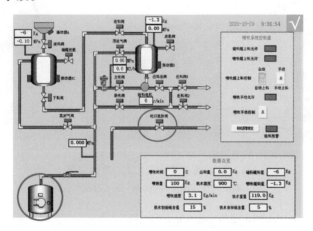

图 5-25 钝化镁粉仓采取了氮气保护措施

隐患 165：钝化镁粉仓区域未安装氧气检测报警装置（图 5-26a）。规范设置如图 5-26b 所示。

判定依据：《炼钢安全规程》（AQ 2001—2018）第 4.16 条"炼钢企业应建立铁水、钢水、液态渣跑漏、煤气中毒以及火灾、爆炸、触电和毒物逸散等重大事故的应急救援预案，应急预案的编制应符合 GB/T 29639 的相关规定，并在易发生事故的场所设置必备的气体检测仪、防毒口罩、防护手套、防护服、防毒面具、呼吸器、洗眼器、急救药品与器

图 5-26　钝化镁粉仓区域氧气检测报警装置设置情况

a—钝化镁粉仓区域未安装氧气检测报警装置；b—钝化镁粉仓区域设置了氧气检测报警装置

械等事故应急器具，并定期开展事故应急救援演练。"

可能造成的后果：钝化镁粉在铁水预处理脱硫工序中做脱硫剂使用，由于镁粉属于易燃金属粉末，钝化后的镁粉仍具有较大危险性，其储存仓一般采用充氮气进行保护，其周边存在氮气泄漏风险，若在钝化镁粉储存仓区域未安装固定式氧气检测报警装置，一旦发生氮气泄漏，导致周边氧含量降低不能及时发现，可能会造成人员窒息事故。

隐患 166：钢水罐外壳排气孔被钢渣堵塞（图 5-27a）。规范设置如图 5-27b 所示。

图 5-27　钢水罐排气孔是否通畅情况

a—钢水罐排气孔被钢渣堵塞；b—钢水罐排气孔通畅

判定依据：《炼钢安全规程》（AQ 2001—2018）第 8.1.1 条"铁水罐、钢水罐、中间罐的壳体上，应有排气孔。"

可能造成的后果：钢水罐主要采用镁碳砖、高铝砖等耐火材料进行砌筑，在砖缝隙中用浇注料进行填充，浇注料含有一定比例水分来保证其黏结性，在钢水罐烘烤过程中水分蒸发通过排气孔排出，一旦排气孔堵塞造成排气不畅，积聚的水蒸气在罐体与砖缝间形成压力会损坏耐材层，装入钢水后易发生钢水穿包事故。

隐患 167：钢水罐壳体外侧黏结残钢、残渣过多（图 5-28a）。规范设置如图 5-28b 所示。

判定依据：《炼钢安全规程》（AQ 2001—2018）第 8.1.5 条"用于铁水预处理的铁水

图 5-28　钢水罐壳体外侧是否存在黏结残钢、残渣情况
a—钢水罐壳体外侧黏结残钢、残渣过多；b—钢水罐壳体外侧无残钢、残渣

罐与用于炉外精炼的钢水罐，应经常维护罐口；罐口严重结壳，应停止使用。应及时清理铁水罐、钢水罐罐口、罐壁上黏结的块状残钢、残渣。"

可能造成的后果：钢水装罐和残渣倾倒过程中均会在钢水罐壳体外侧黏结少量残钢、残渣，随着使用频次的增加，逐渐增厚、增大。如果不及时清理，黏结的残钢、残渣在吊运过程中会松动掉落，可能造成物体打击事故。

隐患 168：在线使用钢水包耳轴挡板边缘磨损严重（图 5-29a）。规范设置如图 5-29b 所示。

图 5-29　在线使用钢水包耳轴挡板完好情况
a—在线使用钢水包耳轴挡板边缘磨损严重；b—在线使用钢水包耳轴挡板边缘无磨损严重现象

判定依据：《炼钢安全规程》（AQ 2001—2018）第 8.1.3 条"应对罐体和耳轴进行探伤检测，耳轴每年检测一次，罐体每 2 年检测一次。凡耳轴出现内裂纹、壳体焊缝开裂、明显变形、耳轴磨损大于直径的 10%、机械失灵、衬砖损坏超过规定，均应报修或报废。"

可能造成的后果：钢水罐耳轴挡板是防止耳轴固定部位松脱的部件，在使用过程中因与旋转部件摩擦产生磨损，长期使用后，磨损量不断积累，若检查检测不到位，磨损严重到一定程度，未及时更新维护，可能会在钢水罐吊运过程中出现挡板松脱，造成钢水罐倾翻、坠落等事故。

隐患 169：钢水包滑动水口部位存在熔损、黏结残钢现象（图 5-30a）。规范设置如图 5-30b 所示。

图 5-30　钢水包滑动水口部位是否存在熔损、黏结残渣情况

a—钢水包滑动水口部位存在熔损、黏结残钢现象；b—钢水包滑动水口部位无熔损、黏结残钢现象

判定依据：《炼钢安全规程》（AQ 2001—2018）第 8.1.8 条"钢水罐滑动水口，每次使用前应进行清理、检查，并调试合格。"

可能造成的后果：钢水包滑动水口是采用上下两个滑板控制钢水包底部出钢口开度大小的机械设备，滑动水口熔损或黏结残钢易造成两个滑板之间穿钢、钢水包控流失效、钢包关不死等现象，导致钢水从滑动水口处溢出发生火灾、灼烫等事故。

隐患 170：废钢潮湿（图 5-31a）。规范设置如图 5-31b 所示。

图 5-31　废钢情况

a—废钢潮湿；b—废钢干燥

判定依据：《炼钢安全规程》（AQ 2001—2018）第 9.2.2 条"废钢配料，应防止带入爆炸物、有毒物或密闭容器、有水有潮物。"

可能造成的后果：废钢是转炉冶炼过程中重要的原料，废钢一般采用船运、汽车运输，阴雨天在运输过程中或储存区域防雨措施不完善会造成废钢潮湿带水，潮湿废钢加入转炉中，兑铁水前去除不尽，兑铁水过程中容易发生爆炸、喷溅等事故。

隐患 171：废钢装入量高出料槽上沿口（图 5-32a）。规范设置如图 5-32b 所示。

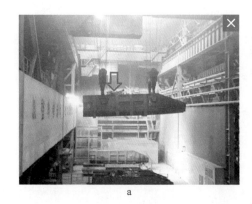

图 5-32 废钢料槽装入量情况

a—废钢料高超过料槽上口；b—废钢料高未超过料槽上口，宽度未超过料槽两侧

判定依据：《炼钢安全规程》（AQ 2001—2018）第 9.2.2 条"废钢料高不应超过料槽上口，宽度不应超过料槽两侧。"

可能造成的后果：转炉生产过程中，通常采用行车吊运的方式将料槽中的废钢加入炉内，废钢大多零散、形状不规则，若装入量高出料槽边缘，在吊运、装炉过程中容易发生废钢坠落造成物体打击事故。

隐患 172：废钢跨堆放的废钢中存在密闭容器（图 5-33a）。规范设置如图 5-33b 所示。

图 5-33 废钢情况

a—废钢跨堆放的废钢中存在密闭容器；b—废钢跨堆放的废钢中无密闭容器

判定依据：《炼钢安全规程》（AQ 2001—2018）第 7.2.1 条"入炉废钢严禁混入爆炸物、密闭容器、有毒物质或放射性元素。"

可能造成的后果：废钢是转炉冶炼过程中重要的原料，废钢种类繁多、供应渠道多样，其中可能混杂有密闭容器、爆炸物等，在加入转炉前，如果未进行分拣，混杂在废钢中的密闭容器入炉后，容器因内部气体受热膨胀使压力升高，超过容器强度极限时会造成炉内爆炸。

隐患 173：转炉兑铁水时观察窗无防护措施（图 5-34a）。规范设置如图 5-34b 所示。

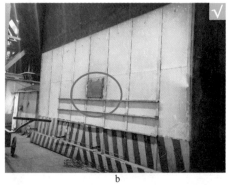

图 5-34　转炉观察窗防护措施设置情况

a—转炉兑铁水时观察窗无防护措施；b—转炉兑铁水时观察窗设置了防止大喷事故的防护措施

判定依据：《炼钢安全规程》（AQ 2001—2018）第 6.2.9 条"转炉、AOD 炉和电炉主控室的布置，应设置出现大喷事故的必要防护措施。"

可能造成的后果：转炉冶炼程序为加废钢、兑铁水、吹炼、加合金、倒渣、出钢等环节。废钢中含有的水分超标或混有密闭容器，铁水中硅含量偏高，在兑铁水或吹炼时，极易发生喷溅。如果观察窗不关闭或没有防护措施，喷溅的高温熔融金属会通过观察窗喷向转炉操作室，造成操作室内人员烫伤事故或火灾事故。

隐患 174：转炉兑铁水时炉口向上抬起（图 5-35a）。规范设置如图 5-35b 所示。

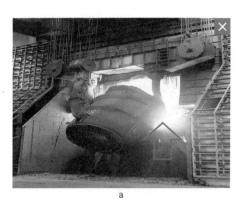

图 5-35　转炉兑铁水时炉口倾动控制情况

a—转炉兑铁水时炉口向上抬起；b—转炉兑铁水时根据起重机副钩上升的速度匀速将炉口向兑铁方向下降倾动

判定依据：《炼钢安全规程》（AQ 2001—2018）第 9.2.3 条"兑铁水时炉口不应上倾，以防铁水罐脱钩伤人。"

可能造成的后果：转炉兑铁水过程需要吊运铁水罐的起重机司机与转炉摇炉工相互配合、协同完成，摇炉工会根据起重机副钩上升的速度匀速将炉口向兑铁方向下降倾动，一旦此时误操作炉口向上抬起，会导致炉口瞬间撞击铁水罐，产生的力量易使耳轴处板钩脱钩，造成铁水包坠落、倾翻事故发生。

隐患 175：转炉兑铁水提前挂行车副钩（图 5-36a）。规范设置如图 5-36b 所示。

图 5-36 转炉兑铁水时行车副钩操作情况

a—转炉兑铁水提前挂行车副钩；b—转炉未兑铁水时未提前挂行车副钩

判定依据：《炼钢安全规程》（AQ 2001—2018）第 9.2.3 条"不应在兑铁水作业开始之前先挂上倾翻铁水罐的小钩。"

可能造成的后果：转炉炼钢用满包铁水经铸造起重机吊运至炉前，起重机到达规定位置与转炉炉口对位后，起重机副钩再挂到铁水包尾部，通过逐步提升完成向转炉兑铁水的过程。若在吊运过程中提前挂副钩，容易因操作失误或起升机构故障，使得铁水罐未到达指定位置而在吊运路线上意外倾翻，泄漏出的铁水造成周边人员烫伤或其他火灾事故。

隐患 176：转炉倒炉测温取样过程中人员正对着炉口方向（图 5-37）。

判定依据：《炼钢安全规程》（AQ 2001—2018）第 9.2.11 条"倒炉测温取样和出钢时，人员应避免正对炉口。"

可能造成的后果：转炉冶炼后期需要用测温枪和取样器插入炉内的钢液中，检测钢水温度和取样分析钢水成分，如果作业人员站位不当，正对炉门口，转炉发生喷溅，易发生灼烫事故。

图 5-37 转炉倒炉测温取样过程中
人员正对着炉口方向

隐患 177：转炉吹炼过程中挡火门未关闭（图 5-38a）。规范设置如图 5-38b 所示。

判定依据：《炼钢安全规程》（AQ 2001—2018）第 9.1.8 条"炉前炉后应设活动挡火门，以保护操作人员安全。"

可能造成的后果：在转炉吹炼过程中，可能存在因氧压过小、氧枪位过高、造渣加料过迟等因素，降低钢水熔池温度，迟滞碳氧反应速度，待温度重新上升到一定程度后，会突然发生非常激烈的碳氧反应，瞬间产生大量的 CO 气体，造成钢水喷溅。若转炉吹炼过程中挡火门未关闭，异常喷溅出的钢水可能会造成炉台上人员烫伤或其他事故。

图 5-38　转炉吹炼过程中挡火门控制情况

a—转炉吹炼过程中挡火门未关闭；b—转炉吹炼过程中挡火门处于关闭状态

隐患 178：转炉炉下挡渣板有黏渣现象（图 5-39a）。规范设置如图 5-39b 所示。

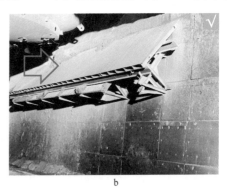

图 5-39　转炉炉下挡渣板情况

a—转炉炉下挡渣板有黏渣现象；b—转炉炉下挡渣板无黏渣现象

判定依据：《炼钢安全规程》（AQ 2001—2018）第 9.2.1 条"转炉炉下挡渣板、基础墙上的黏渣，应经常清理干净。"

可能造成的后果：转炉冶炼过程中，大量钢渣会从炉口倒出，进入炉下渣罐，少量会积聚在挡渣板上。如不及时清理，钢渣越积越多，将阻碍钢包与渣盆运行，转炉摇炉时也可能碰撞积渣，损坏炉口水箱等系统，同时作业人员进行炉下清渣作业，积渣掉落，易发生物体打击事故。

隐患 179：转炉兑铁水时有人员随意穿行（图 5-40a）。规范设置如图 5-40b 所示。

判定依据：《炼钢安全规程》（AQ 2001—2018）第 9.2.3 条"兑铁时转炉平台应只允许兑铁工在平台上现场指挥，其余人员全部撤离至转炉平台安全区域，兑铁工要站在安全位置，并有紧急撤离通道。"

可能造成的后果：转炉加料，是先加废钢，后兑入铁水，废钢的种类繁多、供应渠道多样，分拣验收时的疏忽或运输、贮存过程中的防雨措施不规范，以及废钢中易掺杂密闭容器、爆炸物、厂房漏雨潮湿等情况，加入铁水时可能会发生喷溅，炉门口 120°扇形范围内如果有人员停留或穿行，易造成爆炸伤人事故。

图 5-40　转炉兑铁水时人员管控情况
a—转炉兑铁水时有人员随意穿行；b—转炉兑铁水时无人员随意穿行

隐患 180： 转炉炉下底吹阀门站内未设置通风设施。规范设置如图 5-41 所示。

判定依据：《炼钢安全规程》（AQ 2001—2018）第 9.2.13 "有窒息性气体的阀站，应设氧浓度监测装置，浓度偏低时应有人工或自动联锁排气扇开启的保护措施。阀站应加强日常维护检查，发现泄漏事故及时处理，只有氧浓度达标确认安全后，方允许人员入内进行日常巡检和维修作业。维修设备时应始终开启门窗与排风设施。"

图 5-41　转炉炉下底吹阀门站内
规范设置通风设施

可能造成的后果： 顶底复吹转炉一般采用底吹氩气的冶炼工艺，主要目的是增强炉内熔池的搅拌，缩短冶炼时间，氩气属于惰性气体，无色、无味，密度比空气的大，转炉底吹氩气阀门站内容易造成氩气泄漏聚集，如果未设置排风扇等通风保护措施，易发生窒息事故。

隐患 181： 转炉炉下出渣区域未设置人员禁入警示标识与围挡（图 5-42）。

判定依据：《炼钢安全规程》（AQ 2001—2018）第 9.2.5 条 "转炉生产期间人员需到炉下区域作业时，应通知转炉控制室停止吹炼，并不得倾动转炉，应打掉炉体、流渣板等处有坠落危险的积渣。无关人员不应在炉下通行或停留。"

可能造成的后果： 转炉冶炼过程中如铁水中硅含量较高，下枪吹炼时炉内反应剧烈，易造成严重喷溅溢渣现象；在转炉出钢、出渣过

图 5-42　转炉炉下出渣区域未设置
人员禁入警示标识与围挡

程中如炉下存在积水或潮湿物等情况容易发生钢水、液渣遇水爆炸，故在炉下区域实行封

闭式管理，并悬挂警示牌，防止在此期间炉下有人员随意进入，爆炸或喷溅伤人。

隐患 182：转炉液渣渣罐运输线轨道旁设置水管（图 5-43a）。规范设置如图 5-43b 所示。

a　　　　　　　　　　　　　　　b

图 5-43　转炉液渣渣罐运输轨道设置情况

a—转炉液渣渣罐运输线轨道旁设置水管；b—转炉液渣渣罐运输线轨道未设置水管、电缆等管线

判定依据：《炼钢安全规程》（AQ 2001—2018）第 6.2.10 条"炼钢炉、钢水与液渣运输线、钢水吊运通道与浇注区及其附近的地表与地下，不应设置水管（专用渗水管除外）、电缆等管线。"

可能造成的后果：转炉液渣倾倒至渣罐后一般使用钢包车运输至渣跨，如出渣过满或罐体维护不规范，会造成液态渣在运输过程中发生渣罐满溢或泄漏等现象，高温的液渣喷溅至水管上，容易烧穿水管，引发爆炸等事故。

隐患 183：电炉炉壁水冷系统水流量未检测（进出水流量差控制采用设定值）、未与通电、摇炉等联锁（图 5-44a）。规范设置如图 5-44b、c 所示。

判定依据：《炼钢安全规程》（AQ 2001—2018）第 10.1.8 条"水冷炉壁与炉盖的水冷板、Consteel 炉连接小车水套、竖井水冷件等，应配置出水温度与进出水流量差检测、报警装置。出水温度超过规定值、进出水流量差报警时，应自动断电并升起电极停止冶炼，操作人员应迅速查明原因，排除故障，然后恢复供电。"

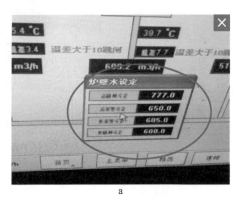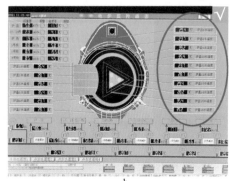

a　　　　　　　　　　　　　　　b

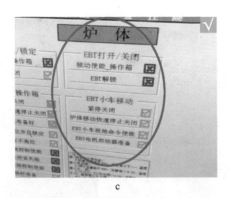

c

图 5-44　电炉炉壁水冷系统检测、联锁设置情况
a—电炉炉壁水冷系统未检测，未与通电、摇炉等联锁；
b—电炉炉壁水冷系统配置了出水温度与进出水流量差检测、报警装置；
c—电炉设置了水流量检测报警装置与电极分闸、电炉摇炉等联锁功能

可能造成的后果： 电炉炉壁和氧枪采用水冷却，确保设备在高温冶炼时不被烧坏，水冷却系统漏水时，冷却水进水量不变，出水量减少，进出水流量差变大。此时应立即停电，升高电极，禁止摇炉，直到水蒸发完毕。如未设置水流量检测报警装置并与电极分闸、氧气开闭、电炉摇炉联锁，仍继续通电、吹氧冶炼或进行摇炉作业，漏入炉内冷却水被高温钢水覆盖，极易发生爆炸事故。

隐患 184： 露天存放的潮湿废钢直接配入电炉料桶入炉冶炼（图 5-45a）。规范设置如图 5-45b 所示。

a　　　　　　　　　　　　　　　b

图 5-45　废钢堆场设置情况
a—露天存放的潮湿废钢直接配入电炉料桶入炉冶炼；b—废钢堆场设置了房盖

判定依据：《炼钢安全规程》（AQ 2001—2018）第 7.2.3 条"炼钢厂一般应设废钢配料间与废钢堆场，废钢配料作业直接在废钢堆场进行的，废钢堆场应部分带有房盖，以供雨、雪天配料。混有冰雪与积水的废钢，不应入炉。"

可能造成的后果： 水遇到高温熔融金属，会急剧汽化，体积迅速膨胀，容易发生爆炸事故。露天放置的废钢，因雨雪天气造成废钢中带水，若不加以处理，直接加入废钢料桶后入炉冶炼，带入的水与炉内高温钢水接触后，可能引发爆炸事故。

隐患 185：通往电炉炉顶的梯口未设联锁安全门（图 5-46a）。规范设置如图 5-46b 所示。

图 5-46　通往电炉炉顶的梯口安全门联锁设置情况

a—通往电炉炉顶的梯口未设联锁安全门；b—在通往电炉炉盖的通道上安装与高压联锁安全门

判定依据：《炼钢安全规程》（AQ 2001—2018）第 10.1.19 条"上电炉炉顶维护梯口应设安全门，人员上梯时，安全门开启，电极电流断开，电炉不会倾动，炉盖不会旋转。"

可能造成的后果：电炉在正常冶炼过程中，炉顶存在裸露的带电体，通常在通往炉顶的检修维护用扶梯口处设置安全门，并与电炉电源联锁。若未设安全门或联锁失效，在未断电的情况下，人员进入炉顶，极易发生触电、高空坠落、机械伤害等事故。

隐患 186：电炉主控室窗户玻璃前隔热防护措施不足（图 5-47a）。规范设置如图 5-47b 所示。

图 5-47　电炉主控室窗户隔热防护设置情况

a—电炉主控室窗户玻璃前隔热防护措施不足；b—电炉主控室观察窗安装钢制防护门和钢网，冶炼保持关闭状态

判定依据：《炼钢安全规程》（AQ 2001—2018）第 6.2.9 条"转炉、AOD 炉和电炉主控室的布置，应设置出现大喷事故的必要防护措施；转炉兑铁、加废钢的起重机司机室玻璃窗应采取必要的防止转炉喷溅的措施；连铸主控室不应正对中间罐；转炉炉旁操作室应采取隔热防喷溅措施；电炉炉后出钢操作室，不应正对出钢方向开门，其窗户应采取防喷溅措施；所有控制室、电气室的门，均应向外开启；电炉与 LF 主控室，应按隔声要求设计；主控室应设置紧急出口。"

可能造成的后果： 电炉炼钢是利用电极电弧产生高温熔炼废钢、铁水、矿石等的冶炼设备，在冶炼过程中，由于废钢中含有的水分超标或有密闭容器，铁水中硅含量偏高等，容易发生喷溅。如果电炉主控室窗户玻璃防护措施不足，当电炉发生喷溅时，高温钢水会通过观察窗喷向电炉主控室，造成操作室内人员烫伤事故或火灾事故。

隐患 187： 电炉超量出钢，存在溢钢风险（图 5-48a）。规范设置如图 5-48b 所示。

图 5-48　电炉出钢量控制情况

a—电炉超量出钢，存在溢钢风险；b—电炉控制出钢量，并保证自由空间高度（液面至罐口）满足工艺设计的要求

判定依据：《炼钢安全规程》（AQ 2001—2018）第 8.1.9 条"铁水罐、钢水罐内的自由空间高度（液面至罐口），应满足工艺设计的要求。"第 11.1.1 条"钢液面以上钢包的自由空间，应能满足不同炉外精炼设施的最大钢水处理量的要求。"第 11.2.2 条"应控制炼钢炉出钢量，防止炉外精炼时发生溢钢事故。"

可能造成的后果： 精炼的主要作用是在钢包中对钢水的温度、成分、气体、有害元素与夹杂物进一步地调整、净化，达到洁净、均匀、稳定的目的，需要采取一系列的操作，因此钢包不宜装得过满，钢液面上应留有一定的自由空间，满足炉外精炼设施操作的要求。如果超量出钢，精炼过程中氩气搅拌、增碳、脱硫、脱氧或补加合金，都会造成钢包内钢液面上升，造成钢水、钢渣溢出，烧坏氩气管造成漏气，并引燃炉下材料造成火灾，灼烫附近的人员，炉下或附近地面若有积水还会造成高温钢水、液渣遇水的爆炸事故。

隐患 188： 电炉炉下热泼渣区域的挡墙，未悬挂铸铁板等防护措施（图 5-49）。

判定依据：《炼钢安全规程》（AQ 2001—2018）第 6.2.7 条"炉渣冲击与挖掘机铲渣地点，应在耐热混凝土基础上铺砌厚铸铁板或采取其他措施保护。"

可能造成的后果： 电炉冶炼过程一般分为熔化期、氧化期和还原期，产生的电炉渣也分氧化渣和还原渣，成分比较复杂。电炉渣处理可以采用热泼渣工艺，液态泡沫渣从电弧炉出渣口直接流到炉前地面上，采取喷水的方式促

图 5-49　电炉炉下热泼渣区域的挡墙，未悬挂铸铁板等防护措施

使钢渣破裂成块，产生大量的蒸汽，影响视线，蒸汽中含有一定的有害元素，对混凝土有

侵蚀作用。而铸铁板有耐热、抗腐蚀、耐磨等特点，铺砌厚铸铁板可以减缓熔渣冲击、蒸汽的侵蚀和挖掘机铲渣对混凝土的损伤，对热泼渣区域的混凝土有保护作用，避免发生倒塌等事故。

隐患 189：电炉炉下冷却水管未架空敷设。规范设置如图 5-50 所示。

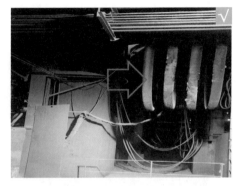

判定依据：《炼钢安全规程》（AQ 2001—2018）第 10.1.17 条"炉底冷却水管，应悬挂设置，不应采用落地管线，以防漏钢时酿成爆炸事故。"

可能造成的后果：电炉冷却水管一般由橡胶软管分段供水，悬挂设置。如果采用落地设置，在电炉漏钢时，高温钢水会将落地水管熔化烧穿，造成水管漏水，钢水遇水容易发生爆炸事故，同

图 5-50　电炉炉下冷却水管应架空敷设

时钢水也会烧损橡胶管道引发大火和浓烟，容易造成人员烧伤和中毒窒息事故。

隐患 190：电炉炉壳等设施未可靠接地。规范设置如图 5-51 所示。

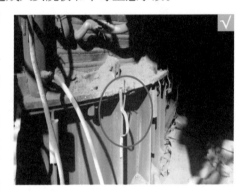

判定依据：《炼钢安全规程》（AQ 2001—2018）第 10.1.13 条"电炉炉壳与电极、炉盖升降装置，应可靠接地。"

可能造成的后果：电炉冶炼依靠电极之间的电弧产生的高温熔化废钢进行冶炼，属于大型用电设备，电极电流大，电炉炉壳如没有可靠接地或接地不良可能会导致炉壳带电，造成触电；大电流还可能击穿水冷壁造成漏水，引

图 5-51　电炉炉壳等设施应可靠接地

发高温液态钢水遇水爆炸等事故。

隐患 191：精炼炉操作室正对着精炼炉冶炼方向，窗户无防喷溅措施（图 5-52a）。规范设置如图 5-52b 所示。

 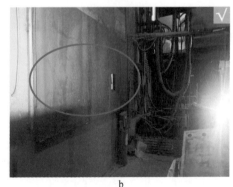

图 5-52　精炼炉操作室窗户防喷溅措施设置情况

a—精炼炉操作室正对着精炼炉冶炼方向，窗户无防喷溅措施；b—精炼炉窗户安装了钢制防护板，在冶炼保持关闭状态

判定依据：《炼钢安全规程》（AQ 2001—2018）第 6.2.9 条"转炉、AOD 炉和电炉主控室的布置，应设置出现大喷事故的必要防护措施。"

可能造成的后果： 精炼炉会因钢水装罐量过多、合金等原辅料潮湿或一次性加量过多等因素，在冶炼过程中发生钢水喷溅，若操作室观察窗未设防护措施，且正对精炼炉，在发生异常喷溅时，钢水、液渣容易烧损玻璃，冲入操作室，会造成人员灼伤。

隐患 192： 钢水吊运通道上的事故钢包无明显安全警示标识（图 5-53a）。规范设置如图 5-53b 所示。

图 5-53　钢水吊运通道上的事故包设置情况
a—钢水吊运通道上的事故钢包无明显安全警示标识；b—事故罐设置了明显安全警示标识

判定依据：《高温熔融金属吊运安全规程》（AQ 7011—2018）第 5.9 条"吊运高温熔融金属和熔渣的区域应设置事故罐，事故罐放置应在专用位置或专用支架上，并设置明显安全警示标识。"

可能造成的后果： 吊运的钢水包在使用过程中会因内衬侵蚀、水口滑板穿钢等情况造成钢水泄漏，此时，需要将泄漏的钢水倒入事故钢包中。在钢水吊运区域通道上应设置事故钢包专用位置，并悬挂安全警示标识，以便起重机司机在紧急情况下可以第一时间清晰地确定其具体位置，以免因钢水泄漏未及时处置而引发火灾、灼烫、爆炸等事故发生。

隐患 193： 精炼炉短网下方未规范设置防护措施（图 5-54a）。规范设置如图 5-54b 所示。

图 5-54　精炼炉短网下方防护措施设置情况
a—精炼炉短网下方未规范设置防护措施；b—精炼炉短网区域设置了防护栏防护措施，严禁人员随意进入

判定依据：《炼钢安全规程》（AQ 2001—2018）第 11.2.9 条"LF 通电精炼时，人员不应在短网下通行，工作平台上的操作人员不应触摸钢水罐盖及以上设备，也不应触碰导电体。人工测温取样时应断电。RH、RH-KTB 采用石墨棒电阻加热真空罐期间，人员不应进入真空罐平台。"

可能造成的后果：精炼炉短网是指从电炉变压器低压侧出线端到石墨电极末端为止的二次导体的总称。精炼炉电极一般采用变压器降压至 300V 左右电压供电，在冶炼过程中通过电极与钢水起弧进行加热升温，水冷电缆、电极与横臂设备属于带电危险区域，人员误进入此区域不慎触碰导电体，易引起触电事故发生。

隐患 194：精炼炉喂丝线区安全护栏防护不全（图 5-55a）。规范设置如图 5-55b 所示。

图 5-55 精炼炉短网下方防护措施设置情况

a—精炼炉喂线区安全护栏防护不全；b—精炼炉喂线区设置了全封闭的安全护栏

判定依据：《炼钢安全规程》（AQ 2001—2018）第 11.2.15 条"喂丝线卷放置区，宜设置安全护栏；从线卷至喂丝机，凡线转向运动处，应设置必要的安全导向结构，确保喂丝工作时人员安全；向钢水喂丝时，人员应站在安全位置。"

可能造成的后果：精炼炉冶炼过程中，需要使用喂丝机向钢水中加入钙线、铝线等，因工艺需要和减少在钢水表面的烧损，喂丝的速度很快，丝线一般采用丝线盘缠绕式放置，在喂丝过程中丝线会高速转动行进，此区域应沿着丝线运行轨迹采用全封闭式防护，防止有人员误入此区域或丝线飞出造成机械伤害、物体打击和其他伤害事故。

隐患 195：精炼炉下渣墙积渣超过 0.1m，未及时清理（图 5-56）。

判定依据：《炼钢安全规程》（AQ 2001—2018）第 10.2.9 条"正常生产过程中，应经常清除炉前平台流渣口和出钢区周围构筑物上的黏结物。黏结物厚度应不超过 0.1m，以防坠落伤人。"

可能造成的后果：精炼炉因钢水包装钢量过多、合金等原料潮湿或加入过量等因素在冶炼过程中容易发生钢水喷溅，喷溅的钢渣黏结在挡墙壁上，若不及时清理，积渣会越来越大，

图 5-56 精炼炉下渣墙积渣超过 0.1m，未及时清理

时间一长，会有坠落的风险，若有人员在炉下作业，容易发生物体打击事故。

隐患196： VD炉罐盖小车上未安装声光报警器（图5-57a）。规范设置如图5-57b所示。

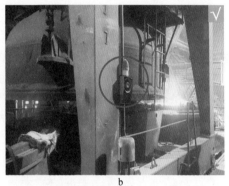

图5-57　VD炉罐盖声光报警器设置情况

a—VD炉罐盖小车上未安装声光报警器；b—VD炉罐盖小车上设有声光报警器

判定依据：《炼钢安全规程》（AQ2001—2018）第8.3.2条"车辆运行时，应发出声光信号。"

可能造成的后果： 生产过程中，VD、VOD罐盖小车转运输送钢水的频次很高，行进的路线上可能会有人员，如果未安装声光报警器，及时警示相关人员避让车辆，可能造成人员挤压、碾伤等机械伤害、车辆伤害事故。

隐患197： 炉下氩气阀台站内缺少固定式氧气检测报警器（图5-58a）。规范设置如图5-58b所示。

图5-58　炉下氩气阀站内氧气报警器设置情况

a—炉下氩气阀台站内缺少固定式氧气检测报警器；b—炉下氩气阀台站内设置了固定式氧气检测报警器

判定依据：《炼钢安全规程》（AQ 2001—2018）第9.2.13条"有窒息性气体的阀站，应设氧浓度监测装置，浓度偏低时应有人工或自动联锁排气扇开启的保护措施。阀站应加强日常维护检查，发现泄漏事故及时处理，只有氧浓度达标确认安全后，方允许人员入内进行日常巡检和维修作业。维修设备时应始终开启门窗与排风设施。"

可能造成的后果： 顶底复吹转炉一般采用底吹氩气的冶炼工艺，主要目的是增强炉内熔池的搅拌，缩短冶炼时间，氩气属于惰性气体、无色、无味，密度比空气的大，如果未设置氧浓度监测装置，当发生氩气泄漏时不能第一时间提醒作业人员，易造成中毒和窒息事故发生。

隐患 198： AOD 炉配气站内未设置通风设施。规范设置如图 5-59 所示。

判定依据：《炼钢安全规程》（AQ 2001—2018）第 11.2.11 条 "AOD 的配气站，应加强检查，发现泄漏及时处理。人员进入配气站应预先开启门窗与通风设施，确认安全后方可入内，维修时应始终开启门窗与通风设施。"

图 5-59　AOD 炉配气站内设置了通风设施

可能造成的后果： AOD 炉外精炼法（即氩氧脱碳法）是精炼不锈钢较先进的技术，高炉铁水和中频炉上熔化的合金，经钢包注入 AOD 炉，冶炼时吹入 O_2、Ar 或 N_2 混合气体，对钢水脱碳，同时由加料系统加入还原剂、脱硫剂、铁合金或冷却剂等调整钢水成分和温度，冶炼出合格的不锈钢水供连铸机。AOD 配气站是给 AOD 炉供应氮气、氩气、氧气的设施，氮气与氩气、氧气是无色无味气体，当发生气体泄漏积聚时，如果缺少通风设施，很难及时排出，容易造成进入人员中毒和窒息事故发生，同时由于氧气是活泼的助燃气体，遇可燃物和明火容易导致火灾、爆炸事故发生。

隐患 199： 精炼炉作业人员加料过程中站位正对取样口且无防护措施（图 5-60）。

判定依据：《炼钢安全规程》（AQ 2001—2018）第 11.2.13 条 "人工往精炼钢水罐投加合金与粉料时，应站在投加口的侧面，防止液渣飞溅或火焰外喷伤人。"

图 5-60　精炼炉作业人员加料过程中站位正对取样口且无防护措施

可能造成的后果： 精炼炉在冶炼过程中有时需要人工向高温钢水中投入脱氧铝粒、增碳剂、合金等原辅料，因原辅料潮湿、化学反应、一次性加料过多等原因有可能会导致钢水喷溅，如果此时作业人员站在加料口正对面，极易发生伤亡事故。

隐患 200： RH 炉浸渍管与喷枪未保持干燥。规范设置如图 5-61a、b 所示。

判定依据：《炼钢安全规程》（AQ 2001—2018）第 11.2.8 条 "RH 或 RH-KTB 新的或修补后的插入管，应经烘烤干燥方可使用；VD、VOD、RH 或 RH-KTB 真空罐新砌耐火材料以及喷粉用喷枪，应予干燥。"

可能造成的后果： RH 炉是一种用于生产优质钢的钢水二次精炼装备，整个钢水冶炼反应在砌有耐火衬的真空槽内进行，真空槽的下部是两个带耐火衬的浸渍管，精炼过程中浸渍管的下端没入钢水中，钢水流经浸渍管的内部。如果浸渍管烘烤不完全或潮湿，与高温钢水接触易发生爆炸事故。喷枪是根据钢水对浸渍管内壁的冲刷与减薄情况进行喷补维护的设备，应保持干燥，防止造成粉料潮湿进入浸渍管，遇高温钢水发生爆炸事故。

图 5-61　RH 炉浸渍管与喷枪是否保持干燥情况

a—RH 炉浸渍管应保持干燥；b—RH 炉喷粉用喷枪应保持干燥

隐患 201：RH 炉真空罐升降液压系统未设置手动转向阀装置。规范设置如图 5-62 所示。

判定依据：《炼钢安全规程》（AQ 2001—2018）第 11.1.8 条"RH 装置的钢水罐或真空罐升降液压系统，应设手动换向阀装置。"

可能造成的后果：RH 炉精炼过程中，需要控制浸渍管进入钢水的深度，RH 炉真空罐升降液压手动换向阀是调整钢包车高度的装置。未设置手动换向阀，浸渍管进入钢水液面位置将无法控制，如果发生浸渍管进入钢水过深可能会造成高温钢水满溢，如地面有积水未及时清理，会造成爆炸、灼烫伤人等事故。

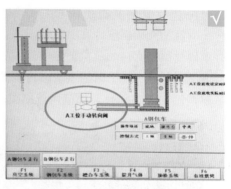

图 5-62　RH 炉真空罐升降液压系统
设置手动转向阀装置

隐患 202：钢包热修工位未设置防护措施。规范设置如图 5-63a、b 所示。

图 5-63　钢包热修工位防护措施设置情况

a—钢包热修工位设置了作业防护屏；b—钢包热修工位设置了作业防护罩

判定依据：《炼钢安全规程》（AQ 2001—2018）第 8.1.6 条 "钢水罐需卧放地坪时，应放在专用的钢包支座上，或采取防滚动的措施；热修包应设作业防护屏。"

可能造成的后果： 钢包热修是进行钢水包透气砖吹扫、上下水口更换、滑板更换、钢包包况与本体检查的生产操作工序，烧透气砖是通过氧气管吹扫内衬砖表层残余红钢（渣）的操作，在其过程中热修作业人员需站在面向高温钢包内衬一侧作业，若无防护等措施易发生残钢（渣）飞溅灼烫伤人事故发生。

隐患 203： 连铸机钢包事故溢流槽无倾斜度（图 5-64）。

判定依据：《炼钢安全规程》（AQ 2001—2018）第 12.3.3 条 "连铸浇筑区钢水罐漏钢回转溜槽不得存放其它物品，以保证流畅或容量。"

可能造成的后果： 连铸工序设置事故应急导流槽和应急钢水包，是为了在钢水包穿包或水口控流失效等异常情况下，可以将包中的钢水通过应急导流槽及时引流至应急钢水包中，

图 5-64　连铸机钢包事故溢流槽无倾斜度

若应急导流槽无倾斜度，在事故状况下，钢水不能顺利流入应急钢水包，容易在导流槽中积存或因导流槽支撑超过负荷强度发生坍塌、倾翻等事故。

隐患 204： 连铸机钢包事故回转溜槽采用分段设置，不能保证泄漏的高温钢水流畅排到事故钢包（图 5-65a）。规范设置如图 5-65b 所示。

a　　　　　　　　　　　　　　b

图 5-65　连铸机钢包事故回转溜槽设置情况
a—连铸机钢包事故回转溜槽采用分段设置，不能保证泄漏的高温钢水流畅排到事故钢包；
b—连铸机钢包事故回转溜槽规范设置

判定依据：《炼钢安全规程》（AQ 2001—2018）第 12.3.3 条 "连铸浇筑区钢水罐漏钢回转溜槽不得存放其他物品，以保证流畅或容量。"

可能造成的后果： 连铸工序设置事故应急导流槽及应急钢水包，是为了在出现钢水包穿包或水口装置失效等异常情况下，将包中钢水通过应急导流槽及时引流至应急钢水包中，若应急导流槽采用分段设置，在事故情况下，钢水很难流畅排走，或因导流槽偏移、连接点对位不准、钢壳脱钩、耐材脱落等因素，造成钢水泄漏，引发人员烫伤或火灾爆炸等事故。

隐患 205：连铸机大包事故溜槽出口与事故钢包错位（图 5-66a）。规范设置如图 5-66b所示。

a　　　　　　　　　　　　　　b

图 5-66　连铸机大包事故溜槽出口与事故钢包设置情况
a—连铸机大包事故溜槽出口与事故钢包错位；b—连铸机大包事故溜槽出口与事故钢包位置设置规范

判定依据：《炼钢安全规程》（AQ 2001—2018）第 12.3.3 条"连铸浇筑区事故钢水罐、溢流槽、中间溢流罐、钢水罐漏钢回转溜槽、中间罐漏钢坑及钢水罐滑板事故关闭系统。为了避免钢水罐滑板油缸管路连接错误，连接管必须明确标明尺寸大小。应保持以上应急设施干燥，不得存放其他物品，以保证流畅或容量。"

可能造成的后果：连铸机钢包事故回转溜槽的主要作用是在钢包出现异常，滑板无法正常关闭，钢包回转至受包位过程中用来盛接流出的钢水，并引入事故包内，防止钢水飞溅对周围人员和设备造成伤害的。事故状态下，当溜槽出口与事故钢包错位时，钢水会流到事故包外，容易造成周围人员烫伤或引起火灾、爆炸事故。

隐患 206：连铸机大包事故溜槽末端挡板不全（图 5-67a）。规范设置如图 5-67b 所示。

a　　　　　　　　　　　　　　b

图 5-67　连铸机大包事故溜槽完好情况
a—连铸机大包事故溜槽末端挡板不全；b—连铸机大包事故溜槽末端挡板齐全

判定依据：《炼钢安全规程》（AQ 2001—2018）第 12.3.3 条"连铸浇筑区，应设事故钢水罐、溢流槽、中间溢流罐、钢水罐漏钢回转溜槽、中间罐漏钢坑及钢水罐滑板事故关闭系统。为了避免钢水罐滑板油缸管路连接错误，连接管必须明确标明尺寸大小。应保持以上应急设施干燥，不得存放其他物品，以保证流畅或容量。"

可能造成的后果：连铸机钢包事故回转溜槽的主要作用是在钢包出现异常，滑板无法正常关闭，钢包回转至受包位过程中用来盛接流出的钢水，并引入事故包内，防止钢水飞溅对周围人员和设备造成伤害。事故状态下，流出的钢水需要通过回转溜槽流入事故包内，当溜槽末端侧面挡板不全时，钢水会通过没有挡板的缺口流到事故包外，造成周围人员烫伤或引起火灾、爆炸事故。

隐患207：连铸平台事故钢包内有杂物（图5-68a）。规范设置如图5-68b所示。

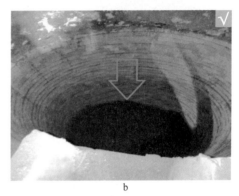

图5-68　连铸平台事故钢包流通或容量管控情况

a—连铸平台事故钢包内有杂物；b—连铸平台事故钢包内无其他物品，保证其足够容量

判定依据：《炼钢安全规程》（AQ 2001—2018）第12.3.3条"连铸浇铸区，应设事故钢水罐、溢流槽、中间溢流罐、钢水罐漏钢回转溜槽、中间罐漏钢坑及钢水罐滑板事故关闭系统。应保持以上应急设施干燥，不得存放其他物品，以保证流通或容量。"

可能造成的后果：连铸区域设置的事故钢包，主要是用于当正常在用的钢水包耐材侵蚀穿包、水口机构故障无法关闭、滑板处窜钢等紧急情况时，临时承接钢水的。如果事故包内有杂物，会减小事故包的有效容积，可能无法满足存放应急钢水的需要，造成事故钢包钢水满溢，流到事故包外，造成周围人员烫伤或引起火灾爆炸事故；如果杂物中有可燃物或潮湿物，也会引发火灾、爆炸。

隐患208：连铸中间包的事故槽容量不足（图5-69a）。规范设置如图5-69b所示。

图5-69　连铸平台事故钢包流通或容量管控情况

a—连铸中间包的事故槽容量不足；b—连铸中间包的事故槽容量符合规范要求

判定依据：《炼钢安全规程》（AQ 2001—2018）第 12.3.3 条"连铸浇铸区，应设事故中间溢流罐，应保持干燥，不得存放其他物品，以保证流通或容量。"

可能造成的后果：连铸工序设置的中间包事故槽（坑），是为了当中间包发生穿包漏钢时，临时储存中间包泄漏出钢水的应急设施。如果事故槽（坑）容量不足，装不下泄漏的钢水时，中间包内残余的钢水就会泄漏到连铸平台上，而连铸平台上有结晶器及其供水系统、中间包烘烤系统等设备设施，高温钢水流到电缆、水管、燃气管上，容易引起火灾，烧损设备设施，烧穿水管、燃气管，接触到水和燃气还会发生爆炸。

隐患 209：连铸机事故包内侧无耐材且容量不足（图 5-70a）。规范设置如图 5-70b 所示。

图 5-70　连铸平台事故钢包流通或容量管控情况
a—连铸机事故包内侧无耐材且容量不足；b—连铸机事故包内侧耐材完好且保证其足够容量

判定依据：《炼钢安全规程》（AQ 2001—2018）第 12.3.3 条"连铸浇筑区，应设事故钢水罐、溢流槽、中间溢流罐、钢水罐漏钢回转溜槽、中间罐漏钢坑及钢水罐滑板事故关闭系统。应保持以上应急设施干燥，不得存放其他物品，以保证流畅或容量。"

可能造成的后果：连铸区域设置的事故钢包，主要是用于当正常在用的钢水包耐材侵蚀穿包、水口机构故障无法关闭、滑板处窜钢等紧急情况时，临时储存泄漏出来的钢水。如果事故包内侧无耐材，泄漏出高温钢水会使事故包壳烤坏、变形，严重的会烧穿。如果容量不足，装不下泄漏的钢水，钢水包内残余的钢水就会泄漏到连铸平台上，而连铸平台上有结晶器及其供水系统、中间包烘烤系统等设备设施，高温钢水流到电缆、水管、燃气管上，容易引起火灾，烧损设备设施，烧穿水管、燃气管，接触到水和燃气还会发生爆炸。

隐患 210：中间包溢流槽内衬耐材脱落（图 5-71a）。规范设置如图 5-71b 所示。

判定依据：《炼钢安全规程》（AQ 2001—2018）第 12.3.3 条"连铸浇铸区，应设事故钢水罐、溢流槽、中间溢流罐、钢水罐漏钢回转溜槽、中间罐漏钢坑及钢水罐滑板事故关闭系统。应保持以上应急设施干燥，不得存放其他物品，以保证流通或容量。"

可能造成的后果：中间包溢流槽是当中间包内钢水液面超高或渣量过大时，自动溢流出多余的钢水和液渣的应急设置。如果中间包溢流槽耐材脱落严重，高温钢水可能会烧穿溢流槽，造成钢水或液渣泄漏到连铸平台上，引起火灾、爆炸事故。

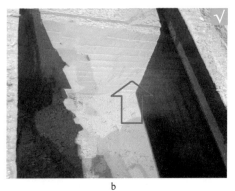

图 5-71　中间包溢流槽内衬耐材管控情况

a—中间包溢流槽内衬耐材脱落；b—中间包溢流槽内衬耐材完好

隐患 211：连铸机结晶器、二次喷淋冷却未配备事故供水系统。规范设置如图 5-72a、b 所示。

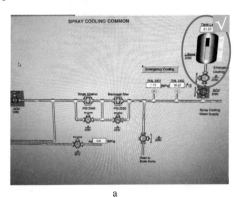
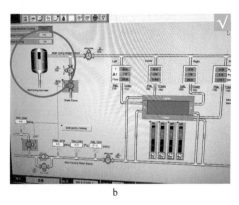

图 5-72　连铸机结晶器、二次喷淋冷却事故供水系统配备情况

a—二次喷淋冷却装置应配备事故供水系统；b—连铸机结晶器应配备事故供水系统

　　判定依据：《炼钢安全规程》（AQ 2001—2018）第 12.3.6 条"结晶器、二次喷淋冷却装置应配备事故供水系统。"

　　可能造成的后果：连铸结晶器、二次喷淋是保证钢水正常凝固成铸坯的重要条件，为保证冷却安全，通常会设置事故应急供水系统，一旦正常供水系统突然断电或其他原因导致冷却水供应不上，事故应急水启动，保证结晶器中的钢水和二冷区的铸坯能够正常凝固一段时间。如果没有事故应急水，高温钢水可能会烧穿结晶器，遇水发生爆炸；二冷区凝固过程中的铸坯也可能会发生重熔漏钢，烧坏设备，遇水也会发生爆炸。

　　隐患 212：连铸大包液压紧急回转手动阀无标识（图 5-73a）。规范设置如图 5-73b 所示。

　　判定依据：《炼钢安全规程》（AQ 2001—2018）第 12.3.2 条"钢水罐回转台应配置安全制动与停电事故驱动装置。"

　　可能造成的后果：连铸大包回转台在发生钢水包穿包或水口装置失效等情况下，通过电动机驱动带动回转台旋转机构将钢水包移至应急位置，再通过应急导流槽，将包内钢水紧急引流至事故钢包内，此时若发生停电事故，需通过紧急回转手动阀完成旋转动作，若手动阀无明显标识，操作人员难以判断，容易发生应急延误或因操作失误造成钢水溢出，引发烫伤或火灾等事故。

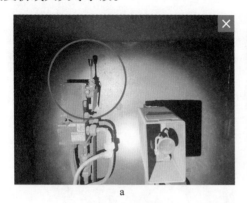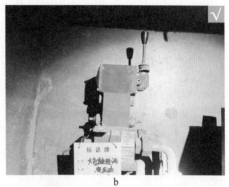

图 5-73　连铸大包事故驱动装置设置情况

a—连铸大包液压紧急回转手动阀无标识；b—连铸大包液压紧急回转手动阀悬挂了标识

隐患 213： 连铸二冷室的门在浇铸时未关闭（图 5-74）。

判定依据： 《炼钢安全规程》（AQ 2001—2018）第 12.3.16 条 "二冷室门只有在事故和设备维修时打开，只有停浇后才能进入二冷室。"

可能造成的后果： 连铸机是将钢水凝固成铸坯的设备，在浇铸过程中，可能存在因钢坯拉速过快、结晶冷却不良、支撑不足等因素造成钢水漏出事故，漏出的钢水遇到连铸二次冷却室的水，产生高温蒸汽并可能发生爆炸，如

图 5-74　连铸二冷室的门在浇铸时未关闭

果二次冷却室的门常开或关闭管控、警示不到位，容易因人员误入造成人身伤害事故。

隐患 214： 铁水罐的耳轴严重磨损，未及时更换（图 5-75a）。规范设置如图 5-75b 所示。

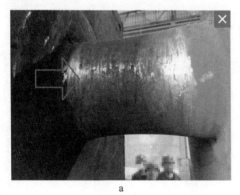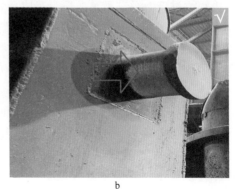

图 5-75　铁水罐的耳轴管控情况

a—铁水罐的耳轴严重磨损，未及时更换；b—铁水罐的耳轴磨损在规范范围内

判定依据：《炼钢安全规程》（AQ 2001—2018）第 8.1.3 条"应对罐体和耳轴进行探伤检测，耳轴每年检测一次，罐体每 2 年检测一次。凡耳轴出现内裂纹、壳体焊缝开裂、明显变形、耳轴磨损大于直径的 10%、机械失灵、衬砖损坏超过规定，均应报修或报废。"

可能造成的后果：铁水罐（钢水罐）是用来盛装、转运高温铁水（钢水）的容器，在转运过程中，耳轴是主要的受力部位，长期使用，该部位磨损逐渐加重，承重能力下降，若检查检测不到位，更新维护不及时，在重罐吊运时，极易因强度不足，造成铁水（钢水）包脱钩倾翻、坠落，引发事故。

隐患 215：钢水罐外壳变形严重仍然在线使用（图 5-76a）。规范设置如图 5-76b 所示。

a b

图 5-76 钢水罐外壳管控情况
a—钢水罐外壳变形严重仍然在线使用；b—钢水罐外壳完好

判定依据：《炼钢安全规程》（AQ 2001—2018）第 8.1.3 条"应对罐体和耳轴进行探伤检测，耳轴每年检测一次，罐体每 2 年检测一次。凡耳轴出现内裂纹、壳体焊缝开裂、明显变形、耳轴磨损大于直径的 10%、机械失灵、衬砖损坏超过规定，均应报修或报废。"

可能造成的后果：钢水罐是盛装高温钢水的容器，如罐壳体严重变形，会造成砌筑耐材无法与钢包壁紧贴而出现缝隙，容易穿罐漏罐，造成灼烫、火灾爆炸事故；还会因钢水罐严重变形，吊运罐体时不平衡；此外钢水罐有效容积降低，仍按常规出钢量出钢，罐内钢水过满，高空吊运，可能发生钢水泼出事故，造成吊运通道下设备损坏、人员伤亡事故；罐内钢水过满，净空不足，还会造成精炼过程钢水满溢、喷溅严重，引发事故。

隐患 216：在用钢水罐壳体存在开裂现象（图 5-77）。

判定依据：《炼钢安全规程》（AQ 2001—2018）第 8.1.3 条"应对罐体和耳轴进行探伤检测，耳轴每年检测一次，罐体每 2 年检测一次。凡耳轴出现内裂纹、壳体焊缝开裂、明显变形、耳轴磨损大于直径的 10%、机械失灵、衬砖损坏超过规定，均应报修或报废。"

可能造成的后果：钢水罐是盛装高温钢水的容器，如钢水罐壳体存在焊缝开裂未报停仍

图 5-77 在用钢水罐壳体存在开裂现象

继续使用，裂纹部位就是薄弱环节，可能会发生高温钢水烧穿泄漏；在吊运重罐钢水时，罐体容易在裂纹部位撕裂，钢水外泄，造成吊运通道范围内设备损坏、人员伤亡事故。

隐患 217：连铸在用余钢渣盆上沿存在开裂现象（图 5-78a）。规范设置如图 5-78b 所示。

a   b

图 5-78 连铸在用余钢渣盆管控情况
a—连铸在用余钢渣盆上沿存在开裂现象；b—连铸余钢渣盆完好

判定依据：《炼钢安全规程》（AQ 2001—2018）第 8.1.3 条"应对罐体和耳轴进行探伤检测，耳轴每年检测一次，罐体每 2 年检测一次。凡耳轴出现内裂纹、壳体焊缝开裂、明显变形、耳轴磨损大于直径的 10%、机械失灵、衬砖损坏超过规定，均应报修或报废。"

可能造成的后果：渣盆是盛装炼钢冶炼余钢、熔渣的容器，一般是球墨铸铁或铸铁件，如果渣盆发生开裂未报废而继续使用，则液态熔渣可能会从裂缝处漏出，发生灼烫或火灾爆炸事故；如进行高空吊运，可能发生液态熔渣高空泼洒事故，造成设备损坏、人员伤亡。

图 5-79 在用渣罐外壁发红

隐患 218：在用渣罐外壁发红（图 5-79）。

判定依据：《炼钢安全规程》（AQ 2001—2018）第 8.1.3 条"应对罐体和耳轴进行探伤检测，耳轴每年检测一次，罐体每 2 年检测一次。凡耳轴出现内裂纹、壳体焊缝开裂、明显变形、耳轴磨损大于直径的 10%、机械失灵、衬砖损坏超过规定，均应报修或报废。"

可能造成的后果：炼钢工序使用的渣罐是盛装高温熔融液渣的容器，日常如果出现罐壁发红现象，表明罐壁发红部位的侵蚀严重或有损坏，如不报停仍继续使用，容易造成高温熔融液渣穿罐泄出，发生高温灼烫、火灾爆炸事故。

隐患 219：在用渣盆耳轴止挡损坏严重，未及时更换（图 5-80a）。规范设置如图 5-80b 所示。

判定依据：《炼钢安全规程》（AQ 2001—2018）第 8.1.3 条"应对罐体和耳轴进行探

a　　　　　　　　　　　　　　　b

图 5-80　在用渣盆耳轴管控情况

a—在用渣盆耳轴止挡损坏严重，未及时更换；b—渣盆耳轴完好

伤检测，耳轴每年检测一次，罐体每 2 年检测一次。凡耳轴出现内裂纹、壳体焊缝开裂、明显变形、耳轴磨损大于直径的 10%、机械失灵、衬砖损坏超过规定，均应报修或报废。"

可能造成的后果：炼钢工序使用的渣盆是盛装连铸浇余、转炉液渣的容器，吊运过程中，起重机板钩挂在渣盆两侧耳轴上，将渣盆吊至钢包车或运输车辆上，若耳轴止挡损坏严重，未及时修复，吊运过程中极易发生起重机板钩脱钩而造成液渣渣盆坠落、倾翻等事故。

隐患 220：钢水罐耳轴存在开裂现象，未及时更换（图 5-81）。

判定依据：《炼钢安全规程》（AQ 2001—2018）第 8.1.3 条"应对罐体和耳轴进行探伤检测，耳轴每年检测一次，罐体每 2 年检测一次。凡耳轴出现内裂纹、壳体焊缝开裂、明显变形、耳轴磨损大于直径的 10%、机械失灵、衬砖损坏超过规定，均应报修或报废。"

可能造成的后果：钢水罐的耳轴是吊运过

图 5-81　钢水罐耳轴存在开裂现象

程中主要的受力部位，如果耳轴存在开裂现象未及时停用，吊运时极易发生耳轴断裂，造成板钩脱钩，发生钢水罐坠落、倾翻等事故。

隐患 221：炼钢连铸跨吊运液渣的起重机不是铸造起重机，且未使用固定式龙门钩（图 5-82a）。规范设置如图 5-82b 所示。

判定依据：《高温熔融金属吊运安全规程》（AQ 7011—2018）第 6.1.2 条"炼钢企业吊运铁水、钢水或液渣，应使用带有固定龙门钩的铸造起重机。"

可能造成的后果：与普通桥式起重机相比，铸造起重机有双制动、防高温、防失速等装置，当一套装置发生故障时，保证在额定起重量时完成一个工作循环，有正反接触器故障保护功能，当电动机失电制动器可以继续通电，避免因电动机失速而造成液态渣盆坠落事故发生；如未采用固定式龙门钩，而采取链条作为吊具吊运液态渣盆易产生熔断，易造成装有液态渣的渣盆意外坠落、倾翻等事故发生。

a   b

图 5-82　炼钢连铸跨吊运液态渣起重机设置情况

a—炼钢连铸跨吊运液态渣不是铸造起重机且未使用固定式龙门钩；

b—炼钢连铸跨吊运液态渣使用带有固定龙门钩的铸造起重机

隐患 222：吊运熔融金属起重机板钩钩头存在开裂现象（图 5-83a）。规范设置如图 5-83b所示。

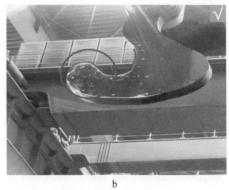

a   b

图 5-83　吊运熔融金属起重机板钩管控情况

a—吊运熔融金属起重机板钩钩头存在开裂现象；b—吊运熔融金属起重机板钩钩头完好

判定依据：《高温熔融金属吊运安全规程》（AQ 7011—2018）第 4.6 条"吊钩、板钩等出现严重磨损，钩片开片等情况应进行更换。"

可能造成的后果：吊运熔融金属的起重机通过板钩钩头吊起铁（钢）水包，钩头是板钩与铁（钢）水包耳轴接触的部位，容易发生碰撞、磨损或变形，起重机板钩钩头存在开裂，说明磨损已经比较严重，如不及时更换，板钩钩头有断裂的风险，容易造成铁（钢）水包脱钩坠地，发生灼烫、火灾和爆炸事故。

隐患 223：起重机板钩磨损量超标（图 5-84a）。规范设置如图 5-84b 所示。

判定依据：《起重吊钩　第 14 部分：叠片式吊钩使用检查》（GB/T 10051.14—2010）第 3.2.3 条"钩口护板的磨损量不允许超过 GB/T 10051.15 规定基本尺寸的 5%。"

可能造成的后果：起重机通过板钩吊起铁水包或钢水包，钩口护板是板钩与铁水包或钢水包耳轴的接触部位，容易发生磨损或变形，起重板钩磨损存在明显卷边，说明磨损已经比较严重，如不及时更换，板钩有断裂的风险，容易造成铁水包或钢水包坠地，发生灼烫、火灾和爆炸事故。

图 5-84　起重机板钩管控情况

a—起重机板钩磨损存在卷边现象；b—起重机板钩磨损量符合规范要求

隐患 224： 吊运熔融金属的桥式起重机缺少螺杆式限位器（图 5-85a）。规范设置如图 5-85b 所示。

图 5-85　吊运熔融金属的桥式起重机螺杆式限位器设置情况

a—吊运熔融金属的桥式起重机缺少螺杆式限位器；b—吊运熔融金属的桥式起重机安装了螺杆式限位器

判定依据：《高温熔融金属吊运安全规程》（AQ 7011—2018）第 6.1.8 条"吊运熔融金属的起重机应设置不同形式的上升极限位置的双重限位器，并能够控制不同的断路装置，当起升高度大于 20m 时还应设置下降极限位置限制器。"

可能造成的后果： 吊运熔融金属的起重机上升限位器一般有螺杆式限位器、重锤式限位器，工作方式不一样。吊运熔融金属的桥式起重机应安装两种不同形式的上升限位器，起到双重保险的作用。一旦其中一个出现失灵或异常时，至少还有一个限位器有效，防止铁水包或钢水包冲顶，造成钢丝绳拉断，铁水包或钢水包坠地，发生灼烫、火灾、爆炸事故。

隐患 225： 吊运高温熔融金属的桥式起重机，未选用 H 级绝缘电动机（图 5-86a）。规范设置如图 5-86b 所示。

判定依据：《起重机械安全技术监察规程——桥式起重机》（TSG Q0002—2008）第

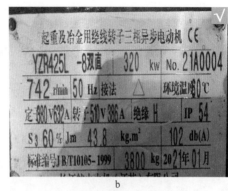

a   b

图 5-86　吊运金属熔融液体的桥式起重机绝缘电动机设置情况

a—吊运金属熔融液体的桥式起重机未选用 H 级绝缘电动机；

b—吊运金属熔融液体的桥式起重机选用了 H 级绝缘电动机

51 条 "吊运熔融金属的起重机（不含起升机构为电动葫芦的），应当采用冶金起重专用电动机，在环境温度超过 40℃的场合，应当选用 H 级绝缘电动机。"

可能造成的后果： 电动机绝缘材料等级有 A、E、B、F、H 五个等级，绝缘等级 H级，最高允许温度 180℃，绕组温升限值 125℃。吊运金属熔融液体的桥式起重机，长期受到高温熔融金属辐射，环境温度超过 40℃，绕组最高运行温度限值＝环境温度 40℃＋绕组温升限值 125℃＝165℃，低于 180℃，其他绝缘电机都不满足要求。否则会造成绝缘材料老化，电机损坏，起重机突发故障，引发人员灼烫、火灾、爆炸事故。

隐患 226： 吊运废钢起重机，作业过程中起重机上声光报警失效（图 5-87a）。规范设置如图 5-87b 所示。

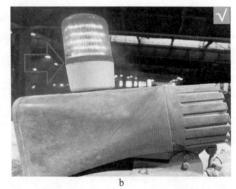

a   b

图 5-87　吊运废钢起重机声光报警设置情况

a—吊运废钢起重机，作业过程中起重机上声光报警失效；b—吊运废钢起重机，作业过程中起重机上声光报警完好

判定依据：《炼钢安全规程》（AQ 2001—2018）第 7.2.7 条 "废钢装卸作业时，起重机的大车或小车启动、移动时，应发出声光报警信号，以警告地面人员与相邻起重机避让。"

可能造成的后果： 起重机上安装声光报警器，主要是在起重机运行移动时，发出声光报警，提醒地面人员和相邻起重机避让。吊运废钢起重机上的声光报警失效，起重机运行移动时，不能起到警示作用，如果地面人员不及时避让，起重机吊运的废钢坠落，可能发生物体打击事故。

隐患 227：炼钢吊运熔融金属起重机制动器存在开裂、严重凹凸不平现象（图5-88a）。规范设置如图 5-88b 所示。

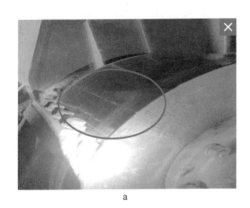

图 5-88　炼钢吊运熔融金属起重机制动器设置情况

a—炼钢吊运熔融金属起重机制动器存在开裂、严重凹凸不平现象；b—炼钢吊运熔融金属起重机制动器完好

判定依据：《起重机安全技术监察规程——桥式起重机》（TSG Q002—2008）第六十八条"制动器应当满足以下要求：(四) 制动器不得有裂纹，凹凸不平度不得大于 1.5mm，不得有摩擦垫片固定铆钉引起的划痕。"

可能造成的后果：起重机制动器安装在电动机的转轴上，用来制动电动机的运转，使其行车的运行或起升机构能够准确、可靠地停在预定的位置上。如果吊运熔融金属的冶金起重机制动器出现开裂、凹凸不平度超标，容易造成制动器抱闸不起作用，无法可靠地停在预定的位置上，从而造成吊运的钢水包意外坠落、倾翻等事故发生。

隐患 228：炼钢吊运熔融金属起重机主起升卷筒联轴器上螺栓存在松脱现象（图5-89a）。规范设置如图 5-89b 所示。

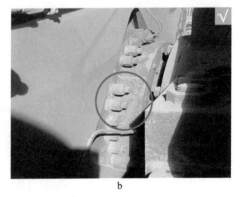

图 5-89　炼钢吊运熔融金属起重机主起升卷筒联轴器上螺栓设置情况

a—炼钢吊运熔融金属起重机主起升卷筒联轴器上螺栓存在松脱现象；

b—炼钢吊运熔融金属起重机主起升卷筒联轴器上螺栓紧固规范

判定依据：《起重机械安全规程　第1部分：总则》（GB 6067.1—2010）第3.4.3条"高强度螺栓应按起重机安装说明书的要求，用扭矩板或专用工具拧紧。连接副的施拧顺序和初拧、复拧扭矩应符合设计要求和JGJ82的规定，扭矩扳手应定期标定并应有标定记录。高强度螺栓应有拧紧施工记录。"

可能造成的后果：起重机主起升卷筒是通过螺栓方式与联轴器进行固定，如法兰上螺栓出现未紧固、松动等现象，导致主起升卷筒整体窜动，窜动严重会造成主起升卷筒与联轴器连接处全部脱开、坠落，同时导致吊运的钢水包意外坠落、倾翻等事故发生。

隐患229：吊运钢水的起重机吊钩横梁部位无耐高温隔热防护措施（图5-90a）。规范设置如图5-90b所示。

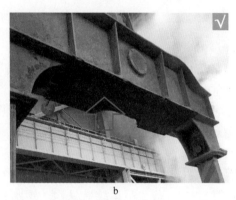

图5-90　吊运钢水的起重机吊钩横梁部位耐高温隔热防护措施设置情况

a—吊运钢水的起重机吊钩横梁部位无耐高温隔热防护措施；

b—吊运钢水的起重机吊钩横梁部位设置了耐高温隔热防护措施

判定依据：《高温熔融金属吊运安全规程》（AQ 7011—2018）第6.1.4条"吊运熔融金属的起重机的主梁下翼缘板、吊具横梁等直接受高温辐射的部位和电气设备，应采取隔热防护措施。"

可能造成的后果：吊运钢包过程中，采用固定式龙门钩，可有效保证吊运过程中的平稳。但钢水的温度较高，在1600℃左右，吊运过程中横梁部位直接受到钢水的高温辐射，长期的高温辐射环境，易发生金属热疲劳、金属热胀变形，造成横梁变形受损，进而导致吊运钢包时发生意外坠落、倾翻等事故。

隐患230：起重机钢丝绳绳夹只有1个（图5-91a）。规范设置如图5-91b所示。

判定依据：《起重机机械安全规程》（GB 6067.1—2010）第4.2.1.5条"钢丝绳端部的固定和连接应符合如下要求：

a）用绳夹连接时，应满足表1的要求，同时应保证连接强度不小于钢丝绳最小破断拉力的85%。"

表1　钢丝绳绳夹连接时的安全要求

钢丝绳公称直径/mm	≤19	19~32	32~38	38~44	44~60
钢丝绳绳夹最少数量/组	3	4	5	6	7

注：钢丝绳绳夹夹座应在受力绳头一边；每两个钢丝绳绳夹的间距不应小于钢丝绳直径的6倍。

a　　　　　　　　　　　　b

图 5-91　起重机钢丝绳绳夹设置情况
a—起重机钢丝绳绳夹只有 1 个；b—行车钢丝绳绳夹设置规范

可能造成的后果：起重机钢丝绳固定端是采用钢丝绳绳夹的方式进行固定的，若只设置一个绳夹，一旦发生起重机超载或维修不到位，可能发生绳夹松动、脱落，进而造成钢丝绳脱落，导致起重机吊运的钢水包坠落、倾翻等事故。

隐患 231：行车吊运钢水包时与平台距离过近（图 5-92）。

判定依据：《炼钢安全规程》（AQ 2001—2018）第 8.1.11 条"吊运装有铁水、钢水、液渣的罐，应与邻近设备或建、构筑物保持大于 1.5m 的净空距离。"

可能造成的后果：炼钢厂房内由于有众多高空设备平台，行车吊运钢水包时，行车驾驶员先将钢水包提升到一定高度，再开动行车，行车起吊过程中应有人指挥，钢水包要距离周围的设备平台和其他建构物至少 1.5m 以上，如

图 5-92　行车吊运钢水包时与设备平台未
保持 1.5m 以上安全距离

果未保持 1.5m 以上安全距离，吊运过程由于行车设备故障或误操作极易碰撞，损伤附近设备设施，造成钢水包倾翻或坠落，引发灼烫、火灾和爆炸事故。

隐患 232：倒渣作业前未到倾翻位，行车副钩提前挂钩（图 5-93）。

判定依据：《高温熔融金属吊运安全规程》（AQ 7011—2018）第 7.15 条"吊起熔融金属，如需副钩配合倾翻作业时，禁止提前挂副钩。作业完成后，应先落副钩再退小车，在副钩确认摘掉后，才能运行主起升机构。"

可能造成的后果：冶金铸造起重机的副钩起到倾倒钢水包的作用。如果倒渣作业前未到倾翻位，行车副钩就提前挂钩，容易发生误操作，副钩提升，提前倾倒液渣，可能会损伤附

图 5-93　倒渣作业前未到倾翻位，
行车副钩提前挂钩

近设备设施，严重的引发灼烫、火灾和爆炸事故。

隐患233：吊运钢水包的行车大车缓冲器脱落（图5-94a）。规范设置如图5-94b所示。

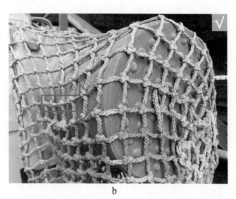

图5-94　起重机缓冲器设置情况

a—吊运钢水包的行车大车缓冲器脱落；b—吊运钢水包的行车大车缓冲器完好

判定依据：《高温熔融金属吊运安全规程》（AQ 7011—2018）第6.1.11条"同跨运行的起重机应安装具有自动停止功能的防碰撞装置。"

可能造成的后果：行车大车缓冲器是防止行车大车间碰撞的安全装置，在大车运行机构的侧面安装弹簧缓冲器，每侧2个，共4个。行车吊运行进过程中如果无缓冲器，容易因设备发生故障或误操作，发生行车碰撞事故，造成钢水喷溅等事故，吊运重罐钢水时，后果更加严重。

隐患234：起重机钢丝绳卷筒上压板螺母缺失（图5-95a）。规范设置如图5-95b所示。

图5-95　起重机钢丝绳卷筒上压板螺母设置情况

a—起重机钢丝绳卷筒上压板螺母缺失；b—起重机钢丝绳卷筒上压板螺母完好

判定依据：《起重机械安全规程　第1部分：总则》（GB 6067.1—2010）第4.2.4.3条"卷筒上钢丝绳尾端的固定装置，应安全可靠并有防松或自紧的性能。如果钢丝绳尾端用压板固定，固定强度不应低于钢丝绳最小断拉力的80%，且至少应有两个互相分开的压板夹紧，并用螺栓将压板可靠固定。"

可能造成的后果：起重机卷筒上的钢丝绳是通过紧固压板螺母进行固定，因螺杆前部螺牙不完整，螺栓与螺母拧紧后，一般应露出 2~4 个螺距，若露出过少，螺母可能与螺杆前端不完整的螺纹结合，造成连接强度不足，在受力情况下，容易发生螺帽松脱、钢丝绳滑出，引起高温熔融金属坠罐、倾翻事故。

隐患 235：起重机钢丝绳在卷筒上排列不均匀、脱槽（图 5-96a）。规范设置如图 5-96b 所示。

图 5-96　起重机钢丝绳在卷筒上排列情况
a—起重机钢丝绳在卷筒上排列不均匀、脱槽；b—钢丝绳在卷筒上按顺序整齐排列

判定依据：《起重机安全规程　第 1 部分：总则》（GB 6067.1—2010）第 4.2.4.1 条"钢丝绳在卷筒上应能按顺序整齐排列。只缠绕一层钢丝绳的卷筒，应作出绳槽。用于多层缠绕的卷筒，应采用适用的排绳装置或便于钢丝绳自动转层缠绕的凸缘导板结构等措施。"

可能造成的后果：起重机的卷筒是起重机在工作过程中用于收放钢丝绳的部件，为确保卷筒上钢丝绳受力均匀，钢丝绳缠绕过程中应按顺序在卷筒上均匀排布，通常设置有导绳器或在卷筒上设置绳槽，若发生导绳器损坏或吊钩落地使钢丝绳松弛，会造成钢丝绳在卷筒上排布混乱或不入槽，在运行过程中钢丝绳受力不均，容易发生断丝、局部变形和绳股间的磨损，引发高温熔融金属坠罐、倾翻事故。

隐患 236：起重机钢丝绳卷筒有裂纹（图 5-97a）。规范设置如图 5-97b 所示。

图 5-97　起重机钢丝绳卷筒管控情况
a—起重机钢丝绳卷筒有裂纹；b—起重机钢丝绳卷筒无裂纹等影响性能的表面缺陷

判定依据:《起重机安全规程　第1部分:总则》(GB 6067.1—2010)第4.2.4.5条"卷筒出现下述情况之一时,应报废:起重机钢丝绳卷筒无裂纹等影响性能的表面缺陷;筒壁磨损达原壁厚的20%。"

可能造成的后果:起重机的卷筒是在起重机工作过程中用于收放钢丝绳的部件,其表面应平整、光滑,且不应有裂纹等缺陷。若钢丝绳卷筒上存在裂纹,会加大钢丝绳与其接触时的磨损,时间一长,容易发生断丝等损害,引发高温熔融金属坠罐、倾翻事故。

隐患237:起重机滑轮未安装钢丝绳防跳槽装置(图5-98a)。规范设置如图5-98b所示。

a　　　　　　　　　　　　　　　b

图5-98　起重机滑轮钢丝绳防跳槽装置设置情况

a—起重机滑轮未安装钢丝绳防跳槽装置;b—起重机滑轮安装了防止钢丝绳跳出轮槽的装置

判定依据:《起重机安全规程　第1部分:总则》(GB 6067.1—2010)第4.2.5.1条"滑轮应有防止钢丝绳跳出轮槽的装置或结构。在滑轮罩的侧板和圆弧顶板等处与滑轮本身的间隙不应超过钢丝绳公称直径的0.5倍。"

可能造成的后果:起重机滑轮是穿绕钢丝绳、改变钢丝绳运动方向的承重零件,滑轮上要设置防止钢丝绳跳出轮槽的装置,主要是防止钢丝绳跳出滑轮绳槽而陷进滑轮与滑轮轴承座支承板的间隙中。如果钢丝绳脱槽后未被发现仍继续使用,钢丝绳将会产生挤压变形、扭结、断丝、断股,严重缩短钢丝绳的使用寿命,甚至发生断绳造成吊物坠落事故。

隐患238:起重机制动器垫衬磨损超标、闸瓦松动。规范设置如图5-99所示。

判定依据:《起重机安全规程　第1部分:总则》(GB 6067.1—2010)第4.2.6.7条中的d)款"制动衬垫出现以下情况应更换或报废:1)铆接或组装式制动衬垫的磨损量达到衬垫原始厚度的50%;2)带钢背的卡装式制动衬垫的磨损量达到衬垫原始厚度的2/3。"

可能造成的后果:起重机制动器是安装在电动机转轴上,用来制动电动机的运转,使其运行或停车的重要安全设施。制动器垫衬磨损

图5-99　起重机制动器衬垫符合规范要求,闸瓦紧固

超标、闸瓦松动易造成起重机制动失效，使处于吊运过程中的吊物，特别是盛装高温熔融金属的容器发生急速下坠，造成坠罐、倾翻事故。

隐患 239：起重机大车登车门未设联锁保护装置（图 5-100a）。规范设置如图 5-100b所示。

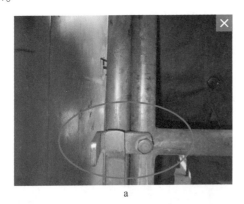

图 5-100　起重机大车登车门联锁保护装置设置情况
a—起重机大车登车门未设联锁保护装置；b—起重机大车登车门设置了联锁保护装置

判定依据：《起重机安全规程　第 1 部分：总则》（GB 6067.1—2010）第 9.5.1 条"进入桥式起重机和门式起重机的门，和从司机室登上桥架的舱口门，应能联锁保护，当门打开时，应断开由于机构动作可能会对人员造成危险的机构的电源。"

可能造成的后果：起重机登车门联锁是防止人员上下起重机过程中起重机突然运行的安全保护措施。如果起重机大车登车门及端梁门未设置电气开关联锁，或下车端梁门开关与送电电源未增加延时功能，则人员在上下起重机过程中，可能会发生人未进入安全位置，起重机就突然运行的情况，引发人员挤压或高处坠落事故。

隐患 240：桥式起重机的外侧车轮未装设扫轨器（图 5-101a）。规范设置如图 5-101b所示。

图 5-101　桥式起重机的外侧车轮扫轨器设置情况
a—桥式起重机的外侧车轮未装设扫轨器；b—桥式起重机的外侧车轮安装了扫轨器

判定依据：《起重机安全规程　第 1 部分：总则》（GB 6067.1—2010）第 9.6.2 条

"当物料有可能在轨道上成为运行的障碍时，在轨道上行驶的起重机和起重小车，在台车架（或端梁）下面和小车架下面应装设轨道清扫器，其扫轨板底面与轨道顶面之间的间隙一般为5~10mm。"

可能造成的后果：起重机的大车轨道固定在行程梁上，小车轨道固定在主梁上，大小车均通过车轮与轨道的相对运动而行进。起重机日常运行过程中，可能会有物料洒落在轨道上，成为运行的障碍，如未设置扫轨器易造成车轮脱轨等事故。

隐患241：桥式起重机控制器操作挡位标识不清晰，手柄防尘防护套缺失（图5-102a）。规范设置如图5-102b所示。

图5-102　桥式起重机控制器操作挡位标识与防尘套设置情况
a—桥式起重机控制器操作挡位标识不清晰，手柄防尘防护套缺失；
b—桥式起重机控制器挡位标识清晰，手柄防尘防护套齐全

判定依据：《起重机械安全技术监察规程——桥式起重机》（TSG Q0002—2008）第62条"控制器应当操作灵活，有合适的操作力，挡位应当定位可靠、清晰，零位手感良好，工作可靠。在每个控制装置上，或者在其附近位置处，应当贴有文字标志或者符号以区别其功能，并且能够清晰地表明所操纵实现的起重机的运动方向。"

可能造成的后果：起重机控制器是起重机操作人员控制大小车行走、主副卷起升的部件，在控制器手柄周围应贴有其功能标志，方便操作人员识别，准确控制起重机各类动作，手柄防尘防护套是为了防止机构卡阻、人员手指夹伤的防护措施。如果标识不清晰，尤其是在新司机上岗、代班、换岗等情况下，容易造成起重机司机误操作；如果手柄防尘防护套缺失，不仅会有人员手指夹伤的风险，还可能会因异物进入造成机构卡阻、损坏，行车无法操作。

隐患242：吊运高温熔融金属的起重机操作室防护栏杆、钢化玻璃缺失（图5-103a）。规范设置如图5-103b所示。

判定依据：《高温熔融金属吊运安全规程》（AQ 7011—2018）第6.1.12条"吊运高温熔融金属的起重机司机操作室应设置有效的隔热层，窗户玻璃应采用防红外线辐射、防爆的钢化玻璃，司机操作室应设置空调。"

《起重机械安全规程　第1部分：总则》（GB 6067.1—2010）第3.5.7条"司机室的窗离地板高度不到1m时，玻璃窗应做成不可打开的或加以防护，防护高度不应低于1m；玻璃窗应采用钢化玻璃或相当的材料。"

图 5-103　吊运高温熔融金属的起重机操作室防护措施设置情况
a—吊运高温熔融金属的起重机操作室防护栏杆、钢化玻璃缺失；
b—吊运高温熔融金属的起重机操作室设置了防护栏杆、钢化玻璃

可能造成的后果：炼钢工序起重机工作环境里粉尘较大，经常会造成操作室玻璃积灰，影响观察，有些单位为了方便，会把起重机的防爆玻璃拿掉。起重机在进行转炉兑铁水、吊运重罐高温熔融金属、上大包回转台等操作过程中，一旦发生板钩未挂牢起吊、起重机起升机构故障、制动器失效等原因造成液态钢水倾翻或坠落，兑铁水时喷爆等事故时，冲击波会直接波及起重机操作室范围。如果操作室不使用防爆钢化玻璃而使用普遍玻璃或没有任何防护，喷溅的高温钢水会造成起重机操作人员伤害；缺少必要的防护，吊运过程中也容易发生人员高空坠落事故。

隐患 243：炼钢钢包热修区设置在高温熔融金属吊运路线下方（图 5-104a、b）。

图 5-104　炼钢钢包热修区设置情况
a，b—炼钢钢包热修区设置在高温熔融金属吊运路线下方

判定依据：《高温熔融金属吊运安全规程》（AQ 7011—2018）第 5.17 条"熔融金属罐冷热修区不应设在吊运路线上，应设置通风降温设施，地面应有安全通道。"

可能造成的后果：钢包热修区是进行钢包水口与滑板更换、透气砖清理等操作的岗位，由于生产节奏要求，一般有多人在岗，如果将其设置在高温熔融金属吊运路线下方，一旦发生起重机制动器失效、传动部位出现故障、钢丝绳断裂、电机故障等造成钢水包倾翻或坠落，或者在吊运过程发生钢水泼洒，容易造成热修工位人员伤亡。

隐患 244：精炼炉液压站大门正对钢水吊运通道（图 5-105a）。规范设置如图 5-105b 所示。

a   b

图 5-105　精炼炉液压站大门设置情况

a—精炼炉液压站大门正对钢水吊运通道；b—精炼炉液压站大门背对钢水吊运通道

判定依据：《高温熔融金属吊运安全规程》（AQ 7011—2018）第 5.7 条"高温熔融金属和熔渣吊运行走区域禁止设置操作室、会议室、交接班室、活动室、休息室、更衣室、澡堂等人员集聚场所；不应设置放置可燃、易燃物品的仓库、储物间；不应有液压站、电气间、电缆桥架等重要防火场所和设施。危险区域附近的上述建筑物的门、窗应背对吊运区域。"

可能造成的后果：吊运铁（钢）水包的起重机存在因误操作或制动器失效、钢丝绳断裂等因素发生吊运铁（钢）水倾翻或坠落事故的风险，因此，在铁（钢）水的吊运影响范围内应避免设置液压站房等设施，如果必须设置，也应采取可靠的隔离防护措施。如果把液压站的大门朝向高温熔融金属吊运通道，一旦发生高温熔融金属喷溅、泄漏，容易引发液压站火灾、爆炸事故。

隐患 245：厂房内钢楼梯安全栏杆损坏（图 5-106a）。规范设置如图 5-106b 所示。

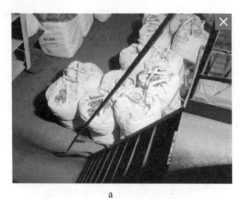

a   b

图 5-106　厂房内钢楼梯安全栏杆设置情况

a—厂房内钢楼梯安全栏杆损坏；b—厂房内钢楼梯安全栏杆完好

判定依据：《固定式钢梯及平台安全要求　第 3 部分：工业防护栏杆及钢平台》（GB

4053.3—2009）第 5.4 条"中间栏杆；5.4.1 在扶手和踢脚板之间，应至少设置一道中间栏杆；5.4.2 中间栏杆宜采用不小于 25mm×4mm 扁钢或直径 16mm 的圆钢。中间栏杆与上、下方构件的空隙间距不大于 500mm。"

可能造成的后果：楼梯安全栏杆主要是起到保护作用，防止人员上下楼梯时，失足坠落。厂房内不少地方光线较暗，如果楼梯安全栏杆缺失或损坏，可能造成人员上下楼梯的高处坠落事故。

隐患 246：精炼炉平台下方钢结构立柱隔热防护缺损、破损（图 5-107a）。规范设置如图 5-107b 所示。

a
b

图 5-107　精炼炉平台下方钢结构立柱隔热防护设置情况

a—精炼炉平台下方钢结构立柱隔热防护缺损、破损；b—精炼炉平台下方钢结构立柱隔热防护完好

判定依据：《炼钢安全规程》（AQ 2001—2018）第 6.1.1 条"转炉、电炉、铁水贮运与预处理、精炼炉、钢水浇铸等热源点上方，应有良好的通风排气设施；热源点周围的建、构筑物应考虑高温影响，采取相应的隔热防护措施。"

可能造成的后果：精炼炉平台下方的钢结构立柱主要承受平台及设备的重量。精炼炉在冶炼过程中有漏钢的风险，钢水处于熔融状态，温度一般可达 1600℃左右。如果钢结构立柱隔热防护缺损、破损，当发生钢水泄漏时，可能造成平台立柱软化、熔化，引发精炼炉平台坍塌等事故。

隐患 247：炼钢兑铁站除尘罩立柱未采用隔热耐火材料进行防护（图 5-108）。

判定依据：《炼钢安全规程》（AQ 2001—2018）第 6.1.1 条"转炉、电炉、铁水贮运与预处理、精炼炉、钢水浇铸等热源点上方，应有良好的通风排气设施；热源点周围的建、构筑物应考虑高温影响，采取相应的隔热防护措施。"

可能造成的后果：炼钢兑铁站除尘罩的钢柱主要承受除尘罩的重量，炼钢兑铁站是将炼铁厂转运来的铁水兑入炼钢用的铁水罐内，在

图 5-108　炼钢兑铁站除尘罩立柱未
采用隔热耐火材料进行防护

兑铁水时容易发生铁水罐泄漏或兑铁满溢事故，铁水温度一般在 1300℃以上，除尘罩钢柱如果未用隔热耐火材料对基础部分进行防护，泄露的铁水可能造成除尘罩钢柱强度降低或熔化，引发除尘罩坍塌事故。

隐患 248：熔融金属吊运区域厂房钢结构立柱无隔热防护措施（图 5-109a）。规范设置如图 5-109b 所示。

图 5-109　熔融金属吊运区域厂房钢结构立柱隔热防护措施设置情况
a—熔融金属吊运区域厂房钢结构立柱无隔热防护措施；b—熔融金属吊运区域厂房钢结构立柱设置了隔热防护措施

判定依据：《炼钢安全规程》（AQ 2001—2018）第 6.1.1 条"转炉、电炉、铁水贮运与预处理、精炼炉、钢水浇铸等热源点上方，应有良好的通风排气设施；热源点周围的建、构筑物应考虑高温影响，采取相应的隔热防护措施。"

可能造成的后果：厂房钢结构立柱是整体厂房主要承重构件，同时也是行车的承重构件，高温熔融金属吊运过程中存在喷溅、钢水倾覆等风险，如果钢结构立柱根部未采用耐材防护，一旦发生高温熔融金属喷溅、钢水倾覆，流淌至钢结构立柱区域，容易导致钢结构腐蚀、熔化、变形等现象，造成行车脱轨、厂房坍塌事故。

隐患 249：原料地下料仓受料口处的格栅板缺损（图 5-110a）。规范设置如图 5-110b 所示。

图 5-110　原料地下料仓受料口处的格栅板设置情况
a—原料地下料仓受料口处的格栅板缺损；b—原料地下料仓受料口处的格栅板完好

判定依据:《炼钢安全规程》(AQ 2001—2018)第 7.1.4 条"地下料仓的受料口,应设置格栅板,汽车卸料侧需设车挡。"

可能造成的后果:炼钢生产工艺中,石灰等转炉生产用的辅料通过汽车倾翻至原料地下料仓,再由地下料仓通过皮带转运至转炉。料仓的受料口格栅板作用,一方面是分离大块物料,一方面是给人员检修、清扫作业提供简易平台。若格栅板缺损可能会造成大块物料落入地下料仓,造成设备损坏、卡料、入炉喷溅等事故,也可能会造成受料口检修、清扫作业的人员高处坠落事故。

隐患 250:炼钢地下料仓卸料口未设置车挡。规范设置如图 5-111 所示。

判定依据:《炼钢安全规程》(AQ 2001—2018)第 7.1.4 条"地下料仓的受料口,应设置格栅板,汽车卸料侧需设车挡。"

可能造成的后果:炼钢生产工艺中,石灰等转炉生产辅料通过汽车倾翻至原料地下料仓,再由地下料仓通过皮带转至转炉。地下料仓卸料侧应设置车挡等限位,防止汽车倒车过程中出现未及时停车、开过等现象,汽车进入地下料仓格栅板区域,损坏格栅板,还可能造成车辆倾翻、掉入地下料仓事故。

图 5-111　卸料汽车卸料侧设置了车挡

隐患 251:皮带机侧面未设置拉绳开关、走道未设置踏步,两侧走道间未设置过桥。规范设置如图 5-112a、b 所示。

a　　　　　　　　　　　　　　b

图 5-112　皮带机侧面拉绳开关、走道踏步、过桥设置情况

a—皮带机侧面设置拉绳开关、走道设置了踏步;b—皮带机两侧走道间设置了过桥

判定依据:《炼钢安全规程》(AQ 2001—2018)第 8.5.9 条"带式运输机的通廊两侧走道间适当设置过桥;大于 12°时,走道应采用踏步。走道沿线应设置可随时停车的急停拉绳开关。"

可能造成的后果:皮带机是以连续方式运输物料的机械,有托辊、滚筒等传动装置。皮带机两侧设置紧急停止拉绳开关,是为了在输送机沿线发生故障或日常点检维修作业时,操作人员不慎与其传动部位接触后,能够第一时间启动紧停开关,使皮带机立即停止运行，在第一时间防止人员卷入、绞入引发人身伤害的事故。皮带机通常设置在皮带通廊内部，通廊内部的两侧设有行走通道，若未采取防滑措施，人员行走过程可能出现滑跌、挤伤甚至卷入运转皮带事故，尤其是通廊倾角较大超过12°时，若未设置踏步，人员滑跌可能性会严重加大。皮带输送是实现物料高效输送的方式之一，当输送皮带过长时，若未设置供人员横向行走的通道，人员可能因不愿意绕远路而违章跨越皮带，易发生机械伤害事故。

隐患 252：煤气烘烤器附近的连铸休息室未设置固定式煤气报警器（图 5-113a），规范设置如图 5-113b 所示。

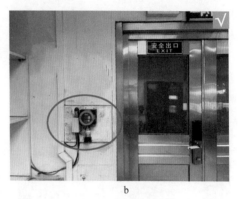

a　　　　　　　　　　　　　　　　　b

图 5-113　煤气烘烤器附近的连铸休息室固定式煤气报警器设置情况

a—煤气烘烤器附近的连铸休息室未设置固定式煤气报警器；b—煤气烘烤器附近的连铸休息室设置了固定式煤气报警器

判定依据：《工业企业煤气安全规程》（GB 6222—2005）第 4.10 条 "煤气危险区（如地下室、加压站、热风炉及各种煤气发生设施附近）的一氧化碳浓度应定期测定，在关键部位应设置一氧化碳监测装置。作业环境一氧化碳最高允许浓度为 30mg/m³（24ppm）。"

可能造成的后果：连铸休息室附近设置有煤气烘烤器，当烘烤器设备故障或误操作发生煤气泄漏时，如果未规范设置固定式煤气报警仪，岗位人员不能及时知晓并处置，容易造成煤气中毒事故。

隐患 253：转炉煤气回收风机房煤气管道盲板阀、三通阀区域未安装固定式煤气报警器（图 5-114a、c）。规范设置如图 5-114b、d 所示。

判定依据：《工业企业煤气安全规程》（GB 6222—2005）第 4.10 条 "煤气危险区（如地下室、加压站、热风炉及各种煤气发生设施附近）的一氧化碳浓度应定期测定，在关键部位应设置一氧化碳监测装置。作业环境一氧化碳最高允许浓度为 30mg/m³（24ppm）。"

《关于进一步加强冶金企业煤气安全技术管理有关规定》（安监总管四〔2010〕125号）"二、煤气危险区域，包括高炉风口及以上平台、转炉炉口以上平台、煤气柜活塞上部、烧结点火器及热风炉、加热炉、管式炉、燃气锅炉等燃烧器旁等易产生煤气泄漏的区域和焦炉地下室、加压站房、风机房等封闭或半封闭空间等，应设固定式一氧化碳监测报警装置。"

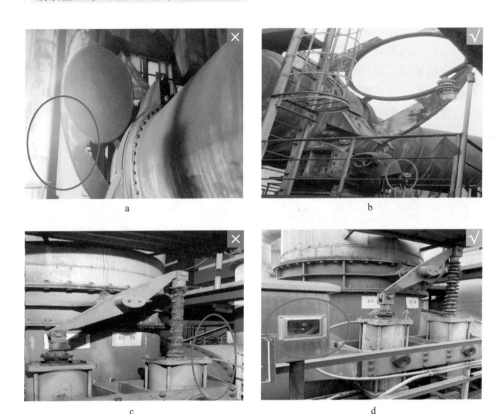

图 5-114　转炉煤气回收风机房区域固定式煤气报警器设置情况

a—转炉煤气风机房煤气管道盲板阀区域未安装固定式煤气报警器；
b—转炉煤气风机房三通阀区域未安装固定式煤气报警器；c—转炉煤气风机房煤气管道盲板阀
区域安装了固定式煤气报警器；d—转炉煤气风机房三通阀区域安装了固定式煤气报警器

可能造成的后果： 转炉煤气回收风机房管道上设有三通阀、盲板阀等多个连接阀门，煤气泄漏风险高。同时，转炉冶炼过程中煤气属于间歇性回收，阀门动作频繁，增加了煤气泄漏的风险，如果未设置固定式煤气报警仪，煤气泄漏不能够及时知晓，容易发生煤气中毒、火灾爆炸等事故。

隐患 254： 钢包煤气烘烤器旁固定式报警仪未通电（图 5-115）。

判定依据：《工作场所有毒气体检测报警装置设置规范》（GBZ/T 223—2009）第 7.1.1 条"确保有毒气体检测报警仪的正常运行，并做好运行记录，包括检测报警运行是否正常，维修日期和内容等。"

可能造成的后果： 新砌筑钢包、冷包上线使用前，需要采用煤气进行高温烘烤。钢包烘烤器的煤气压力波动等原因会造成烘烤器熄火，如果未及时切断，会造成煤气从烧嘴处泄漏；

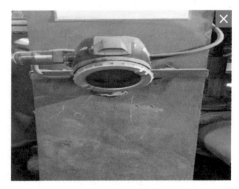

图 5-115　钢包煤气烘烤器旁固定式
报警仪未通电

同时，煤气管道法兰、阀门连接处也存在煤气泄漏风险，应在钢包烘烤器周围安装固定式报警仪并保证其功能完好，如固定式煤气报警器未通电，当发生煤气泄漏时无法第一时间预警并应急处置，容易造成煤气中毒等事故。

隐患255： 连铸机平台上中间包煤气烘烤器检修状态下，煤气管道未采取堵盲板等可靠切断措施（图5-116）。

判定依据：《工业企业煤气安全规程》（GB 6222—2005）第7.2.1条"凡经常检修的部位应设可靠的隔断装置。"

可能造成的后果： 连铸平台上中间包在上线使用前，需采用煤气燃烧等方式对中间包内部进行高温烘烤，以避免装入钢水时温差过大造成内表面耐材开裂或耐火材料含水超标造成钢水喷溅。在煤气烘烤器检修时，若煤气供气管道未采用盲板等可靠切断方式，容易因阀门

图5-116 连铸机平台上中间包煤气烘烤器检修状态下，煤气管道未采取堵盲板等可靠切断措施

等隔断装置关闭不到位或密封不严，发生煤气泄漏，造成人员中毒或火灾爆炸事故。

隐患256： 进入炼钢车间厂房前的煤气管道只有一个手动蝶阀，无法保证可靠切断（图5-117a）。规范设置如图5-117b所示。

 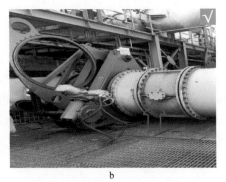

图5-117 进入炼钢车间厂房前的煤气管道可靠切断措施设置情况
a—进入炼钢车间厂房前的煤气管道只有一个手动蝶阀，无法保证可靠切断；
b—进入炼钢车间厂房前的煤气管道设置了蝶阀+盲板阀可靠切断装置

判定依据：《工贸行业重大生产安全事故隐患判定标准》（安监总管四〔2017〕129号）二、行业类重大事故隐患（一）冶金行业中的第10款"煤气分配主管上支管引接处，未设置可靠的切断装置；车间内各类燃气管线，在车间入口未设置总管切断阀。"

可能造成的后果： 厂房内煤气设施检修作业时，需要完全切断煤气来源，要求在入厂房前的煤气管道上设置盲板阀等可靠切断方式，若仅设有手动蝶阀，煤气中含有粉尘和其他杂质，蝶阀容易关闭不到位或密封不严，在检修过程中发生煤气泄漏，易造成人员中毒或火灾爆炸事故。

隐患257： 煤气风机出口管道采用U形水封加蝶阀，存在煤气泄漏风险（图5-118a）。规范设置如图5-118b所示。

图 5-118　煤气风机出口管道可靠切断措施设置情况

a—煤气风机出口管道采用 U 形水封加蝶阀，存在煤气泄漏风险；b—煤气风机出口管道采用蝶阀+盲板阀可靠切断装置

判定依据：《工业企业煤气安全规程》（GB 6222—2005）第 5.6.2.3 条 "每座转炉的煤气管道与煤气总管之间应设可靠的隔断装置。"

《钢铁企业煤气安全管理规范》（DB 32/T 3954—2020）第 7.2.1 条 "煤气管道的隔断装置设计应符合 GB 51128 的要求。蝶阀、闸阀、球阀等单独使用在煤气管道上时不应作为隔断装置，其应与盲板阀或盲板组合使用作为隔断装置。蝶阀、闸阀加水封不得作为可靠隔断装置。"

可能造成的后果：为确保煤气管道在煤气设施停用或检修作业时的可靠切断，要求采用盲板等可靠的切断方式，若煤气风机出口管道采用 U 形水封加蝶阀的方式隔断，在风机、水封逆止阀、三通阀等设备检修时，容易因水封漏水、蝶阀关闭不到位等因素，造成总管内煤气意外窜入检修设施，引发人员中毒或火灾爆炸事故。

隐患 258：钢包煤气烘烤器煤气管道未设置盲板阀等可靠切断装置（图 5-119a）。规范设置如图 5-119b 所示。

图 5-119　钢包煤气烘烤器煤气管道可靠切断措施设置情况

a—钢包煤气烘烤器煤气管道未设置盲板阀等可靠切断装置；

b—钢包煤气烘烤器煤气管道设置了盲板阀+闸阀可靠切断装置

判定依据：《工业企业煤气安全规程》（GB 6222—2005）第 7.2.1 条"凡经常检修的部位应设可靠的隔断装置"

可能造成的后果：钢水包在新砌耐材或冷包上线使用前，需经过煤气燃烧等方式进行高温烘烤，使耐材内水分充分蒸发去除，同时避免装入钢水时温差过大造成内表面耐材开裂。若煤气供气管道未设置盲板等可靠切断方式，在烘烤器检修时，容易因阀门等隔断装置关闭不到位或密封不严，发生煤气泄漏，造成检修人员中毒或火灾爆炸事故。

隐患 259：炼钢厂煤气回收风机进口补偿器使用橡胶材质（图 5-120a）。规范设置如图 5-120b 所示。

图 5-120　炼钢厂煤气回收风机进口补偿器设置情况
a—炼钢厂煤气回收风机进口补偿器使用橡胶材质；b—炼钢厂煤气回收风机进口采用金属补偿器

判定依据：《国家安全监管总局关于发布金属冶炼企业禁止使用的设备及工艺目录（第一批）的通知》第 4 条"转炉煤气回收系统机前的膨胀节采用非金属材质。"

《钢铁企业煤气安全管理规范》（DB 32/T 3954—2020）第 4.2.4 条"煤气设施上的膨胀节应根据煤气及其冷凝水成分选用相应的金属材质。"

可能造成的后果：由于膨胀节安装部位在转炉一次风机前的负压段，且位置距离地面通常较高，不便于检查，风机叶轮高速运转，烟气温度在 60℃ 以上，若使用橡胶等非金属材质，一旦破损，将会吸入大量空气，容易形成混合性爆炸气体，引发煤气爆炸事故。

隐患 260：转炉煤气风机房水封逆止阀上方的放散管根部无加强筋（图 5-121a）。规范设置如图 5-121b 所示。

判定依据：《工业企业煤气安全规程》（GB 6222—2005）第 7.3.1.4 条"放散管根部应焊加强筋，上部用挣绳固定。"

可能造成的后果：放散管的加强筋是起到加强放散管与煤气管道连接部位强度的安全措施。如果放散管根部未设置加强筋，当遇到大风等恶劣天气时，放散管超幅摆动，根部焊缝处容易发生金属疲劳、产生裂缝或导致放散管折断，引发煤气泄漏、中毒事故。

图 5-121　转炉煤气风机房放散管加强筋设置情况
a—转炉煤气风机房水封逆止阀上方的放散管根部无加强筋；
b—转炉煤气风机房水封逆止阀上方的放散管根部设置了加强筋

隐患 261：转炉煤气风机房煤气管道与排水器之间的连接管，未安装上道阀（图5-122a）。规范设置如图 5-122b 所示。

图 5-122　转炉煤气风机房煤气管道与排水器之间的连接管阀门设置情况
a—转炉煤气风机房煤气管道与排水器之间的连接管未安装上道阀；
b—转炉煤气风机房煤气管道与排水器之间的连接管安装了上道阀

判定依据：《煤气排水器安全技术规程》（AQ 7012—2018）第5.2.4条"煤气主管与水封排水器之间的连接管上应安装上、下两道阀门。"

可能造成的后果：煤气排水器是收集并排出煤气（燃气）管网中的冷凝水、积水和污物，以保证煤气（燃气）管道畅通的一种附属设备，转炉煤气风机房的水封逆止阀、三通阀、U形水封、风机等煤气管道下方均设置了煤气排水器。煤气主管与水封排水器之间的连接管上应安装上、下两道阀门。上阀门作为检修、应急阀门，应尽量垂直设置在煤气管道的底部，与管底的距离应考虑阀门检修更换空间。下阀门作为切断煤气阀门，连接管上的煤气阀门尽量垂直安装避免水平安装。如果缺少上阀门，排水器连接管、下阀门等设施发生堵塞或损坏，需要处置时，无法切断煤气，容易造成煤气泄漏中毒事故发生。

隐患 262：转炉煤气风机房煤气管道排水器的连接管无倾斜弯度（夹角应大于30°）（图5-123a）。规范设置如图5-123b所示。

a　　　　　　　　　　　　b

图 5-123　转炉煤气风机房煤气管道排水器的连接管倾斜弯度设置情况

a—转炉煤气风机房煤气管道排水器的连接管无倾斜弯度；b—转炉煤气风机房煤气管道排水器的连接管设置了倾斜弯度

判定依据：《煤气排水器安全技术规程》（AQ 7012—2018）中第 5.3.3 条"排水器不宜垂直直接连接在煤气主管上，防止连接管和排水器的热胀冷缩及沉降等拉裂连接管。连接管应带有一定的倾斜弯度，转弯平管与水平线的夹角应大于 30°。对于高度大于 5m 的连接管应有自己独立的固定点，连接管采用自然补偿方式，转弯处不宜直接直管对焊。"

可能造成的后果：煤气排水器连接管与煤气主管之间设有一定倾斜角度，如果无倾斜角度或倾斜角度不满足要求，发生热胀冷缩及沉降时，容易在垂直连接处拉裂连接管，导致煤气泄漏、中毒事故发生。

隐患 263：转炉煤气风机房煤气排水器筒体腐蚀严重，存在渗水现象（图 5-124a）。规范设置如图 5-124b 所示。

a　　　　　　　　　　　　b

图 5-124　转炉煤气风机房煤气排水器筒体管控情况

a—转炉煤气风机房煤气排水器筒体腐蚀严重，存在渗水现象；b—转炉煤气风机房煤气排水器筒体完好

判定依据：《煤气排水器安全技术规程》（AQ 7012—2018）中第 6.1.4 条"排水器超过使用年限的，应定期对排水器的壁厚进行检查，腐蚀严重的不得继续使用。"

可能造成的后果：煤气排水器内是煤气（燃气）管网中的冷凝水、积水和污物，带有一定的腐蚀性，故在排水器制作过程中各部件焊接之前应经过除锈和涂漆处理。普碳钢筒体内部和管件内外涂刷防锈底漆两遍、环氧沥青漆两遍。对焊接破坏的漆面，应在焊接结束后进行补刷。防止排水器筒体腐蚀而导致排水器的水封泄漏，水位降低，造成煤气排水器被击穿、煤气泄漏等事故发生。

隐患 264：转炉炉口以上的平台部分煤气报警器信号未接入主控室集中显示报警（图 5-125a）。规范设置如图 5-125b 所示。

a   b

图 5-125 转炉炉口以上的平台煤气报警器信号设置情况
a—转炉炉口以上的平台部分煤气报警器信号未接入主控室集中显示报警；
b—转炉炉口以上的平台部分煤气报警器信号接入主控室集中显示报警

判定依据：《炼钢安全规程》（AQ 2001—2018）第 9.1.9 条"转炉炉子跨炉口以上的各层平台，应设固定式煤气检测与报警装置，除就地报警外，煤气检测和报警应在转炉主控室集中显示。"

可能造成的后果：转炉炼钢过程产生大量的一氧化碳，含有一氧化碳的烟气经除尘过滤和成分检测后，合格的煤气从转炉煤气风机房输送至煤气柜，转炉各高层平台由于氮封口密封不严、汽化系统烟道泄漏、检修过程中有效隔断措施不当造成煤气风机房煤气倒灌等因素会造成煤气聚集，若固定式煤气报警仪配置不足或信号未全部在转炉主控室集中显示，不能第一时间进行应急处置，易发生煤气中毒和窒息事故。

隐患 265：转炉煤气回收区域煤气管道与氮气管道使用后未断开（图 5-126a）。规范设置如图 5-126b 所示。

a   b

图 5-126 转炉煤气回收区域煤气管道与氮气管道使用后设置情况
a—转炉煤气回收区域煤气管道与氮气管道使用后未断开；b—转炉煤气回收区域煤气管道与氮气管道使用后断开

判定依据:《工业企业煤气安全规程》（GB 6222—2005）第7.5.2条"蒸汽或氮气管接头应安装在煤气管道的上面或侧面,管接头上应安旋塞或闸阀。为防止煤气串入蒸汽或氮气管内,只有在通蒸汽或氮气时,才能把蒸汽或氮气管与煤气管道连通,停用时应断开或堵盲板。"

可能造成的后果:煤气管道在投用前和停用后,需要使用氮气或蒸汽等惰性气体对煤气管道内的空气和残留煤气进行吹扫置换,正常使用的过程中,不需要氮气与蒸汽,吹扫管一般采用闸阀或截止阀与煤气管道连接,不属于隔断设施。当吹扫管采用硬连接或氮气管吹扫后未断开,在煤气管道正常使用过程中,氮气或蒸汽管道压力低于煤气管道压力时,存在煤气倒窜入氮气或蒸汽管道中的风险,造成氮气或蒸汽中带煤气,易发生煤气中毒事故。

隐患266:转炉煤气回收风机房排风扇、盲板阀操作箱等防爆2区设施未使用防爆挠性连接管或接线防护管接头脱落（图5-127a、c）,规范设置如图5-127b、d所示。

图5-127　转炉煤气回收风机房排风扇、盲板阀操作箱连接管设置情况
a—转炉煤气回收风机房排风扇防爆2区设施未使用防爆挠性连接管;
b—转炉煤气回收风机房排风扇防爆2区设施使用了防爆挠性连接管;
c—转炉煤气回收风机房盲板阀操作箱防爆2区设施未使用防爆挠性连接管、接线防护管接头脱落;
d—转炉煤气回收风机房盲板阀操作箱防爆2区设施使用了防爆挠性连接管、接线防护管接头完好

判定依据:《炼钢安全规程》（AQ 2001—2018）第9.1.10条"转炉煤气回收时,风机房属乙类生产厂房、二级危险场所,其设计应采取防火、防爆措施,配备消防设备、报警信号、空气呼吸器、通讯及通风设施。"

可能造成的后果： 转炉煤气回收风机房、盲板阀周边 3m 内属于防爆 2 区，如果风机房排风扇和盲板阀操作箱接线防护管接头脱落或未使用防爆挠性连接管，在盲板阀操作时或回收风机房发生煤气泄漏，容易在一定的空间内形成爆炸性混合气体，当浓度在一氧化碳的爆炸极限范围，遇接头处电器火花容易发生爆炸事故。

隐患 267： 转炉煤气回收氧含量控制值设置错误，设置为 0.1% 不符合实际情况（图5-128）。

判定依据：《炼钢安全规程》（AQ 2001—2018）第 9.1.11 条"转炉煤气回收，应设一氧化碳和氧含量连续测定和自动控制系统；回收煤气的氧含量不应超过 2%。"

可能造成的后果： 转炉煤气回收氧含量设定值不超过 2%，是出于安全考虑，低于煤气爆炸下限值。目前转炉煤气回收的氧含量控制值一般设定在 1%~1.5%，设定值为 0.1% 时，转

图 5-128　转炉煤气回收氧含量控制值设置错误，设置为 0.1% 不符合实际情况

炉煤气回收量很少，不符合实际情况，极有可能是故障或控制系统未投用，容易造成氧含量超标，达到煤气爆炸浓度，引起煤气爆炸事故。

隐患 268： 两个煤气管道共用一个排水器（图 5-129a）。规范设置如图 5-129b 所示。

图 5-129　两个煤气管道排水器设置情况
a—两个煤气管道共用一个排水器；b—煤气管道排水器单独设置

判定依据：《煤气排水器安全技术规程》（AQ 7012—2018）第 5.2.5 条"煤气排水器应单独设置，不应共用。不同的煤气管道或同一条煤气管道隔断装置的两侧，其排水器应分别设置，不应将两个或多个排水器上部的连接管连通。"

可能造成的后果： 煤气排水器主要作用是排出煤气管道的冷凝水，利用煤气排水器内部水位高度，对煤气密封，防止煤气外溢泄漏。煤气主管与排水器的连接管之间一般设置闸阀或截止阀，不是隔断装置，多个煤气管道共用一个煤气排水器，当有煤气管道检修或停用时，煤气会通过煤气主管与排水器的连接管窜入检修或停用的煤气管道内，容易造成人员煤气中毒事故，严重的还可能发生火灾、爆炸事故。

隐患269：炼钢煤气风机房煤气总管末端未设置放散管（图5-130a）。规范设置如图5-130b所示。

图5-130　炼钢煤气风机房煤气总管末端放散管设置情况

a—炼钢煤气风机房煤气总管末端未设置放散管；b—炼钢煤气风机房煤气总管末端设置了放散管

判定依据：《工业企业煤气安全规程》（GB 6222—2005）第7.3.1.1条"下列位置应安设放散管：

——煤气设备和管道的高处；

——煤气管道以及卧式设备的末端。"

可能造成的后果：煤气放散管是煤气系统中专门为特殊情况下排放煤气的。煤气管道在投用或停运检修前，须对管道内气体进行吹扫置换合格，以确保运行和检修安全。管道末端若未设置煤气放散管或设置不当，管段内气体在吹扫时不能有效置换，存在盲区死角，会残留煤气，检修人员贸然进入容易造成人员中毒事故；一旦与空气混合后达到爆炸极限，在投用或检修时还会引发火灾爆炸事故。

隐患270：转炉剩余煤气放散处于手动点火状态（图5-131）。

判定依据：《炼钢安全规程》（AQ 2001—2018）第9.1.11条"转炉煤气回收，应设一氧化碳和氧含量连续测定和自动控制系统；回收煤气的氧含量不应超过2%；煤气的回收与放散，应采用自动切换阀；氧含量检测应与三通阀设置自动联锁，当氧含量不合格时，三通阀应能自动打到放散状态；若煤气不能回收而向大气排放，烟囱上部应设自动点火装置。"

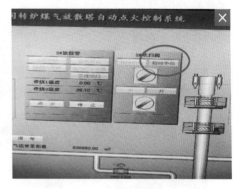

图5-131　转炉剩余煤气放散处于手动点火状态

可能造成的后果：转炉剩余煤气放散塔是在转炉回收作业时，当回收气体中CO含量低或氧气含量高不具备回收条件时，通过放散塔顶部的点火系统将回收气体进行点燃放散的装置。通过点燃放散可将回收气体中的CO进行燃烧，未进行点燃放散一旦出现气压偏低的现象，会导致CO聚积，易造成煤气中毒事故。放散塔的点火系统设置在"自动状态"时，可以实现对放散的气体进行自动、连续点火燃烧，确保放散气体中的CO等有毒有害气体得到充分燃烧。

隐患 271：钢包烘烤器区域未悬挂醒目的"禁止烟火""当心煤气中毒"等安全标志（图 5-132a）。规范设置如图 5-132b 所示。

a　　　　　　　　　　　　　　　　b

图 5-132　钢包烘烤器区域安全标志设置情况
a—钢包烘烤器区域未悬挂醒目的"禁止烟火""当心煤气中毒"等安全标志；
b—钢包烘烤器区域悬挂了醒目的"禁止烟火""当心煤气中毒"等安全标志

判定依据：《炼钢安全规程》（AQ 2001—2018）第 8.2.5 条"烘烤器区域应悬挂'禁止烟火''当心煤气中毒'等安全标志。"

可能造成的后果：钢包烘烤器是采用煤气等可燃气体燃烧对钢包进行高温烘烤的设备，烘烤的主要目的是要去除钢包耐材中含有的水分，并提高包内温度，避免承装钢水时，高温钢水遇水爆炸。如果钢包烘烤器区域的管道、阀门处煤气等可燃气体泄漏，易造成中毒和窒息事故，一旦遇火源极易发生火灾、爆炸事故，因此应在该区域应设置"禁止烟火""当心煤气中毒"等安全标志。

隐患 272：大包回转台熔融金属浇注区附近的煤气管道无隔热防护措施（图 5-133a）。规范设置如图 5-133b 所示。

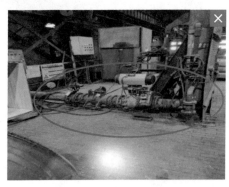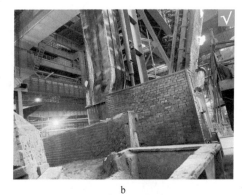

a　　　　　　　　　　　　　　　　b

图 5-133　大包回转台熔融金属浇注区附近的煤气管道隔热防护措施设置情况
a—大包回转台熔融金属浇注区附近的煤气管道无隔热防护措施；
b—大包回转台熔融金属浇注区附近的煤气管道设置了隔热防护措施

判定依据：《高温熔融金属吊运安全规程》（AQ 7011—2018）第 5.12 条"高温熔融金属、熔渣作业或吊运危险区域、高温熔融金属吊运通道与浇注区及其附近的地面与地下，禁止设置水管、氧气管道、燃气管道、燃油管道和电线电缆等管线。如必须设置时，应采取可靠的防护措施。"

可能造成的后果： 大包回转台是通过其驱动电机将钢包从钢水跨旋转至浇注跨进行浇注的设备。当钢水包穿包、水口滑板穿钢、浇注异常等情况时，钢水在连铸平台上流淌或大包回转至事故包位，若煤气管道靠近回转台设置，且煤气管道未采用耐火材料砌筑等方式进行防护，流淌或大包回转过程中流出的钢水会融化煤气管道、点燃煤气，造成煤气火灾、爆炸等事故。

隐患273： 钢包烘烤器异常熄火状态下，快速切断阀未及时关闭（图5-134a）。规范设置如图5-134b所示。

图 5-134　钢包烘烤器快速切断阀设置情况
a—钢包烘烤器异常熄火状态下，快速切断阀未及时关闭；
b—钢包烘烤器异常熄火状态下，快速切断阀处于关闭状态

判定依据：《炼钢安全规程》（AQ 2001—2018）第8.2.1条"烘烤器应装备完善的介质参数检测仪表与熄火检测仪。"第8.2.2条"采用煤气燃料时，应设置煤气低压报警及与煤气低压信号联锁的快速切断阀等防回火设施。"

可能造成的后果： 熄火检测装置与快速切断阀连锁，是为了在钢包烘烤器异常熄火时，紧急切断煤气，防止发生煤气泄漏事故的保护装置。如果熄火检测装置连锁失效，钢包烘烤器异常熄火时，会有煤气泄漏，容易造成人员煤气中毒、火灾爆炸事故。

隐患274： 电炉出钢罐车缺少扫轨器（图5-135a）。规范设置如图5-135b所示。

图 5-135　电炉出钢罐车扫轨器设置情况
a—电炉出钢罐车缺少扫轨器；b—电炉出钢罐车扫轨器齐全

判定依据：《冶金用钢水罐车和铁水罐车技术规范》（YB/T 4224—2010）第4.5.3.4条"沿车轮行走方向，在车轮前应安装清轨器。车辆在炉下使用时，应根据需要安装推渣器。"

可能造成的后果：扫轨器的作用是扫除轨道端面的障碍物，盛装钢水的罐车在转运过程中，如轨道上有钢渣等杂物、异物，会导致车辆颠簸、甚至滑出轨道，严重的会发生罐车及钢水罐倾翻，发生灼烫、火灾、爆炸事故。

隐患 275：高温熔融金属转运区域未进行人员管控，人员随意通行（图 5-136a）。规范设置如图 5-136b 所示。

a　　　　　　　　　　　　　　　b

图 5-136　电炉出钢罐车扫轨器设置情况

a—高温熔融金属转运区域未进行人员管控，人员随意通行；b—高温熔融金属转运区域实行封闭式管理

判定依据：《高温熔融金属吊运安全规程》（AQ 7011—2018）第4.10条"应在高温熔融金属罐和浇包工作区域应设置警示标志，防止无关人员进入罐体和包体工作区域。"第7.6条"熔融金属吊运路线下方地面应保持平整，熔融金属吊运区域应实行封闭式管理。"

可能造成的后果：高温熔融金属具有高温灼烫、遇水爆炸的风险，在转运作业中，由于设备故障或误操作，容易造成高温熔融金属溢出、泼洒、喷溅等事故。在钢水罐运输线周围行走，容易被飞溅的钢渣灼烫，还有车辆伤害的风险，故要对人员进行管控，防止无关人员进入高温熔融金属影响范围内，引发事故。

隐患 276：钢水包运输车轨道端头无车挡（图 5-137）。

判定依据：《炼钢安全规程》（AQ 2001—2018）第8.3.3条"电动铁水罐车、钢水罐车、渣罐车的停靠处应设减速、停止两个限位开关；轨道端头应设止轮器或车挡。"

可能造成的后果：炼钢厂房内钢水罐常用轨道车进行地面转运。为避免轨道车超出运行路线，通常在轨道端部设置限位、车挡等设施。若无车挡，轨道车运行时容易冲出轨道，严重

图 5-137　钢水包运输车轨道端头无车挡

的会造成钢水罐倾翻，引发烫伤或火灾爆炸事故。

隐患 277：钢水罐过跨车台面部位无隔热防护措施（图 5-138a）。规范设置如图 5-138b所示。

图 5-138　钢水罐过跨车台面部位隔热防护措施设置情况

a—钢水罐过跨车台面部位无隔热防护措施；b—钢水罐过跨车台面部位设置了隔热防护措施

判定依据：《炼钢安全规程》（AQ 2001—2018）第 8.3.4 条"铁水罐车、钢水罐车、渣罐车台面，应砌砖防护。"

可能造成的后果：炼钢厂房内钢水罐常用轨道车进行地面转运。炼钢厂房内钢水等高温熔融金属通常采用地面轨道罐车配合冶金铸造行车来完成转运，轨道罐车在钢水装罐或运行过程中，存在钢（铁）水喷溅、溢出或穿罐等风险，若罐车台面部位无隔热防护措施，在发生钢（铁）水异常溢出时，容易烧穿罐车台面板造成下方电机等设备熔毁。

隐患 278：转炉炉下钢水罐车一侧电机端头脱落（图 5-139）。

判定依据：《炼钢安全规程》（AQ 2001—2018）第 8.3.4 条"转炉炉下钢水罐车、渣罐车驱动装置应为双驱动。"

可能造成的后果：炼钢厂房内钢水罐常用轨道车进行地面转运。承担转炉出钢、出渣的转运罐车应采用双驱动形式，以便在一台电机出现故障时，另一台电机可以完成转运。当一侧电机端头脱落时，仅有一台电机

图 5-139　转炉炉下钢水罐车一侧电机端头脱落

运转，如果运转电机再发生故障，容易导致罐车无法行走，造成钢水冻包等事故。

隐患 279：鱼雷罐车进入厂房时，出入口声光报警故障（图 5-140a），规范设置如图 5-140b 所示。

判定依据：《炼钢安全规程》（AQ 2001—2018）第 8.5.4 条"进出炼钢生产厂房的铁路出入口或道口，应根据 GB 4387 的要求设置声光信号报警装置。"

可能造成的后果：运输铁水的鱼雷罐车行进路线可能与人员活动、车辆运行存在交叉，需要在炼钢厂房出入口等位置设置声光信号报警，当鱼雷罐车进出厂房时发出报警信

号,提示周边人员注意避让。若未设置报警装置或功能失效,容易发生车辆伤害、设备碰撞事故。

a   b

图 5-140   鱼雷罐车进入厂房时,出入口声光报警设置情况

a—鱼雷罐车进入厂房时,出入口声光报警故障;b—鱼雷罐车进入厂房时,出入口声光报警完好

6 轧钢事故隐患图鉴

6.1 轧钢工艺流程简介

在钢铁企业工序中，从炼钢厂出来的钢坯须经轧钢厂轧制以后，才能成为合格的产品。轧制过程是通过旋转的轧辊对钢锭、钢坯进行压延加工，改变形状得到需要的板、线、带、棒、管及各类成品钢材。轧钢工艺按轧件温度不同通常分为热轧与冷轧。冷轧工序根据企业不同的产品定位，还包括酸洗板、酸轧、镀锌/镀铝锌、连退、镀锡等工艺流程。

6.1.1 热轧

对钢锭、钢坯经加热炉加热至 1150 ~ 1300℃，出炉后高压水除鳞，去除表面氧化铁皮。经多架次或多道次轧制后，经剪切、矫直、冷却或卷取、热处理等工序，完成规格产品的生产流程。整个生产流程基本以机械化、自动化为主。人工作业主要在换辊、轧废板坯切割处理等辅助环节。板材、棒材、高线热轧工艺流程分别如图 6-1 ~ 图 6-3 所示。

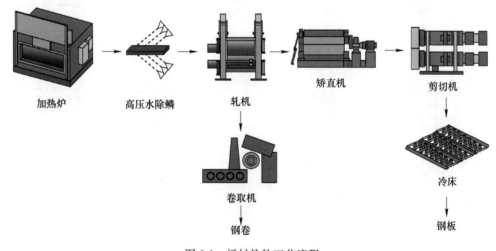

图 6-1 板材热轧工艺流程

6.1.2 冷轧

首先将前后两钢卷的尾部及头部通过激光对焊机焊接起来，定速通过一定浓度和温度的酸液，用化学方法除去氧化铁皮。定宽后将酸洗后板（带）轧至规定的厚度，并通过连续轧制的方式轧制成板、带、线材成品。冷轧加工后的钢材根据产品需要，可进行再结晶

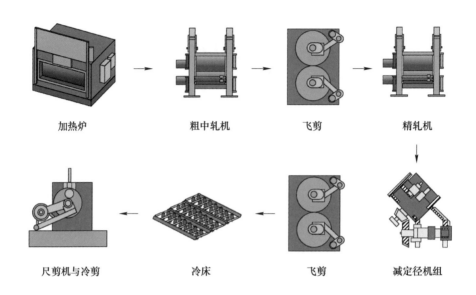

加热炉　　　　粗中轧机　　　　飞剪　　　　精轧机

尺剪机与冷剪　　　　冷床　　　　飞剪　　　　减定径机组

图 6-2　棒材热轧工艺流程

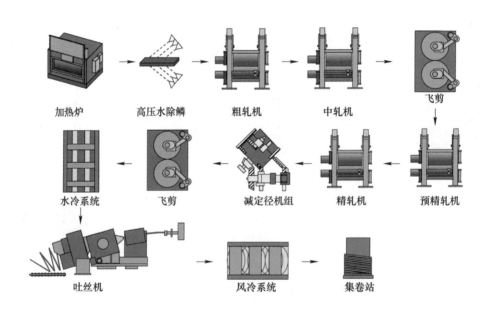

加热炉　　高压水除鳞　　粗轧机　　中轧机　　飞剪

水冷系统　　飞剪　　减定径机组　　精轧机　　预精轧机

吐丝机　　　　风冷系统　　　　集卷站

图 6-3　高线热轧工艺流程

退火处理。为了提高普碳钢板表面的耐腐蚀性能，部分产品表面须经镀锌、镀铝锌处理，主要工艺是钢材在经过锌/铝锅时与锌/铝液接触，在表面形成锌/铝镀层，期间通过气刀控制表面涂层厚度。另外，公辅部分通常设有酸再生装置，将酸洗过程中产生大量的高浓度含酸废水经过焙烧形成氯化氢气体，再与水相结合形成再生酸，重新输送至酸洗装置循环使用。冷轧工艺流程如图 6-4 所示。

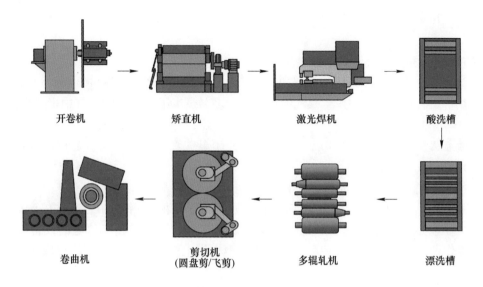

开卷机　　　　　　矫直机　　　　　　激光焊机　　　　　酸洗槽

卷曲机　　　　剪切机　　　　　多辊轧机　　　　漂洗槽
　　　　　（圆盘剪/飞剪）

图 6-4　冷轧工艺流程

6.2　轧钢工艺主要风险点

轧钢工艺中主要有以下安全风险点：

（1）各类加热炉、退火炉安全控制系统失效，燃气泄漏遇明火会造成燃气爆炸，可燃/有毒气体泄漏发生中毒或火灾事故。氮气泄漏会引发窒息事故。

（2）加热炉、退火炉炉内检修，油箱清理，冲渣系统维护清理等有限空间作业，安全措施不到位，易引起中毒窒息淹溺事故。

（3）电气系统老化、润滑油、液压油泄漏遇高温物料也会引起火灾。

（4）高温锌、铝液遇水也会发生爆炸。

（5）大量机械设备运行过程中，传动部位防护不到位，易引起机械伤害事故。

（6）高速轧制区发生跑钢、堆钢，易造成物体打击、灼烫等事故。

（7）起重设备运行过程易发生起重伤害事故。

（8）物料堆放不当会发生坍塌伤人事故。

（9）大量电气设备绝缘防护措施不到位，违章操作易引起触电事故。

（10）高温物料设备防护不当易引起烫伤事故。

（11）酸碱槽区域物料使用不当，易引起腐蚀。

（12）焊机易引起弧光灼伤，探伤设备存在射线危害因素。

（13）酸再生区域若燃气泄漏，会发生火灾爆炸事故；酸液泄漏会发生腐蚀、灼伤事故；有毒气体泄漏会发生中毒事故；炉内维修有限空间安全管控措施不到位会发生中毒窒息事故。

（14）清理氧化铁皮冲渣沟、漩流池及油水分离池等设施，易发生淹溺事故。

另外，轧钢生产过程中还存在高温辐射、噪声和振动、烟气、粉尘等职业危害因素。

6.3　轧钢典型事故案例

案例 1　加热炉煤气泄漏中毒事故

事故经过： 2011 年 12 月 25 日上午 9 时 10 分，某高速线材厂检修结束，准备复产，加热炉烘炉煤气点火过程中发生煤气泄漏，造成多名员工不同程度的煤气中毒，事故共造成 8 死 38 伤的严重后果。

事故原因： 烘炉煤气点火未点着，未及时关闭煤气管道阀门，现场无 CO 检测报警设施，导致煤气大量泄漏。

案例 2　轧钢转钢辊道机械伤害事故

事故经过： 2019 年 9 月 9 日 16 时左右，某钢铁公司第一轧钢厂在主轧线停产检修时，部分人员在未办理停电手续，未采取相关防护措施的情况下，登上未停电的设备（辊道）从事检修作业，转钢辊道突然转动，将站在转钢辊道上的 4 人卷入辊道，造成 3 人死亡，1 人受伤。

事故原因： 检修人员在未办理停电手续，未采取相关防护措施的情况下，登上未停电的设备（辊道）从事检修作业。操作工无意间拖住了转钢辊道操作手柄，导致前转钢辊道启动。致使正在辊道上检修的人员被卷入相向转动的辊子之间，造成 3 人（被挤）死亡、1 人重伤的较大机械伤害事故。

6.4　轧钢常见事故隐患图鉴

隐患 280： 加热炉炉底地下室作为有限空间，入口无封闭管理措施（图 6-5a）。规范设置如图 6-5b 所示。

a　　　　　　　　　　　　　　　　　b

图 6-5　加热炉炉底地下室入口封闭管理情况

a—加热炉炉底地下室作为有限空间，入口无封闭管理措施；b—加热炉炉底地下室入口封闭管理

判定依据：《密闭空间作业职业危害防护规范》（GBZ/T 205—2007）第 4.1.6 条"用人单位应采取有效措施，防止未经允许的劳动者进入密闭空间"。

可能造成的后果： 加热炉炉底自然通风不良，可能有煤气积聚，且与外界相对隔离，进出口受限，属于有限空间。入口处如未采取封闭管控措施，未张贴有限空间安全告知牌，作业人员或其他人员对该区域风险不知晓，未采取安全措施就盲目进入，容易造成中毒窒息等事故。

隐患 281：加热炉炉底地下室有限空间安全告知牌中未明确设备编号、危害介质（图 6-6a）。规范设置如图 6-6b 所示。

a   b

图 6-6 加热炉炉底地下室有限空间安全告知牌设置情况

a—加热炉炉底地下室有限空间安全告知牌中未明确设备编号、危害介质；

b—有限空间安全告知牌编号、危害因素等信息完整

判定依据：《工贸企业有限空间作业安全管理与监督暂行规定》（国家安全生产监督管理总局令第 59 号）第十九条"（二）设置明显的安全警示标志和警示说明。"

可能造成的后果：有限空间安全告知牌标明了有限空间的具体名称、编号、风险因素、安全措施、应急措施、责任人、联系电话等可视化信息。如告知牌内容不全，作业人员对该有限空间的具体信息了解不全面，制定的安全措施可能没有针对性，起不到真正防范风险的作用。同时，有限空间的名称、编号等信息不全面，突发状况时不能准确汇报有限空间的精确定位，容易延误救援时机。

隐患 282：加热炉煤气管道盲板阀电机接线不防爆（图 6-7a）。规范设置如图 6-7b 所示。

a   b

图 6-7 加热炉煤气管道盲板阀电机电缆穿线管规范设置情况

a—加热炉煤气管道盲板阀电机接线不防爆；b—加热炉煤气管道盲板阀电机穿线管符合防爆要求

判定依据:《钢铁企业煤气储存和输配系统设计规范》(GB 51128—2015)第9.1.2条"煤气管道的法兰等外缘3.0m范围内为防爆2区。"

可能造成的后果: 煤气管道法兰外缘3m范围内属于防爆2区,该区域存在煤气泄漏的风险,如电气接线未采取防爆措施,则可能产生电气火花,遇泄漏的煤气发生火灾爆炸等事故。

隐患283: 加热炉操作室未配备正压式空气呼吸器。规范设置如图6-8所示。

判定依据:《轧钢安全规程》(AQ 2003—2018)第4.14条"轧钢企业应在易发生事故的场所设置必要的防毒口罩、防护手套、防护服、防毒面具、呼吸器、洗眼器、急救药品与器械等事故应急器具。"

可能造成的后果: 加热炉存在煤气泄漏的风险,加热炉操作室应配备空气呼吸器等应急救援器材,当发生煤气泄漏事故时,能够在短时间内进行响应,就近实施处置或救援。如果加热炉操作室未配备空气呼吸器,一旦发生煤气泄漏,可能会因处置或救援不及时,导致事故扩大。

隐患284: 轧钢粗轧前人行天桥两侧防护挡板高度不足1.5m。规范设置如图6-9所示。

图6-8　加热炉操作室配置满足应急需要的
正压式空气呼吸器

图6-9　轧制线过桥两侧规范设置防护挡板

判定依据:《轧钢安全规程》(AQ 2003—2018)第7.1条"经过辊道、冷床、移送机和运输机等设备的人行通道,应修建符合下列规定的人行天桥:跨越输送灼热金属的天桥,应设隔热桥板,两侧设不低于1.5m的防护挡板。"

可能造成的后果: 轧机粗轧前通常设置除鳞工序,使用高压水将钢坯表面氧化铁皮去除,过程中会有炙热的氧化铁皮溅出。一般加热炉出钢温度在1200℃左右,灼热钢坯通过人行天桥时会产生热辐射,因此过桥防护挡板应设置足够高度,防止通行人员受到灼烫、热辐射以及飞溅氧化铁皮的伤害。

隐患285: 煤气管道下方设置临时仓库、员工洗手间等建构物(图6-10a、b)。

判定依据:《工业企业煤气安全规程》(GB 6222—2005)第6.2.1.2条"在已敷设的煤气管道下面,不应修建与煤气管道无关的建、构筑物和存放易燃、易爆物品。"

可能造成的后果: 煤气管道下方设置临时仓库、员工洗手间、车棚、休息室等人员活动场所,一旦发生火灾,会影响煤气管道安全;如果有煤气泄漏,还会发生煤气中毒事故。

图 6-10　煤气管道下方设置与煤气系统无关的建构筑物
a—煤气管道下方设置临时库房；b—煤气管道下方设置厕所

隐患286： 煤气盲板阀操作箱距离开放式盲板阀距离不足 5m（图 6-11a）。规范设置如图 6-11b 所示。

图 6-11　煤气盲板阀操作箱设置情况
a—煤气盲板阀操作箱距离开放式盲板阀安全距离不足 5m；
b—开放式电动盲板阀操作箱设于平台下方，距离大于 5m

判定依据：《轧钢安全规程》（AQ 2003—2018）第 8.14 条"工业炉窑使用煤气的加热炉，开启的眼镜阀（盲板阀）应用自动控制，控制点距离阀门 5m 以上；就地操作时，应佩戴空气呼吸器。"

可能造成的后果： 开放式煤气盲板阀动作时，是先撑开、再旋转，短时间内会有大量煤气逸出，容易在周围形成爆炸性混合气体，盲板阀周边 3m 范围内为防爆 2 区，因此操作箱距离开放式盲板阀距离要在 5m 以上，一是防止煤气盲板阀动作时，煤气逸出造成操作人员中毒；二是防止因煤气盲板阀动作过程中区域内存在点火源，容易引发煤气着火、爆炸事故。

隐患287： 厂房内煤气管道设有敞开式眼镜阀，距加热炉燃烧器不足 10m（图 6-12a）。规范设置如图 6-12b 所示。

判定依据：《工业企业煤气安全规程》（GB 6222–2005）第 7.2.4.2 条"敞开眼镜阀

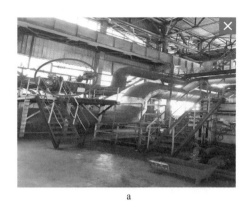

图 6-12　煤气管道敞开式眼镜阀设置情况

a—厂房内煤气管道设有敞开式眼镜阀，距加热炉燃烧器不足 10m；b—设于厂房外的煤气管道敞开式眼镜阀

和扇形阀应安设在厂房外，如设在厂房内，应离炉子 10m 以上。"

可能造成的后果：敞开式眼镜阀和扇形阀在撑开、旋转动作时，短时间内会有大量煤气逸出，当设置在厂房内时，由于空气流通不畅，逸出的煤气不易扩散，容易造成积聚产生爆炸性混合气体。如果距离加热炉燃烧器不足 10m，容易引发爆炸事故。

隐患 288：煤气排水器溢流口被遮挡，无法观察溢流情况（图 6-13a）。规范设置如图 6-13b 所示。

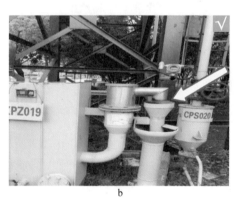

图 6-13　煤气排水器溢流口设置情况

a—煤气排水器标识不清；b—煤气排水器溢流口设置便于观察

判定依据：《煤气排水器安全技术规程》（AQ 7012—2018）第 4.1.2 条"水封式排水器除了满足性能的要求，还应满足以下要求：设有加水口；不采用连续加水的，宜设置便于检查水封高度的装置；……设有溢流口，溢流口下方设溢流漏斗连接排水管道，便于观察溢流。"

可能造成的后果：水封式煤气管道排水器，在连续排放冷凝水过程中，通过排水器内部的水柱高度形成的静压力阻止管道内煤气逸出。日常检查煤气排水器的溢流口有无溢流水流出，主要是确保水柱的有效高度。如果煤气排水器溢流口被遮挡，无法通过溢流判断排水器水封状态，不能及时发现排水器缺水，容易造成排水器水封击穿煤气泄漏，引发煤气中毒、火灾等事故。

隐患 289： 天然气加热炉燃烧器周边未设置固定式可燃气体探测器（图 6-14a）。规范设置如图 6-14b 所示。

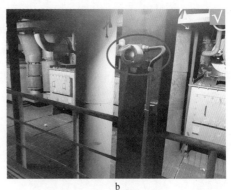

a   b

图 6-14 天然气加热炉烧嘴区域固定式可燃气体检测报警器设置情况

a—天然气加热炉烧嘴区域未设置固定式可燃气体检测报警器；

b—天然气加热炉烧嘴区域设置有固定式可燃气体检测报警器

判定依据： 《石油化工可燃气体和有毒气体检测报警设计标准》（GB/T 50493—2019）第 3.0.1 条"在生产或使用可燃气体及有毒气体的生产设施及储运设施的区域内，泄漏气体中可燃气体浓度可能达到报警设定值时，应设置可燃气体探测器。"

可能造成的后果： 天然气加热炉周边设有大量的天然气管线设施，存在天然气泄漏风险，因此需在加热炉燃烧器周边区域设置固定式可燃气体探测器。如果未按照要求设置可燃气体探测器，一旦出现天然气泄漏，不能第一时间发出报警并及时处置，容易引发火灾爆炸事故。

隐患 290： 加热炉煤气管道盲板阀前的放散管高度不足（图 6-15a）。规范设置如图 6-15b 所示。

a   b

图 6-15 加热炉煤气管道放散管高度设置情况

a—加热炉煤气管道盲板阀前的放散管高度不足；b—加热炉煤气管道盲板阀前的放散管高度设置规范

判定依据： 《工业企业煤气安全规程》（GB 6222—2005）第 7.3.1.2 条"放散管口应高出煤气管道、设备和走台 4m，离地面不小于 10m。厂房内或距厂房 20m 以内的煤气管道和设备上的放散管，管口应高出房顶4m。厂房很高，放散管又不经常使用，其管口高度可适当减低，但应高出煤气管道、设备和走台4m。不应在厂房内或向厂房内放散煤气。"

可能造成的后果：加热炉或煤气管道检修时，须对煤气管道进行吹扫置换，因此要在煤气管道盲板阀两侧设置吹扫放散装置，放散管管口应高于检修平台4m以上；若放散管管口高度低于4m，放散出的煤气不能有效扩散，可能造成放散管周围作业人员发生煤气中毒事故。

隐患291：加热炉煤气管道放散管未设置取样管（图6-16a）。规范设置如图6-16b所示。

图6-16　加热炉煤气放散管取样管设置情况

a—加热炉煤气放散管未设置取样管；b—加热炉煤气放散管设置有取样管

判定依据：《工业企业煤气安全规程》（GB 6222—2005）第7.3.1.5条"放散管的闸阀前应装有取样管。"

可能造成的后果：放散管上设置取样管是用于煤气管道吹扫置换作业时，便于采集放散气体，判断气体中CO、O_2的含量是否达标，达标后方可投用或进行检维修作业。如果未设置取样管，无法进行取样分析，不能准确判断，可能造成煤气中毒、火灾爆炸事故。

隐患292：煤气排水器排污管直接插入集水池（图6-17a）。规范设置如图6-17b所示。

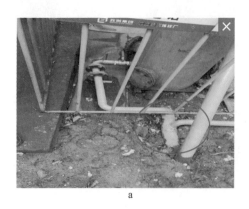

图6-17　煤气管道排水器排污管设置情况

a—煤气管道排水器排污管直接插入集水池；b—煤气管道排水器排污管设置规范

判定依据：《工业企业煤气安全规程》（GB 6222—2005）第 7.2.3.3 条"禁止将排水管、满流管直接插入下水道。"

可能造成的后果： 煤气冷凝水排水器是收集并排出煤气管网中冷凝水、积水和污物的设备，以保证煤气（燃气）管道畅通，在排出冷凝水的同时，由于排水器缺水或煤气超压，煤气可能从排污管中排出。当排污管直接插入为隔绝雨水而封闭的集水池时，一旦有煤气排出，会形成封闭空间的爆炸氛围，容易发生煤气爆炸事故。

隐患 293： 加热炉煤气管道氮气吹扫装置，不使用时未完全隔断（图 6-18a）。规范设置如图 6-18b 所示。

图 6-18　加热炉煤气管道与氮气管道接口吹扫结束后断开情况

a—加热炉煤气管道氮气吹扫装置，不使用时未完全隔断；b—加热炉煤气管道氮气吹扫装置，不使用时接口断开

判定依据：《工业企业煤气安全规程》（GB 6222—2015）第 7.5.2 条"蒸汽或氮气管接头应安装在煤气管道的上面或侧面，管接头上应安旋塞或闸阀。为防止煤气串入蒸汽或氮气管内，只有在通蒸汽或氮气时，才能把蒸汽或氮气管与煤气管道连通，停用时应断开或堵盲板。"

可能造成的后果： 加热炉煤气管道在投用前或停用后，需要使用氮气对煤气管道内残留煤气进行吹扫置换。煤气管道正常使用时，氮气管道应断开或堵盲板。如果采用闸阀或截止阀，起不到完全隔断的效果，当氮气压力低于煤气压力时，煤气会窜入氮气管道，造成氮气中带煤气，引至其他区域，易造成火灾爆炸或中毒事故。

隐患 294： 煤气管道阀门组旁设置非防爆操作箱（图 6-19a）。规范设置如图 6-19b 所示。

判定依据：《轧钢安全规程》（AQ 2003—2018）第 12.1.3 条"轧钢企业爆炸危险环境的电气装置，应符合 GB 50058 的规定。"《钢铁企业煤气储存和输配系统设计规范》（GB 51128—2015）第 9.1.2 条"煤气管道的法兰等外缘 3.0m 范围内为防爆 2 区。"

可能造成的后果： 煤气管道阀门组旁法兰外缘 3m 范围内属于防爆 2 区，该区域存在煤气泄漏的风险，如操作电控箱的电气接线未采取防爆措施，则可能产生电气火花，遇泄漏的煤气发生火灾爆炸等事故。

隐患 295： 盲板阀防爆操作箱螺栓缺失、接线孔未封堵（图 6-20a）。规范设置如图 6-20b 所示。

判定依据：《轧钢安全规程》（AQ 2003—2018）第 12.1.3 条"轧钢企业爆炸危险环

图 6-19　煤气管道阀门组旁设置防爆操作电控箱
a—煤气管道阀门组旁设置非防爆操作电控箱；b—煤气管道阀门组旁设置防爆操作电控箱

境的电气装置，应符合 GB 50058 的规定。"《钢铁企业煤气储存和输配系统设计规范》（GB 51128—2015）第 9.1.2 条"煤气管道的法兰等外缘 3.0m 范围内为防爆 2 区。"

可能造成的后果： 盲板阀通常是在煤气管道检修、停用时用于有效隔断煤气的设施，在操作过程中存在煤气泄漏风险，周边的控制箱应符合防爆要求，若存在螺栓缺失、穿线孔未封堵等问题，逸出的煤气扩散至控制箱，遇电火花，容易引发火灾、爆炸事故。

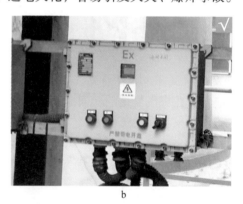

图 6-20　盲板阀防爆操作箱设置情况
a—盲板阀防爆操作箱螺栓缺失较多，接线孔未封堵；b—盲板阀防爆操作箱设置规范

隐患 296： 加热炉炉底通道出入口无应急照明（图 6-21a）。规范设置如图 6-21b 所示。

判定依据：《轧钢安全规程》（AQ 2003—2018）第 12.2.4 条"轧钢厂工作场所，应按 GB 50034 的规定设置应急照明。下列主要工作场所应设一般应急照明：

——主要通道及主要出入口；

——通道楼梯"。

可能造成的后果： 加热炉炉下区域属于半封闭场所，周边存在煤气设施，有煤气聚集风险，属于有限空间。加热炉炉下区域人员要定期进行点巡检或检修，通道出入口应保持畅通并有应急照明。如果应急照明缺失或损坏，应急状况下，人员不能及时找到出口或看不清踏步，延误逃生时机，容易造成人员煤气中毒、摔伤等事故。

隐患 297： 液压站电动机外壳接地线脱落（图 6-22a）。规范设置如图 6-22b 所示。

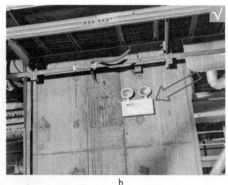

a b

图 6-21 加热炉底出入通道应急照明设置情况

a—加热炉底出入楼梯通道无应急照明；b—加热炉底出入通道设有应急照明

a b

图 6-22 电机保护接地情况

a—电机保护接地脱落；b—电机保护接地齐全

判定依据：《轧钢安全规程》（AQ 2003—2018）第 12.1.6 条"电气设备的金属外壳、底座、传动装置、金属电线管、配电盘以及配电装置的金属构件、遮栏和电缆线的金属外包皮等，均应采用保护接地或接零。"

可能造成的后果：液压站电动机会因外壳撞击变形、机内带电部件震动松脱等因素，可能使外壳与带电体接触，若外壳未接地或接地失效，外壳带电，一旦周边人员接触，会造成触电事故。

隐患 298：轧钢地下电缆层区域通风装置未与火灾报警信号联锁（图 6-23）。

判定依据：《轧钢安全规程》（AQ 2003—2018）第 6.2.6 条"设有通风、自动报警和灭火设施的场所，风机与消防设施之间，应设安全联锁装置。"

可能造成的后果：轧钢地下电缆层、油库等区域作为消防重点部位通常设有火灾自动监测报警和灭火设施，同时设有通风装置用于降低环境温度。若通风装置未与火灾监测报警信号联锁，在发生火情时，因通风装置继续工作形成烟囱效应加大火势，会造成火灾扩大。

隐患 299：电缆层未设应急通道指示灯；部分电缆穿越楼板处，防火封堵脱落（图 6-24a、c）。规范设置如图 6-24b、d 所示。

图 6-23   通风装置与消防设施无安全联锁

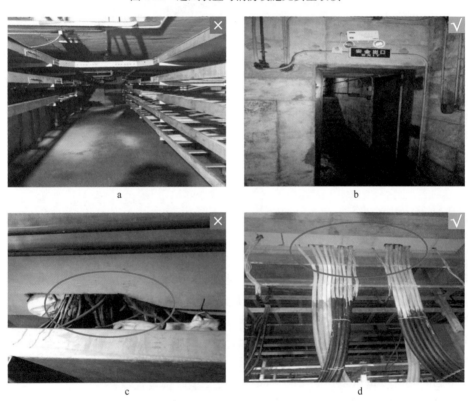

图 6-24   电缆层应急照明及封堵设置情况

a—电缆层无应急照明；b—电缆层设有应急照明；c—电缆封堵不严；d—电缆规范封堵

判定依据：《轧钢安全规程》（AQ 2003—2018）第 6.2.4 条"电缆隧道还应设防火墙和常闭的防火门，电缆穿线孔等应用防火材料进行封堵"。第 12.2.4 条"轧钢厂工作场所，应按 GB 50034 的规定设置应急照明。下列主要工作场所应设一般应急照明：

——电缆隧道"。

可能造成的后果： 电缆层区域内电缆布置密集、空间狭小、出入不畅，如未设置应急逃生指示，一旦发生火灾等紧急情况，巡检人员不清楚逃生方向，易延误逃生时机。同时，电缆层与相邻区域的防火封堵脱落，一旦发生火灾，火苗、有毒烟气易窜入相邻区域，造成火灾扩大或相邻区域作业人员中毒窒息事故。

隐患 300： 冷轧厂轧机旋转设备防护措施缺失（图 6-25a）。规范设置如图 6-25b 所示。

图 6-25　设备转动部位安全防护情况
a—设备转动部位无安全防护装置；b—设备转动部位安全防护齐全

判定依据： 《轧钢安全规程》（AQ 2003—2018）第 7.5 条 "设备裸露的转动或快速移动部分，应设结构可靠的安全防护罩、防护栏杆或防护挡板。"

可能造成的后果： 轧机是通过旋转的轧辊以压力加工的方式改变钢锭、钢坯的形状，其旋转部位处于高速运转状态，如未采取防护罩、防护栏杆等措施，人员接触旋转部位，衣物、手套、头发等易被卷入，造成机械伤害事故。

隐患 301： 氧气点阀箱入口管道法兰无跨接（图 6-26a）。规范设置如图 6-26b 所示。

图 6-26　氧气点阀箱入口管道法兰跨接情况
a—氧气点阀箱入口管道法兰无跨接；b—氧气点阀箱入口管道法兰规范跨接

判定依据： 《深度冷冻法生产氧气及相关气体安全技术规程》（GB 16912—2008）第 4.7.4 条 "氧气（包括液氧）和氢气设备、管道、阀门上的法兰连接和螺纹连接处，应采用金属导线跨接，其跨接电阻应小于 0.03Ω。

可能造成的后果：氧气点阀箱是金属切割、焊接、火焰表面处理的管道用气点。设置静电跨接是为了消除气体流动过程中产生的静电。如果未设置，静电不能得到释放，会产生静电积聚，极易因静电传导不良引发事故。

隐患302：起重机登车平台外侧无防护措施（图6-27a）。规范设置如图6-27b所示。

图6-27　起重机登车平台外侧防护情况

a—起重机登车平台外侧无防护措施或活动防护链条未挂；b—起重机登车平台外侧设置门进行防护

判定依据：《固定式钢梯及平台安全要求第三部分：工业防护栏杆及钢平台》（GB 4053.3—2009）第4.1.1条"距下方相邻地板或地面1.2m以上的平台、通道或工作面的所有敞开边缘应设置防护栏杆。"

可能造成的后果：起重机登车平台是人员由地面进入起重机驾驶室的通道。起重机登车平台一般距离地面10m以上，登车平台外侧无防护措施，登车人员容易发生高处坠落事故。

隐患303：打捆机区域无防甩尾伤人措施（图6-28a）。规范设置如图6-28b所示。

图6-28　打捆机区域防护措施设置情况

a—打捆机区域无防甩尾伤人措施；b—打捆机区域设置防护措施

判定依据：《冶金企业安全生产标准化评定标准（轧钢）》第7.1.12"轧制型钢、线材、板、带、钢管和钢丝等生产时，各类安全联锁装置和防护设施应齐全可靠。"

可能造成的后果：钢筋打捆机在打捆时高速旋转，依靠线材自重平衡受力，临打捆结束时，线材尾部有甩动的可能，靠近打捆机区域如果无防甩尾伤人措施，人员靠近容易引发线材甩尾伤人事故。

隐患 304： 地下室氮气储罐旁未设固定式氧含量检测报警装置，罐体色标不对（图 6-29a）。规范设置如图 6-29b 所示。

图 6-29　厂房内氮气储罐色标及固定式氧含量检测报警器设置情况
a—厂房内氮气储罐旁未设固定式氧含量检测报警器，罐体色标错误；
b—厂房内氮气储罐色标规范，并设有固定式氧含量检测报警器

判定依据：《轧钢安全规程》（AQ 2003—2018）第 8.10 条 "氮气使用场所，应设氧含量在线连续监测和报警装置，并有防窒息的应急措施。"《深度冷冻法生产氧气及相关气体安全技术规程》（GB 16912-2008）第 4.12.3 条 "球形及圆筒形储罐最外层宜刷银粉漆……圆筒形储罐的中心轴带应刷宽 200~400mm 的色带，色带的色标同表 5 中规定，氮气应为浅黄色。"

可能造成的后果： 氮气是无色、无味的惰性气体，氮气管道和储罐的标准涂色为黄色，如果未设置，人员不知晓，容易发生误操作，可能发生窒息事故。氮气储罐布置在地下室时，使用场所存在泄漏风险，一旦氮气泄漏，气体扩散不良，会造成空气中的氧含量降低，如果未设置固定式氧含量检测报警装置，会发生窒息事故。

隐患 305： 锌锅区域周边防护设施、警示标志设置不全（图 6-30a）。规范设置如图 6-30b 所示。

判定依据：《轧钢安全规程》（AQ 2003—2018）第 7.8 条 "车间主要危险源或危险场所，应有禁止接近、禁止通行、禁火或其他警告标志。"

可能造成的后果： 锌锅是轧钢热镀锌的关键设备，温度通常在 400℃以上，作业人员在检查热镀锌的质量时，如果锌锅防护设施或警示标志设置不全，检查人员误入高温区域，容易发生烫伤事故。

隐患 306： 过跨车未设置声光报警装置（图 6-31a）。规范设置如图 6-31b 所示。

判定依据：《轧钢安全规程》（AQ 2003—2018）第 11.12 条 "穿越跨间使用的电动小车或短距离输送用的电动台车，应采用安全可靠的供电方式，并应安装制动器、行程开

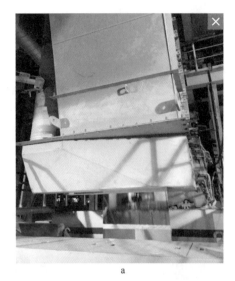

a

b

图 6-30　锌锅周边防护及警示标志设置情况

a—锌锅区域周边防护设施、警示标志设置不全；b—锌锅区域周边防护设施、警示标志设置齐全

a

b

图 6-31　过跨车声光报警设置情况

a—过跨车未设置声光报警装置；b—过跨车台车下方前部设有声光报警

关、声光信号等安全装置。"

可能造成的后果：过跨车是有厂房内使用地面轨道进行物料转运的运输设备。由于过跨车轨道常与人员和设备通行通道交叉，如果过跨车运行时无声光报警设备，容易造成轨道附近通行人员伤害事故。

隐患 307：酸碱储罐区洗眼器出水口无防护盖（图 6-32a）。规范设置如图 6-32b 所示。

判定依据：《冶金企业安全生产标准化评定标准（轧钢）》第 7.3.6 条"酸洗和碱洗区域，应有防止人员灼伤的措施，并设置安全喷淋或洗涤设施。"

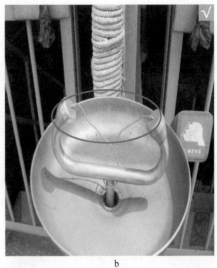

a　　　　　　　　　　　b

图 6-32　酸碱储罐区洗眼器出水口防护情况
a—洗眼器出水口无防护盖；b—洗眼器出水口防护盖设置规范

可能造成的后果：洗眼器通常设置在酸碱等腐蚀性化学品使用、储存区域，当发生酸碱化学品溅入作业人员眼睛时，作业人员可及时进行冲洗。若洗眼器出水口无防护盖，洗眼器出水口会受到空气中灰尘以及水中杂质的影响，导致出水口堵塞，在应急情况下，无法正常使用，造成作业人员受伤。

隐患 308：厂房内行车吊运沿线设有操作室，操作室上方未设安全警示标志（图6-33a）。规范设置如图6-33b 所示。

a　　　　　　　　　　　b

图 6-33　厂房内行车吊运沿线操作室上方安全警示标志设置情况
a—厂房内行车吊运沿线设有操作室，操作室上方未设安全警示标志；
b—厂房内行车吊运沿线操作室上方设有安全警示标志

判定依据：《轧钢安全规程》（AQ 2003—2018）第5.11条"车间内的仪表室、操作台，电气室、液压站等，应布置在吊物碰不到的厂房两侧，若工艺需要布置在厂房中间，则应有易于识别的明显标志。"

可能造成的后果：行车是吊运物料的设备，如果在吊运范围内设置操作室，一旦驾驶员观察不到位，有可能会发生吊物碰撞操作室。应在操作室顶部设置醒目的安全警示标志，提醒行车驾驶员，避免发生碰撞事故。

隐患309：轧机联轴器缺少防护罩（图6-34a）。规范设置如图6-34b所示。

图6-34　联轴器设置防护罩

a—传动部位无防护装置；b—联轴器设有防护罩

判定依据：《轧钢安全规程》（AQ 2003—2018）第7.5条"设备裸露的转动或快速移动部分，应设结构可靠的安全防护罩、防护栏杆或防护挡板。"

可能造成的后果：联轴器是连接电机与轧机的传动设备。如果联轴器未设置护罩，旋转部位不能与人员形成有效隔离，容易发生作业人员手套、衣物、头发等卷入现象，导致机械伤害事故。

隐患310：行车登车门未设联锁装置（图6-35a）。规范设置如图6-35b所示。

图6-35　行车登车门口联锁断电开关设置情况

a—行车未设登车门联锁断电开关；b—行车登车门口设有联锁断电开关

判定依据：《冶金企业安全生产标准化评定标准（轧钢）》第6.2.16条"吊车应设有下列安全装置：（5）登吊车信号装置及门联锁装置"。

可能造成的后果：行车是吊运物料的设备，人员通过登车门上下行车时，如果行车移动，可能会造成人员滑倒或坠落。因此，登车门应设置断电联锁装置，当登车门打开时，行车不能行走，有效避免误操作造成的高处坠落事故。

隐患 311：加热炉煤气管道上设置的低压检测、报警装置，未与紧急切断阀联锁（图6-36a）。规范设置如图 6-36b 所示。

图 6-36　加热炉煤气管道上压力检测报警及联锁快切阀设置情况
a—加热炉煤气管道上设置的低压检测、报警装置，未与紧急切断阀联锁；
b—加热炉煤气管道上设置有低压检测报警装置，并与紧急切断阀联锁

判定依据：《轧钢安全规程》（AQ 2003—2018）第 8.2 条"工业炉窑应设各种安全回路的仪表装置和自动警报系统，对使用低压燃气和燃油的工业炉窑，炉前输配介质管道应设在线连续压力检测、低压报警以及压力过低联锁快速切断阀关闭以防止回火燃爆的保护措施。"

可能造成的后果：使用煤气的加热炉，须在煤气管道上设置低压检测、报警装置，并与紧急切断阀联锁。当压力过低时，会发生熄火，如果未与紧急切断阀联锁，煤气不能及时切断，容易造成炉膛内形成混合气体，发生爆炸事故。

隐患 312：热锯机未设置防止钢屑飞溅的防护措施（图 6-37a）。规范设置如图 6-37b所示。

图 6-37　热锯机周边防护措施设置情况
a—热锯机未设置防止钢屑飞溅的防护措施；b—热锯机周边设置有防钢屑飞溅措施

判定依据：《轧钢安全规程》（AQ 2003—2018）第 9.1.11 条"热锯机应有防止锯屑飞溅的设施，在有人员通行的方向应设防护挡板。"

可能造成的后果：热锯机是将轧件进行切割的一种设备，在热锯机周围应设置防止钢屑飞溅的防护措施，避免发生钢屑飞溅伤人的事故。

隐患 313：现场储存的丙烷气瓶无防倾倒装置，未配备消防器材，无危险化学品危害因素告知标识（图 6-38a）。规范设置如图 6-38b~d 所示。

图 6-38　丙烷气瓶库房管理情况
a—现场储存的丙烷气瓶无防倾倒装置，未配备消防器材，无危险化学品危害因素告知标识；
b—丙烷气瓶库内设有防倾倒链条；c，d—门口设有危害因素告知及警示标识

判定依据：《气瓶搬运、装卸、储存和使用安全规定》（GB/T 34525—2017）第 8.2.4 条"气瓶入库后，应将气瓶加以固定，防止气瓶倾倒。"

可能造成的后果：气瓶在使用、储存过程中容易发生倾倒，严重的会造成泄漏或爆炸，因此要有防倾倒措施。此外，丙烷属于易燃气体，存放点应配置消防器材，并有危险危害因素告示牌，明确安全风险和应急处置措施，防止当气瓶发生泄漏，现场人员对处置措施不了解，消防器材缺失，造成应急处置不及时，引发事故。

隐患 314：吊装使用的钢丝绳达到报废标准（图 6-39a）。规范设置如图 6-39b 所示。

判定依据：《轧钢安全规程》（AQ 2003—2018）第 11.6 条"吊具应在其安全系数允许范围内使用。钢丝绳和链条的安全系数和钢丝绳的报废标准，应符合 GB/T 6067.1 的有关规定。"

可能造成的后果：钢丝绳在吊运物料过程中，不得超过额定载荷使用。使用过程因磨

损、锈蚀及其他因素，会发生断丝、麻芯外露，造成强度降低，需要及时报废，如果仍继续使用，容易发生断裂，引发起重伤害事故。

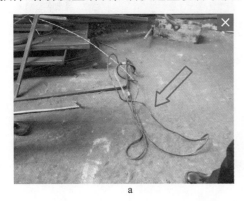 

a b

图 6-39　钢丝绳等吊索具规范管理情况

a—现场使用达到报废标准的钢丝绳图；b—钢丝绳等吊索具定置规范管理

隐患 315：成品堆垛之间的安全通道宽度不足（图 6-40a）。规范设置如图 6-40b 所示。

a b

图 6-40　成品堆垛垛间距离满足安全通道要求情况

a—成品垛堆之间的安全通道距离不符合规范；b—成品堆放规范，垛间距离满足安全通道要求

判定依据：《轧钢安全规程》（AQ 2003—2018）第 5.12 条"厂区布置和主要车间的工艺布置，应设有安全通道，并设应急疏散通道，以便在异常情况或紧急抢救情况下供人员和消防车、急救车使用。"

可能造成的后果：成品堆放时，堆垛间通常要保持一定的距离作为人员安全通道，若未设置或不符合规范要求，人员在区域内作业，发生异常情况，需要及时避让、撤离时，会因通道受限，无法闪避，发生挤压、撞击等伤害事故。

隐患 316：钢坯堆放高度超标，堆垛之间无安全距离（图 6-41a）。规范设置如图 6-41b 所示。

判定依据：《轧钢安全规程》（AQ 2003—2018）第 10.1.1 条"钢坯堆放的地面应平整，堆垛要放置平稳整齐，垛间保持一定安全距离和考虑热坯辐射要求，有钢架堆放的垛高要求不超过钢架高度，无钢架堆放的钢坯层间要交叉放置，垛高要求不超过 4.5m，且不影响起重机作业和司机视线。"

图 6-41　钢坯规范堆放情况

a—钢坯堆放高度超标，垛堆之间无安全距离；b—钢坯堆放高度、安全通道符合规范要求

可能造成的后果：连铸坯应堆垛存放，堆垛高度不应过高，避免影响行车操作。堆垛之间应保持一定的安全距离，便于人员行走，防止在发生异常情况下，需要及时避让、撤离时，会因通道受限，无法闪避，发生挤压、撞击等伤害事故。

隐患 317：煤气检修平台未设置带上下扶梯的安全通道（图 6-42a）。规范设置如图 6-42b 所示。

图 6-42　煤气检修平台上下安全通道规范设置情况

a—煤气检修平台未设置带上下扶梯的安全通道；b—煤气检修平台规范设置上下安全通道

判定依据：《轧钢安全规程》（AQ 2003—2018）第 7.4 条"距地面 1.5~2m 以上需要经常操作、检测、检修或运输的设备，均应设置带上下扶梯的固定平台或安全通道，并设不低于 1.05m 的防护栏杆，栏杆下部应有不小于 0.1m 的护脚板。工作平台或安全通道，应至少设两个出入口。"

可能造成的后果：煤气设施检修作业是高风险作业，容易发生中毒窒息、火灾爆炸等事故，因此要设置煤气检修作业平台，平台要设置带上下扶梯的安全通道，一旦发生异常状况，方便人员逃生和救援。

　　隐患 318：飞剪与防护门之间未设置安全联锁装置（图 6-43a）。规范设置如图 6-43b
所示。

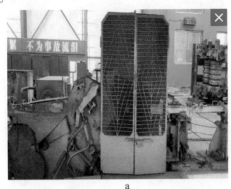

a　　　　　　　　　　　　　　　　b

图 6-43　飞剪与防护门之间安全联锁装置设置情况

a—飞剪与防护门之间未设置电气安全联锁装置；b—飞剪与防护门之间设置有安全联锁装置

　　判定依据：《轧钢安全规程》（AQ 2003—2018）第 9.1.12 条"各运动设备或部件之
间，应有安全联锁控制。"

　　可能造成的后果：飞剪是剪切运行中轧件的设备，由于轧件运行速度快，剪切过程中切
断部分容易飞出发生物体打击事故，通常需要设置防护门进行安全隔离，并采用安全联锁。如
果未设置安全联锁装置，剪切时防护门打开，容易造成切断部分飞出，发生物体打击事故。

　　隐患 319：运输辊道传动链条未设置防护罩（图 6-44a）。规范设置如图 6-44b 所示。

a　　　　　　　　　　　　　　　　b

图 6-44　运输辊道传动链条设置防护罩

a—运输辊道传动链条未设置防护罩；b—运输辊道传动链条设置防护罩

　　判定依据：《轧钢安全规程》（AQ 2003—2018）第 7.5 条"设备裸露的转动或快速
移动部分，应设结构可靠的安全防护罩、防护栏杆或防护挡板。"

　　可能造成的后果：轧钢生产工艺涉及传动链条较多，在设备运行中，如果未安装可靠
的安全防护罩，容易发生作业人员手套、衣物、头发等卷入现象，导致机械伤害事故。

　　隐患 320：同一位置多个煤气报警器显示数值差异较大（图 6-45a）。规范设置如图 6-45b
所示。

图 6-45　煤气报警器监测数据情况

a—同一位置多个煤气报警器显示数值差异较大；b—煤气报警器监测数据正常

判定依据：《工作场所有毒气体检测报警装置设置规范》（GBZ/T 233—2009）第 5.3 条 "有毒气体检测仪检测误差≤10%。"

可能造成的后果： 煤气报警器应定期进行检验标定，确保功能准确完好，当同一个位置不同煤气报警器显示数值差异较大时，容易误导作业人员，不能准确判断环境中的煤气浓度，也就无法采取相应的应急处置措施。

隐患 321： 冷床地坑周边安全防护栏杆设置不全（图 6-46a）。规范设置如图 6-46b 所示。

图 6-46　冷床地坑周边安全防护栏杆设置情况

a—冷床地坑周边安全防护栏杆设置不全；b—冷床地坑周边安全防护栏杆齐全

判定依据：《轧钢安全规程》（AQ 2003—2018）第 7.6 条 "轧钢厂区内的坑、沟、池、井，应设置安全盖板或安全护栏。"

可能造成的后果： 冷床是供已轧制成型产品冷却的区域，区域内运转的机械设备较

多，应采用全封闭的防护措施，防止在设备运行过程中人员误入或坠入，导致伤害
事故。

隐患 322：现场煤气报警器报警数值严重超标，达到 1237.5mg/m³（990ppm），操作
室集中报警器无声光报警（图 6-47a）。规范设置如图 6-47b 所示。

图 6-47　操作室煤气检测报警器主机声光报警设置情况
a—现场煤气报警器报警数值达到 990ppm，操作室主机无声光报警；
b—现场固定式煤气检测报警器操作室主机设有声光报警

判定依据：《轧钢安全规程》（AQ 2003—2018）第 8.15 条"使用工业煤气或高焦混
合煤气的炉子，炉区应设置一定数量固定式一氧化碳检测仪并配有声光报警指示，操作台
应有煤气报警终端显示。"

可能造成的后果：现场固定式 CO 检测报警信号应接入有人值守的操作室集中控制，
当有煤气泄漏时，操作室主机发出声光报警，提醒人员煤气泄漏的位置和采取应急处置措
施。如果操作室主机无声光报警，现场发生煤气泄漏，操作室人员也可能无法及时发现，
而现场环境嘈杂或报警位置属于无人值守的区域，即使现场有声光报警，也无法起到警示
提醒作用，如果有人贸然进入，可能造成煤气中毒事故。

隐患 323：煤气支管盲板阀和调节阀之间无吹扫放散装置（图 6-48a）。规范设置如图
6-48b 所示。

判定依据：《工业企业煤气安全规程》（GB 6222—2005）第 7.3.1.1 条"下列位置
应安设放散管：煤气设备和管道的最高处、煤气管道以及卧式设备的末端、煤气设备和管
道隔断装置前。管道网隔断装置前后支管闸阀在煤气总管旁 0.5m 内，可不设放散管，但
超过 0.5m 时，应设放气头。"

可能造成的后果：煤气盲板阀与调节阀之间有一段直管连接，应设置吹扫装置和放散
管，在管道使用前和停用检修时进行吹扫置换。如果未设置吹扫或放散装置，使用前吹扫
不彻底，容易形成爆炸性混合气体；停用检修时，容易造成煤气中毒或爆炸事故。

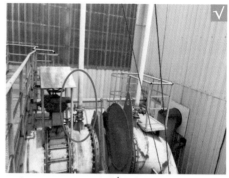

a   b

图 6-48   煤气支管盲板阀和调节阀之间吹扫放散装置设置情况

a—煤气支管盲板阀和调节阀之间无吹扫装置和放散管；b—煤气支管盲板阀和调节阀之间设有吹扫放散装置

7 煤气事故隐患图鉴

7.1 煤气工艺流程简介

7.1.1 焦炉煤气

焦炉煤气又称焦炉气，是炼焦过程中煤在高温干馏时的气态产物。高温炼焦（950~1050℃）的固态产物是焦炭，焦炭按用途可分为冶金焦、汽化焦和电石用焦。冶金焦是高炉焦、铸造焦、铁合金焦和有色金属用焦的统称，其中90%用于高炉炼铁。

焦炉煤气主要成分是氢气、甲烷。无色、有臭味，密度为 $0.452kg/m^3$，着火温度为 $550~650℃$，理论燃烧温度为 $2150℃$ 左右，热值为 $16750~18800kJ/m^3$（$4000~4500kcal/m^3$），焦炉煤气在空气中的爆炸极限为 $4.5\%~35.8\%$。焦炉煤气产出工艺流程如图7-1所示。

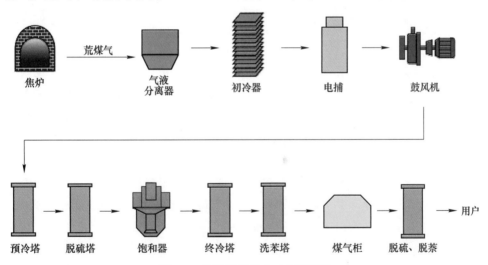

图 7-1 焦炉煤气产出工艺流程图

焦炉生产的荒煤气（82℃），经气液分离器把煤气中的焦油、氨水与煤气分离后，进入煤气初冷器，把煤气冷却至24℃以下，进一步脱除煤气中的焦油和萘，冷却后的煤气进入电捕焦油器，利用高压电流捕集煤气中残余的焦油滴，之后经煤气风机加压，送往饱和器。在饱和器内，用硫酸对煤气进行喷淋，硫酸与煤气中的氨反应，产生硫酸铵，达到除氨的目的。除氨后的煤气进入煤气终冷塔，把煤气冷却至22~24℃，进入洗苯塔，在洗苯塔内，用洗油对煤气进行喷洒，吸收煤气中的苯，以达到去除煤气中苯的目的。脱除了苯的煤气进入脱硫吸收塔，再次用碱液对煤气进行喷淋，碱与煤气中硫化氢、氰化氢进行反应，以达到脱除煤气中硫化氢、氰化氢的目的。

7.1.2　高炉煤气

高炉煤气，英文名为 blast furnace gas，简称 BFG。高炉煤气无色、无味，密度约为 1.334kg/m³，着火温度约为 750℃，理论燃烧温度为 1500℃ 左右，热值为 3010~3760kJ/m³（720~900kcal/m³），高炉煤气在空气中的爆炸极限为 30.8%~89.5%。高炉煤气产出工艺如图 7-2 所示。

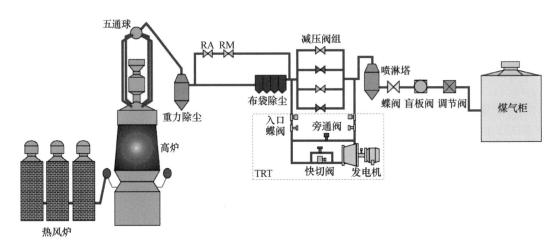

图 7-2　高炉煤气产出工艺流程图

在高炉冶炼过程中，带有一定水分的炽热空气进入高炉，使焦炭不完全燃烧而产生大量一氧化碳。同时，由于水分和喷吹燃料的存在，产生一定量的氢气，空气中带入的氮气不参加化学反应，与一氧化碳、氢气一起形成上升气流，上升气流中一氧化碳及氢气逐渐参与还原反应后不断减少，而二氧化碳及水蒸气逐渐增多，到达炉顶的气体就是高炉煤气。

高炉煤气净化成熟的工艺有湿法煤气净化工艺和干法煤气净化工艺。目前国内钢铁企业普遍采用干法煤气净化工艺。高炉煤气干式布袋除尘系统主要包括三部分：煤气系统、反吹系统和排灰输送系统。由于干法除尘加上使用进口矿、外购焦等因素，造成高炉煤气中冷凝水呈酸性，高炉煤气管道腐蚀严重；通过喷碱脱氯工艺，可以将高炉煤气冷凝水提高至中性；有些地方需要精制脱硫的高炉煤气，国内已开展了对高炉煤气中有机硫与无机硫脱除技术的研究与试生产，进一步提高了高炉煤气质量。

7.1.3　转炉煤气

转炉煤气，英文名为 Linz—Donawitz process gas，简称 LDG。转炉煤气无色、无味，密度约为 1.396kg/m³，着火温度为 530℃，热值为 6280~8370kJ/m³（1500~2000kcal/m³），转炉煤气在空气中的爆炸极限为 18.2%~83.2%。转炉煤气回收工艺流程如图 7-3 所示。

在氧气顶吹转炉炼钢过程中，含氧量高达 99% 以上的氧气流吹入炉内，在使硅、磷、锰、铁等元素氧化的同时，碳元素也被氧化，即进行脱碳过程，一般含碳量由 4.3% 降到

0.2%以下。整个吹炼周期只有10%~20%的碳燃烧变成二氧化碳,其余的碳则氧化成一氧化碳。如果在转炉炉口保持微正(差)压(0~20Pa),则每一吹炼期可获得含一氧化碳平均高达70%左右的炉气,这就是转炉煤气。目前,大多数氧气顶吹转炉采用未燃法回收工艺和干法除尘工艺,主要回收炉气中的一氧化碳。每一次吹氧过程中仅截取一氧化碳及氧含量符合要求的一段时间的炉气送入气柜内,其余不合要求的炉气则经放散管等装置点火放空。为做到安全回收,必须连续在线自动测定氧的含量。回收方法分为未燃法回收工艺(一般又称OG法)和干法除尘工艺(又称LT法回收工艺)。

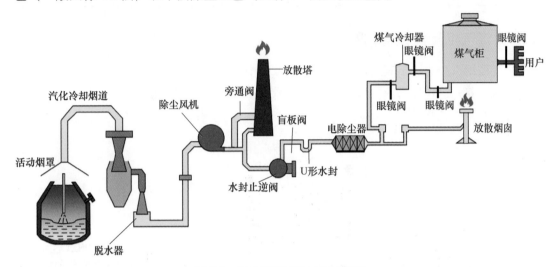

图7-3 转炉煤气回收工艺流程图

7.1.4 发生炉煤气

发生炉煤气,英文名为producer gas,简称PG。发生炉煤气剧毒、易燃、无色、有臭味,着火温度为650~700℃,燃烧温度为1300℃,热值为15000~25000kJ/m³(3600~6000kcal/m³),在空气中的爆炸极限为:14.6%~76.8%(烟煤)、15.5%~84.4%(无烟煤)。

煤气发生炉是将煤炭转化为可燃性气体——煤气(主要成分为CO、H_2、CH_4)的生产设备。其工作原理为:将符合气化工艺指标的煤炭筛选后,由加煤机械加入到煤气炉内,从炉底鼓入自产蒸汽与空气混合气体作为气化剂;煤炭在炉内经物理、化学反应,生成可燃性气体,上段煤气经旋风除油器、电捕器过滤焦油,下段煤气经过旋风除尘器清除灰尘,经过混合后输送到用户使用。

根据国家发展改革委《产业结构调整指导目录(2011年本)》(2013年修正)以及国家发展改革委《产业结构调整指导目录(2019年本)》,一段式固定煤气发生炉属于国家明令在钢铁行业应予以淘汰的落后装备;虽然有些厂家与科研单位增加了低压纯氧连续技术,但未改变一段式固定煤气发生炉性质,仍属于淘汰的落后工艺与设备。常见的为循环流化床和二段式固定床煤气发生炉。

钢铁企业使用的煤气有焦炉煤气(COG)、高炉煤气(BFG)、转炉煤气(LDG)和发生炉煤气（PG），其主要成分有 CO、H_2、CH_4等，各煤气主要组成成分见表7-1。

表7-1　各煤气主要组成成分比较　　　　　　　　　　（%）

组分煤气	CO	H_2	CH_4	C_mH_n	O_2	CO_2	N_2
COG	5~8	55~60	23~28	2~4	0.4~0.8	1.5~3	3~5
BFG	23~30	2~4	0.2~0.5	<1	<0.8	16~18	51~56
LDG	50~70	<1.5	—	—	<2	15~20	10~20
PG	23~27	10~18	0.3~1.3	0.1~2	0.2~0.5	5~8	40~60

7.1.5　煤气柜及煤气排水器

长流程钢铁企业由于其生产特性，生产过程中有煤气产生，为了确保煤气使用安全，多数钢铁企业会设置煤气柜、煤气排水器等煤气特有的设备设施进行安全生产。具体的设施如图7-4~图7-8所示。

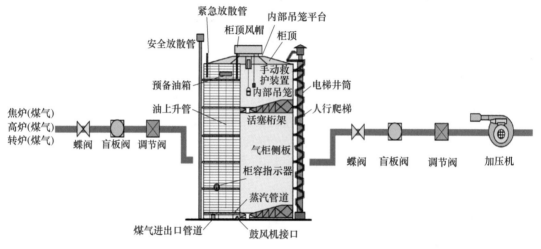

图7-4　煤气柜工艺流程图

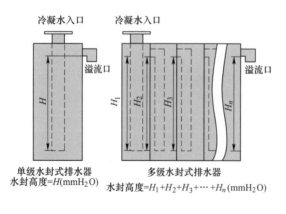

图7-5　水封式煤气排水器原理图

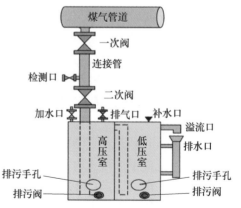

图7-6　立式水封式煤气排水器结构示意图

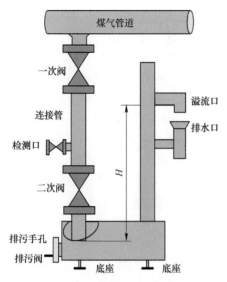

图 7-7 卧式水封式煤气排水器结构示意图

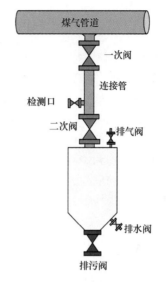

图 7-8 干式水封式煤气排水器结构示意图

7.2 煤气工艺主要风险点

煤气工艺中主要有以下安全风险点：

（1）焦炉煤气主要风险点。焦炉煤气净化是将焦炉产生的煤气经过初冷、鼓风、洗氨、终冷洗萘、洗苯等净化处理后，外送供用户使用。在此过程中，设备腐蚀、老化以及操作不当、结构和材料的缺失等，都会导致故障，造成泄漏现象，极易发生着火、爆炸、中毒的危险。

电捕焦油器氧含量检测不当，氧含量过高易发生爆炸事故。鼓风机室等因煤气泄漏发生中毒、爆炸。煤气脱硫系统封装不良，造成 H_2S、HCN 等中毒。焦炉煤气爆炸极限为 4.5%~35.8%，外泄遇激发能源（动火、静电、摩擦、撞击、明火等）易发生爆炸。硫酸铵系统作业过程中发生酸灼伤。鼓风机由于振动、冷却不良等原因造成停车甚至烧轴瓦、爆炸等事故。

煤气排水系统水位过低，发生煤气击穿水封，造成煤气外泄中毒事故。冷凝排水中析出 CO、硫化氢、酚等有毒物质，导致地沟或排水口附近人员中毒。水压或蒸汽压力过低，设备腐蚀窜漏，煤气窜入水管或蒸汽管道，造成事故。设备、管道检修时，未有效隔断煤气来源，未进行吹扫、置换并化验，导致煤气中毒或窒息。饱和器液位不足或满流管破损，煤气泄漏造成中毒、着火、爆炸。

（2）高炉煤气主要风险点。高炉炼铁生产过程中产生的高炉煤气是易燃易爆和有毒气体，因此使高炉本体在生产过程中存在火灾、爆炸、中毒和窒息危险、有害因素。风口密封不严、出铁出渣时未及时封堵铁口致使煤气从炉内大量溢出，可造成在出铁场和风口平台作业的职工发生中毒事故。进行炉身打眼、炉身外焊接水槽、焊补炉皮、焊割冷却器、检查冷却水管泄漏属于一类煤气作业的，以及在炉身平台二类煤气作业的场所和平台，因煤气泄漏、高温热源、明火及违章操作等都可能引发火灾、爆炸、中毒和窒息事故。

炼铁过程炉顶产生的高炉煤气以及一次均压使用的半净高炉煤气，是易燃易爆性和有毒性气体。高炉煤气致使炉顶存在火灾、爆炸和中毒的危险性。依据《炼铁安全规程》煤气作业类别的划分：溜槽、更换探尺、疏通上升管、煤气取样、处理炉顶阀门、炉顶人孔、炉喉人孔、料罐、齿轮箱的带煤气的维修作业，属于一类煤气作业；炉顶清灰、加（注）油、更换密封阀胶圈，检修时往炉顶运送设备及工具、休风时炉喉点火、检修上升管和下降管时，属于二类煤气作业。在以上炉顶危险源进行作业时，因违章指挥、操作错误、监护失误以及密封不良等可产生煤气火灾、爆炸和中毒的危险因素。火灾、爆炸和中毒事故的发生可造成多人伤亡和高炉设施严重的破坏，致使生产系统停产停工并蒙受重大经济损失。

　　热风炉周围、抽堵煤气管道盲板以及其他带煤气的维修作业的一类煤气作业，存在着较高的火灾、爆炸和中毒危险。检修热风炉炉顶及燃烧器的二类煤气作业，也存在着火灾、爆炸和中毒的危险，在以上危险源进行生产操作时，煤气泄漏、高温热源、明火以及热风炉违章点火操作等，可引发火灾、爆炸、中毒事故并可造成多人伤亡和热风炉设施严重破坏后果。

　　TRT、BPRT 使用的高炉煤气为易燃易爆和有毒性气体，高炉煤气危险特性使得 BPRT 机组中存在火灾、爆炸、中毒和窒息危险、有害因素。TRT、BPRT 机组中因透平机及其煤气管道密封不良产生泄漏煤气危险，泄漏危险源点有：进出口交接法兰处、管道各个阀门处、透平机轴端、煤气管道排水处。由于煤气泄漏以及明火、电气和静电火花、雷电等点火条件可引发火灾事故，当装置内高炉煤气与空气混合达到爆炸极限范围内，并伴有点火条件时，可引发高炉煤气爆炸事故。

　　（3）转炉煤气主要风险点。OG 法回收系统中一次风机转速过低且氧枪联锁失效，一氧化碳在炉膛或烟道内聚积，遇激发能源爆炸；水封高度不够或煤气设施存在破损，致使煤气泄漏造成中毒；由于高位平台通风不良，在下枪时有人在平台上作业，且未携带一氧化碳报警仪造成煤气中毒；转炉煤气放散未设点火装置，在气压较低时无法及时扩散，可能导致煤气中毒；水封逆止阀水封高度不够，检修过程中煤气倒流造成煤气中毒；因操作失误或含氧量监测仪器故障含氧量超限，导致煤气系统燃烧爆炸；煤气正压系统因安装不良、磨损、老化等原因导致煤气泄漏，造成中毒甚至火灾、爆炸事故；进行煤气场所作业时，未按规定置换、清扫、检测及佩戴劳动防护用品，作业过程中发生中毒，甚至着火、爆炸事故。

　　干法除尘系统中风机后管线泄漏，造成一氧化碳中毒、着火。风机前管线泄漏、泄爆未复位，造成空气吸入后煤气中氧含量增高，在电除尘中发生爆炸；设备检修不能可靠切断煤气，或进入设备未通风置换和检测造成中毒或氮气窒息；热烟气泄漏造成热水、蒸汽、粉尘等烫伤；电气设备未认真执行停电挂牌，或进入电除尘未可靠接地和验电造成电击、触电；电除尘泄爆产生二次粉尘。

　　（4）发生炉煤气主要风险点。煤气发生炉的设备、管道、阀门密封不良，有火灾、爆炸、中毒和窒息的风险，应使用便携式气体报警仪定期检查，发现泄漏应及时处理；未配置气体检测报警仪或气体检测报警仪存在缺陷，有火灾、爆炸、中毒和窒息的风险，应配置一氧化碳固定式、便携式气体报警仪，并应校验气体报警仪；电气不防爆，煤气输送管道未静电接地，管道法兰未静电跨接有火灾、爆炸的风险。

7.3　煤气典型事故案例

事故案例 1　煤气柜检修煤气倒灌中毒事故

　　事故经过： 2012 年 2 月 23 日，某钢铁公司在 8 万立方米转炉煤气柜检修过程中，转炉煤气倒灌进入煤气柜，造成柜内 6 名作业人员中毒死亡。

事故原因： 检修人员在更换直径为 630mm 的转炉煤气回流管蝶阀时，因螺栓锈蚀，拆卸不便，误将前部已设置盲板的法兰紧固螺栓割除，从而使盲板部分脱落，回流管道内的转炉煤气倒灌进入煤气柜。造成柜内作业人员中毒。

事故案例 2　炉内检修煤气泄漏中毒事故

事故经过： 2018 年 1 月 31 日，某钢厂进行炉内耐火砖砌筑作业时，发生煤气泄漏造成 9 人经抢救无效死亡、2 人受伤。

事故原因： 隔断煤气的蝶阀、水封功能失效，大量高压高炉煤气通过蝶阀、击穿水封，经过管道进入锅炉炉内，并扩散至锅炉周边；检维修前未能及时发现水封表层结冰无法正常补水造成水封水位降低的重大隐患，导致蝶阀不能有效阻隔高压煤气，水封被击穿；应急处置存在严重失误，事故发生后先行到场的两名监护人员在未采取任何防护措施的情况下盲目进入现场施救，造成自身伤亡，损失进一步扩大。

7.4　煤气常见事故隐患图鉴

隐患 324： 煤气柜建设未远离居民稠密区。规范设置如图 7-9 所示。

判定依据： 《工贸行业重大生产安全事故隐患判定标准》（安监总管四〔2017〕129 号）冶金行业第七条"煤气柜建设在居民稠密区，未远离大型建筑、仓库、通信和交通枢纽等重要设施；附属设备设施未按防火防爆要求配置防爆型设备；柜顶未设置防雷装置。"

可能造成的后果： 煤气柜中储存大量煤气，属于重大危险源，煤气柜如果建设在居民稠密

图 7-9　煤气柜建设远离居民稠密区

区，发生大量煤气泄漏，扩散到周边地区，容易造成群死群伤的重特大事故。

隐患 325： 煤气柜 3m 范围内的操作箱未配置防爆型设备（图 7-10a）。规范设置如图 7-10b 所示。

a

b

图 7-10　煤气柜操作箱按防火防爆要求配置防爆型设备设置情况

a—配电箱为不防爆型开关；b—配置防爆型开关

判定依据：《钢铁企业煤气储存和输配系统设计规范》（GB 51128—2015）第 9.1.2 条"煤气储存和输配系统爆炸危险环境区域划分，应符合表 9.1.2 的规定。"

表 9.1.2　爆炸危险环境区域划分

名称	区域场所或装置名称	爆炸危险环境区域划分
煤气柜	煤气柜活塞与柜顶之间空间	1 区
	煤气柜进口和出口管道地下室内	1 区
	煤气柜侧板外 3.0m 范围内，柜顶上 4.5m 范围内	2 区
	油泵房（站）、电梯机房	2 区
煤气加压站（煤气压缩站）	焦炉煤气加压机间（压缩机间）	1 区
	转炉煤气，高炉煤气或混合煤气加压机间（压缩机间）	2 区
煤气净化设备	相对密度小于或等于 0.75 的煤气净化设备外缘外 4.5m、高 7.5m 范围内；	2 区
	相对密度大于 0.75 的煤气净化设备外缘外 3.0m 范围内	
煤气管道	煤气管道上的法兰等外缘 3.0m 范围内	2 区

注：1　当混合煤气爆炸下限小于 10% 时，混合煤气加压机间按 1 区防爆设计。
　　2　露天敷设在高炉煤气管道上的蝶阀、闸阀和球阀（其后无盲板及盲板阀）的电动设施可按无爆炸危险环境确定。其余煤气管道上阀门的电动设施按 2 区防爆设计。
　　3　混合站爆炸危险环境区域划分归属煤气管道。
　　4　当煤气相对密度小于或等于 0.75 时，煤气柜顶上 7.5m 范围内的爆炸危险环境区域划分为 2 区。

可能造成的后果：煤气柜是大量储存煤气的设施，煤气柜及管道的阀门，存在煤气泄漏风险，所以煤气柜侧板外 3m 范围内属于防爆区域。若该区域内的操作箱未选用防爆型设备，使用过程中会产生电气火花，一旦接触到泄漏的煤气，容易发生煤气火灾、爆炸等事故。

隐患 326：煤气柜柜顶未设置防雷装置（图 7-11a）。规范设置如图 7-11b 所示。

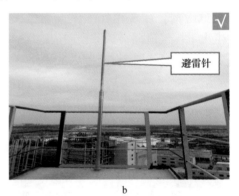

避雷针

图 7-11　煤气柜顶防雷设置情况
a—煤气柜顶未设置防雷装置；b—煤气柜顶设置防雷装置

判定依据：《工贸行业重大生产安全事故隐患判定标准》（安监总管四〔2017〕129号）冶金行业第七条"煤气柜建设在居民稠密区，未远离大型建筑、仓库、通信和交通枢纽等重要设施；附属设备设施未按防火防爆要求配置防爆型设备；柜顶未设置防雷装置。"

可能造成的后果：煤气柜是储配站内的主要设施，煤气属于易燃易爆气体，一旦发生泄漏，遇点火源容易引发火灾爆炸事故。煤气柜顶设置防雷设施能在遭遇雷击时将高压雷电引至大地。如果未设置防雷设施或设置不规范，遇雷击时，可能会点燃泄漏煤气引发事故，还可能破坏柜顶、柜体设施，造成煤气大量泄漏。

隐患 327：已构成重大危险源的煤气柜，未进行重大危险源评估、备案。规范管理如图 7-12 所示。

图 7-12　煤气柜进行重大危险源备案情况

判定依据：《冶金企业和有色金属企业安全生产规定》（国家安全生产监督管理总局令〔2018〕第 91 号）第十六条"对于辨识出的重大危险源，企业应当登记建档、监测监控，定期检测、评估，制定应急预案并定期开展应急演练。企业应当将重大危险源及有关安全措施、应急预案报有关地方人民政府负有冶金有色安全生产监管职责的部门备案。"

可能造成的后果：重大危险源是指长期或临时生产、加工、使用或储存的危险化学品，且危险化学品的数量等于或超过临界量的单元。煤气属于危险化学品，煤气柜的储存量较大，大多都会超过重大危险源的临界值，构成重大危险源，按照《危险化学品重大危险源监督管理暂行规定》进行评估、备案。如果未及时评估、备案，日常运行管控过程中监管不到位，容易造成疏漏，发生煤气事故。

隐患 328：煤气柜的机械柜位计锈蚀严重，观测不清（图 7-13a）。规范设置如图 7-13b 所示。

图 7-13　煤气柜机械柜位计设置情况
a—煤气柜机械柜位计锈蚀严重；b—煤气柜机械柜位计准确有效

判定依据：《工业企业干式煤气柜安全技术规范》（GB 51066—2014）第 4.5.8 条第

2 款"干式柜应设置机械柜位计和电子式柜位计各 1 套。"

可能造成的后果: 柜位计是实时显示煤气柜内煤气容量的装置。如果柜位计锈蚀,不能及时掌握煤气柜内煤气储存量,容易造成误操作,引发煤气泄漏事故。

隐患 329: 煤气柜区域未设置风速、温度等监测装置(图 7-14a)。规范设置如图 7-14b 所示。

图 7-14　煤气柜区实时监测风速、风向、环境温度等参数设置情况
a—煤气柜区域未设置实时监测风速、风向、环境温度等监测装置;
b—煤气柜区实时监测风速、风向、环境温度等参数

判定依据: 《危险化学品重大危险源罐区现场安全监控设备设置规范》(AQ 3036—2010)第 4.2.7 条"罐区应实时监测风速、风向、环境温度等参数。"

可能造成的后果: 煤气柜一般属于重大危险源,煤气柜是煤气输送、缓存煤气的设施,存在煤气泄漏的风险,需要及时监测风速、风向、温度等环境因素,一旦发生煤气泄漏可以采取针对性的安全措施,尽可能地控制并降低风险。如果不实时掌握风速、风向等相关信息,一旦发生异常状况,容易处置不当造成事故。

隐患 330: 煤气压缩机房外煤气管道排水器落水管未设置双阀门(图 7-15a)。规范设置如图 7-15b 所示。

图 7-15　煤气管道落水管双阀门设置情况
a—未设置双阀门;b—设置落水管道为上、下两道阀门

判定依据：《煤气排水器安全技术规程》（AQ 7012—2018）第 5.2.4 条"煤气主管与水封排水器之间的连接管上应安装上、下两道阀门，宜采用开度阀。"

可能造成的后果： 煤气排水器的落水管上设置上、下两道阀门，上阀门作为检修、应急的阀门，下阀门作为临时切断煤气管道的阀门。若煤气压缩机房外煤气管道排水器仅设置单阀门，在检修作业过程中，可能因无可靠切断措施，容易发生煤气泄漏，造成煤气中毒和火灾爆炸事故。

隐患 331： 煤气管道无接地或接地不完整（图 7-16a）。规范设置如图 7-16b 所示。

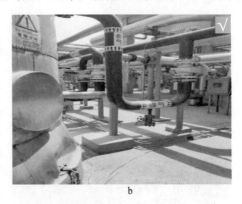

图 7-16　煤气管道接地要求设置情况
a—煤气管道无接地或接地不完整；b—煤气管道规范接地

判定依据：《钢铁企业煤气储存和输配系统设计规范》（GB 51128—2015）第 9.1.5 条"4　煤气管道应有防静电和防雷的接地装置，其接地电阻不应大于 10Ω，法兰和螺栓连接处的电阻应小于 0.03Ω。管道末端和转弯处应设接地装置，管道直线段相邻接地装置间的长度应小于或等于 100m，但距离建筑物 25m 内的管道，应接地一次。"

可能造成的后果： 煤气在管道内流动过程中会产生静电，如未设置静电接地将管道积聚的静电释放，积聚的静电可能产生火花，造成煤气着火、爆燃事故。

隐患 332： 有限空间警示标识缺少名称、编号等内容（图 7-17a）。规范设置如图 7-17b 所示。

图 7-17　有限空间警示标识设置情况
a—有限空间未设置安全警示标志；b—有限空间设置了安全告知牌

判定依据：《工贸企业有限空间作业安全管理与监督暂行规定》（国家安全监管总局令第 59 号公布，第 80 号修正）第 19 条"工贸企业有限空间作业还应当符合下列要求：（二）设置明显的安全警示标志和警示说明。"

可能造成的后果：有限空间存在窒息、有毒有害气体聚集等风险，警示标识提示信息中应包括风险、防范措施、应急处置、检测要求等内容，防止作业人员对有限空间风险及防范措施不知晓，盲目进入作业，造成中毒和窒息等事故。

隐患 333：焦炉煤气加压机动力线防爆软管接头不规范（图 7-18a）。规范设置如图 7-18b 所示。

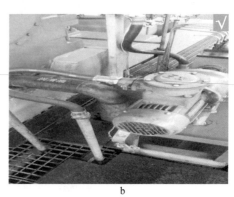

图 7-18　电机防爆软管设置情况
a—动力线防爆软管接头不规范；b—动力线防爆软管规范穿管

判定依据：《危险场所电气防爆安全规范》（AQ 3009—2007）第 6.1.1.3.10 条"导管系统中下列各处应设置与电气设备防爆型式相当的防爆挠性连接管：
——电动机的进线口；
——导管与电气设备连接有困难处；
——导管通过建筑物的伸缩缝、沉降缝处。"

《钢铁企业煤气储存和输配系统设计规范》（GB 51128—2015）第 9.1.2 条"煤气储存和输配系统爆炸危险环境区域划分，应符合表 9.1.2 的规定。"

可能造成的后果：焦炉煤气加压机是一种煤气升压设备，焦炉煤气加压机区域内煤气管道、阀门等设备设施较多，容易发生煤气泄漏，属于防爆 1 区。当设备的动力电缆防爆软管接头不规范，不具备防爆功能，绝缘破损漏电产生电气火花，遇泄漏的煤气会造成煤气火灾、爆炸事故。

隐患 334：焦炉煤气加压机房空冷器电源线未穿防爆管（图 7-19a）。规范设置如图 7-19b 所示。

判定依据：《电气装置安装工程爆炸和火灾危险环境电气装置施工及验收规范》（GB 50257—2014）第 5.3.6 条"钢管配线应在下列各处装设防爆挠性连接管：1. 电机的进线口处；2. 钢管与电气设备直接连接有困难处；3. 管路通过建筑物的伸缩缝、沉降缝处。"

《钢铁企业煤气储存和输配系统设计规范》（GB 51128—2015）中表 9.1.2：焦炉煤气加压机房是煤气防爆 1 区。

图 7-19　动力电源线防爆软管设置情况

a—电源线未穿设防爆管；b—电源线规范穿设防爆管

可能造成的后果： 焦炉煤气加压机空冷器是起冷却和净化煤气作用的设备，属于防爆1 区。如果设备设施日常维护不良或操作失误，易造成煤气泄漏积聚。煤气加压机房内电气设施电源接线不符合防爆要求，使用时会产生电火花，遇到泄漏的煤气，容易引发火灾爆炸事故。

隐患 335： 高炉煤气管道未设置可靠的隔断装置（图 7-20a）。规范设置如图 7-20b所示。

支管引接处

图 7-20　高炉煤气管道可靠的隔断装置设置情况

a—无可靠隔断装置；b—煤气管道总管分支处加装可靠的隔断装置

判定依据：《工贸行业重大生产安全事故隐患判定标准》（安监总管四〔2017〕129号）"一、冶金行业：第 9 条　高炉、转炉、加热炉、煤气柜、除尘器等设施的煤气管道未设置可靠隔断装置和吹扫设施。"

可能造成的后果： 煤气管道可靠隔断装置是在煤气停用时彻底切断煤气来源的阀门，现行公认的可靠隔断装置有盲板、盲板阀、眼镜阀。如果没有设置可靠隔断装置，检维修时，煤气隔断不彻底，容易泄漏到作业区域，造成煤气中毒或火灾爆炸事故。

隐患 336： 高炉煤气主管上的支管引接处未设置可靠的隔断装置（图 7-21a）。规范设置如图 7-21b 所示。

图 7-21   煤气分配主管上支管引接处可靠的隔断装置设置情况

a—无可靠的隔断装置；b—支管引接处加装隔断装置

判定依据：《工贸行业重大生产安全事故隐患判定标准》（安监总管四〔2017〕129号）"一、冶金行业：第 10 条　煤气分配主管上支管引接处，未设置可靠的切断装置；车间内各类燃气管线，在车间入口未设置总管切断阀。"

《工业企业煤气安全规程》（GB 6222—2005）第 6.2.1.10 条"煤气分配主管上支管引接处必须设置可靠的隔断装置。"

可能造成的后果：煤气支管是通往各用气点的分支管道。单一用气点检修时，需采用可靠隔断装置，将煤气支管从主管中隔离出来。如果未设置可靠的隔断装置，主管中的煤气可能通过煤气支管泄漏到检修点，造成人员中毒窒息、火灾爆炸事故。

隐患 337：炼铁厂重力除尘器卸灰平台未安装固定式煤气报警仪（图 7-22a）。规范设置如图 7-22b 所示。

图 7-22   炼铁厂重力除尘器卸灰平台固定式煤气报警仪设置情况

a—未加装固定式报警仪；b—平台处加装固定式报警仪

判定依据：《炼铁安全规程》（AG 2002—2018）第 6.9 条"除尘器卸灰平台等易产生煤气泄漏而人员作业频率较高的区域，应设固定式一氧化碳监测报警装置。"

可能造成的后果：高炉冶炼过程中会产生混有灰尘的煤气，通过高炉炉顶负压抽风，再通过重力除尘器进行除尘，高炉重力除尘器是利用粉尘自身的重力，将煤气中粉尘沉降分离的装置。高炉重力除尘器下部设有粉尘颗粒收集仓，需定期进行排灰，但应保留一定的灰量用于封堵煤气。如果排灰操作不当，收集仓内未留有一定灰量，会造成煤气溢出。重力除尘器卸灰平台若没有设置固定式煤气报警仪，如果发生煤气溢出，作业人员不知晓，容易发生煤气中毒和窒息事故。

隐患 338：炼铁 BPRT 机房内控制电源箱不防爆（图 7-23a）。规范设置如图 7-23b 所示。

图 7-23　炼铁 BPRT 机房内控制电源箱防爆装置设置情况
a—控制电源箱不防爆；b—控制电源箱防爆

判定依据：《钢铁企业煤气储存和输配系统设计规范》（GB 51128—2015）第 9.1.2 条：煤气管道上的法兰等外缘在 3.0m 范围内，是防爆 2 区。

可能造成的后果：BPRT 是利用高炉煤气的压力及热能进行发电的设备。BPRT 机房内有大量煤气管道和阀门，存在煤气泄漏风险，该区域属于防爆区域，控制电源箱的选用、安装若不符合防爆要求，可能会产生电火花，遇到泄漏的煤气，容易引发火灾、爆炸事故。

隐患 339：转炉煤气管道人孔处未设置有限空间安全警示标志（图 7-24a）。规范设置如图 7-24b 所示。

判定依据：《工贸行业重大生产安全事故隐患判定标准》（安监总管四〔2017〕129号）"三、有限空间作业相关的行业领域　1. 未对有限空间作业场所进行辨识，并设置明显安全警示标志。"

可能造成的后果：转炉煤气中含有一定杂质，长时间使用，杂质会在煤气管道中聚积，人员需进入管道内部进行清理。由于管道人孔出入口狭小，管道内有煤气中毒风险，故煤气管道属于有限空间。如果未在管道人孔处设置有限空间安全警示标志，人员不知晓作业风险，盲目进入容易造成中毒窒息等事故。

图 7-24　煤气管道人孔处有限空间安全警示标志设置情况

a—有限空间未辨识，未设置安全警示标志；b—辨识有限空间并设置安全警示标志

隐患 340：带煤气作业时无煤气防护人员在场监护（图 7-25a）。规范设置如图 7-25b 所示。

图 7-25　带煤气作业现场监护标准情况

a—带煤气作业无煤气防护站人员在场监护；b—带煤气作业煤气防护站人员专人监护

判定依据：《工业企业煤气安全规程》（GB 6222—2005）第 10.2.6 条 "带煤气作业如带煤气抽堵盲板、带煤气接管、高炉换探料尺、操作插板等危险工作作业时，应有煤气防护站人员在场监护。"

可能造成的后果：带煤气作业是在有煤气的环境中进行作业。由于作业过程中人员直接暴露在煤气环境中，若出现作业不规范、空气呼吸器缺陷等，容易发生火灾爆炸、中毒窒息事故。现场安排煤气防护站人员进行监护，可对人员作业过程进行监督，并在发现煤气中毒事故时第一时间进行救援。

隐患 341：煤气管道最低点冷凝水采用直接排放的方式，未使用煤气排水器（图7-26a）。规范设置如图 7-26b 所示。

图 7-26　煤气管道冷凝水设置情况

a—冷凝水直排；b—煤气管道采用排水器排水

判定依据：《钢铁企业煤气安全管理规范》（DB 32/T 3954—2020）第 7.3.4 条"煤气管道应使用排水器排水，不应单纯使用阀门排水。"

可能造成的后果：水封式煤气排水器是利用水柱高度克服煤气管道压力，将煤气管道中的冷凝水、积水等物质，通过溢流方式自动排出，而阻止煤气溢出的装置。如果采用直接排放的方式排放煤气管道中的冷凝水，人员排水过程会因操作不当，导致管道中冷凝水全部放完、煤气溢出，发生煤气中毒、火灾爆炸等事故。

隐患 342：煤气排水器未悬挂安全警示标志（图 7-27a）。规范设置如图 7-27b 所示。

图 7-27　煤气排水器安全警示标志设置情况

a—煤气排水器处未悬挂安全警示标志；b—煤气排水器处设置安全警示标志

判定依据：《煤气排水器安全技术规程》（AQ 7012—2018）第6.1.5条"煤气排水器上应有醒目的安全警示标志，编号进行管理。"

可能造成的后果：煤气排水器是收集并排出煤气管网中的冷凝水、积水和污物，以保证煤气管道畅通的一种附属设备。排水器因水位过低或腐蚀，可能会导致煤气泄漏等事故。如果未设置安全警示标志，周边作业人员可能会因疏忽或不知晓安全风险，未采取有效的防护措施，引发煤气中毒事故。

隐患343：排水器连接管的管径不符合规范要求，管径偏小（图7-28a）。规范设置如图7-28b所示。

图7-28　排水器的落水管管径标准情况

a—连接管管径过小；b—合规的连接管管径

判定依据：《煤气排水器安全技术规程》（AQ 7012—2018）第4.2.1条"煤气主管内径>2000mm，连接管内径>125mm。"

可能造成的后果：煤气在生产时会带有较高温度的水蒸气和杂质，随着管道输送逐步冷却，形成冷凝水及沉积物。排水器是有效排出煤气中冷凝水及沉积物的设施。如果排水器与煤气主管之间的连接管管径过小，会因为堵塞、流速过慢等情况导致凝结水及沉积物不能有效排出，会加剧管道腐蚀，增加管道承重，严重的会造成煤气管道垮塌、泄漏事故。

隐患344：带煤气作业时操作人员未佩戴呼吸器（图7-29a）。规范设置如图7-29b所示。

判定依据：《工业企业煤气安全规程》（GB 6222—2005）第10.2.6条"带煤气作业如带煤气抽堵盲板、带煤气接管、高炉换探料尺、操作插板等危险工作作业时，应有煤气防护站人员在场监护；操作人员应佩戴呼吸器或通风式防毒面具。"

可能造成的后果：带煤气作业是在有煤气的环境中进行作业，属于危险作业。由于作业过程中人员直接暴露在煤气环境中，如果作业过程中不佩戴空气呼吸器可能会发生中毒窒息事故。

图 7-29 煤气作业佩戴呼吸器情况

a—带煤气作业时操作人员未佩戴呼吸器；b—带煤气作业时操作人员佩戴呼吸器

隐患 345：剩余煤气放散塔高度为 40m，不足 50m（图 7-30a）。规范设置如图 7-30b 所示。

图 7-30 煤气放散塔高度设置情况

a—煤气放散塔高度不足 50m；b—煤气放散塔高度超过 50m

判定依据：《钢铁企业煤气储存和输配系统设计规范》（GB 51128—2015）第 8.4.1 条第 9 款"剩余煤气放散塔燃烧器顶端的高度应高出周围建筑物，且距离地面不应小于 50m，并应高出操作平台 4m 以上。"

可能造成的后果：剩余煤气放散塔是用于煤气无法回收或异常情况下的一种煤气排放装置，要求不低于 50m。煤气中含有一氧化碳、氢气、烃类等物质，如放散塔高度不足，在大气压低的情况下，未经燃烧或燃烧不充分，煤气会因为扩散不充分在一定区域内聚集，造成人员煤气中毒。

隐患 346：剩余煤气放散塔未点火放散（图 7-31a）。规范设置如图 7-31b 所示。

图 7-31　煤气放散塔点火放散设置情况

a—煤气放散塔未点火放散；b—煤气放散塔点火放散

判定依据：《钢铁企业煤气储存和输配系统设计规范》（GB 51128—2015）第 8.4.1 条第 4 款"剩余煤气放散塔应采用点火燃烧放散。"

可能造成的后果：煤气放散塔是用于煤气无法回收或异常情况下的一种煤气排放装置。煤气中含有一氧化碳、氢气、烃类等物质，需要进行点燃，将一氧化碳燃烧成二氧化碳，如果没有进行点燃放散，在大气压低的情况下，煤气会因为扩散不充分在一定区域内聚集，造成人员煤气中毒。

隐患 347：煤气区域点检作业时未佩戴便携式煤气报警器（图 7-32a）。规范设置如图 7-32b 所示。

图 7-32　进入煤气区域煤气报警器佩戴标准情况

a—进入煤气区域未佩戴便携式煤气报警器；b—进入煤气区域佩戴便携式煤气报警器

判定依据：《工作场所有毒气体检测报警装置设置规范》（GBZ/T 223—2009）第

6.1.4.3 条"不便安装固定式或移动式检测报警仪，或者劳动者临时性活动的有毒气体工作场所，或发生事故应急条件下，宜配备便携式有毒气体检测报警仪。"

可能造成的后果：煤气区域存在煤气泄漏风险。如果进入煤气区域未佩戴便携式煤气报警器，一旦发生煤气泄漏，作业人员不能及时知晓并撤离，容易发生中毒窒息事故。

隐患348：进入煤气区域未两人同行（图7-33a）。规范设置如图7-33b所示。

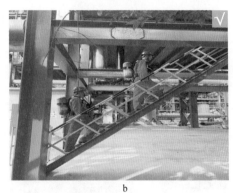

图 7-33 进入煤气区域两人同行标准要求

a—进入煤气区域未两人同行；b—进入煤气区域两人同行

判定依据：《钢铁企业煤气安全管理规范》（DB 32/T 3954—2020）第4.1.7条"进入煤气危险区域应佩戴便携式 CO 检测报警器，至少两人同行，不得并行。"

可能造成的后果：煤气区域存在煤气泄漏风险。如果一人单独进入煤气危险区域，一旦发生煤气中毒，不能及时上报并救援，会延误救援时机，引发人员伤亡。

隐患349：轧钢加热炉烧嘴平台未安装固定式煤气报警器（图7-34a）。规范设置如图7-34b所示。

图 7-34 轧钢加热炉烧嘴平台煤气报警器设置情况

a—平台无煤气报警仪；b—平台设煤气报警仪

判定依据：《冶金企业和有色金属企业安全生产规定》（国家安全生产监督管理总局令〔2018〕第91号）第32条"生产、储存、使用煤气的企业应当严格执行《工业企业煤气安全规程》（GB 6222—2005），在可能发生煤气泄漏、聚集的场所，设置固定式煤气检测报警仪和安全警示标志。"

可能造成的后果：轧钢加热炉是通过燃烧煤气对钢坯进行加热的装置。加热炉烧嘴平台设置有大量煤气烧嘴、法兰、阀门等设施，存在煤气泄漏风险。如果没有按照规程设置固定式煤气报警仪，发生煤气泄漏时，周围作业人员不能第一时间发现、逃生与救援，易造成中毒和窒息、火灾、爆炸事故。

隐患 350：煤气排水器缺少产品标识牌（图 7-35a）。规范设置如图 7-35b 所示。

a　　　　　　　　　　　　　　　　b

图 7-35　煤气排水器产品标识牌设置情况

a—煤气排水器参数不全；b—煤气排水器参数齐全

判定依据：《煤气排水器安全技术规程》（AQ 7012—2018）第 4.5.1 条"排水器应在明显部位设置产品标识牌，标识牌内容应包括：a）排水器的型号；b）适用煤气种类；c）排水器的标称压力（干式：MPa；水封式：mmH$_2$O）；d）最大排水量；e）产品的编号；f）生产单位。"

可能造成的后果：排水器应在明显部位设置产品标识牌，产品标识牌上的型号、压力、排水量、煤气种类等信息，是以可视化的形式告知人员该设备设施的重要风险信息。信息不全，人员不知晓，可能导致误操作，引发事故。

隐患 351：多点式煤气报警控制器的点位图与线路不相符。规范设置如图 7-36 所示。

判定依据：《工作场所有毒气体检测报警装置设置规范》（GBZ/T 223—2009）第 6.4.3 条"多点式报警控制器，在多个检测报警回路之间应具有独立工作功能，以避免互相影响。并能识别每路报警信号的位号。"

可能造成的后果：现场多个固定式煤气报警器将煤气监测数值信号接入操作室控制器，并标明每个报警器的安装位置。如果标注的位置与实际安装位置不一致，发生煤气泄漏时不能准确判断煤气泄漏点，延误处置时间。

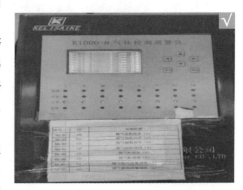

图 7-36　煤气集中报警点位图与
线路相符，运行正常

隐患 352：煤气管道缺少防撞护栏和限高标识（图 7-37a）。规范设置如图 7-37b 所示。

图 7-37 煤气管道标高、防撞要求设置情况

a—煤气管道无防撞护栏和限高标识；b—煤气管道安装防撞护栏和限高标识

判定依据：《关于进一步加强冶金企业煤气安全技术管理的有关规定》（安监总管四〔2010〕125 号）第十三条"横跨道路煤气管道要标示标高，并设置防撞护栏"。

可能造成的后果：煤气管道跨越道路敷设时，如果没有安装防撞护栏和标注限高标识，通行的车辆超高时，会碰撞煤气管道，可能会造成管道撕裂、煤气大量泄漏，发生煤气中毒、火灾、爆炸事故。

隐患 353：煤气放散管挣绳缺失（图 7-38a）。规范设置如图 7-38b 所示。

图 7-38 煤气放散管挣绳设置情况

a—煤气放散管挣绳缺失；b—煤气放散管挣绳完好有效

判定依据：《工业企业煤气安全规程》（GB 6222—2005）第 7.3.1.4 条"放散管根部应焊加强筋，上部用挣绳固定。"

可能造成的后果：煤气管道放散管通常以焊接的方式与主管连接，由于高度较高，受恶劣天气影响，在风力作用下，放散管会持续晃动。若不设挣绳，放散管底部连接处易发生金属疲劳、产生裂缝，造成煤气泄漏。

隐患 354：煤气放散管根部未设置加强筋板（图 7-39a）。规范设置如图 7-39b 所示。

无加强筋板

a　　　　　　　　　　　　b

图 7-39　煤气放散管加强筋板设置情况

a—煤气放散管根部未设置加强筋板；b—煤气放散管根部设置加强筋板

判定依据：《工业企业煤气安全规程》（GB 6222—2005）第 7.3.1.4 条 "放散管根部应焊加强筋板，上部用挣绳固定。"

可能造成的后果：加强筋板起到加强放散管与煤气管道连接强度的作用，避免当遇到大风等恶劣天气时，放散管超幅摆动，底部连接处易发生金属疲劳、产生裂缝，造成煤气泄漏。

隐患 355：煤气管道正下方设置值班室（图 7-40）。

判定依据：《工业企业煤气安全规程》（GB 6222—2005）第 6.2.1.2 条 "在已敷设的煤气管道下面，不应修建与煤气管道无关的建筑物和存放易燃、易爆物品。"

可能造成的后果：煤气中含有杂质和水，长时间使用会腐蚀煤气管道，造成煤气泄漏。如果管道下方设置值班室、操作室等人员聚集场所，煤气泄漏时容易发生中毒窒息事故。

煤气主管

图 7-40　煤气管道正下方设置值班室

隐患 356：有炽热铁水经过的煤气管道下方未设置隔热措施。规范设置如图 7-41 所示。

判定依据：《工业企业煤气安全规程》（GB 6222—2005）第 6.2.1.2 条 "煤气管道架空敷设应遵守下列规定：架空管道靠近高温热源敷设以及管道下面经常有装载炽热物件的车辆停留时，应采取隔热措施。"

可能造成的后果：运输的液态铁水温度一般在1300℃以上，如果液态铁水穿行在煤气管道下方且管道未设置隔热措施，铁水运输时发生故障，铁水长时间停在管道下方，管道可能会因高温烘烤，发生金属变形、断裂，导致煤气泄漏，造成火灾爆炸等事故。

隐患357：煤气管道区域施工人员未佩戴便携式煤气报警器（图7-42）。

图7-41　有炽热铁水经过的煤气管道
下方隔热措施设置情况
（煤气管道下方设置隔热措施）

图7-42　煤气区域施工人员佩戴煤气报警器情况
（煤气区域施工人员未佩戴煤气报警器）

判定依据：《工作场所有毒气体检测报警装置设置规范》（GBZ/T 223—2009）第6.1.4.3条"不便安装固定式或移动式检测报警仪，或者劳动者临时性活动的有毒气体工作场所，或发生事故应急条件下，宜配备便携式有毒气体检测报警仪。"

可能造成的后果：煤气管道因腐蚀、阀门漏气等因素存在煤气泄漏风险。施工人员进入煤气管道区域如果没有佩戴便携式煤气报警器，一旦发生煤气泄漏，施工人员不能及时知晓并采取应急措施，容易发生煤气中毒和窒息事故，甚至群死群伤事故。

隐患358：煤气管道上U形水封补水阀无止回阀（图7-43a）。规范设置如图7-43b所示。

a　　　　　　　　　　b

图7-43　U形水封补水管上止回阀设置情况
a—给水管上未设止回阀；b—给水管上设置止回阀

判定依据：《工业企业煤气安全规程》（GB 6222—2005）第 7.2.3.2 条 "水封的给水管上应设给水封和止回阀。"

可能造成的后果：煤气管道上的 U 形水封是通过水封内的水柱隔断煤气的装置，给水管处于水柱的上部与煤气管道连通。给水管上未设止回阀，当给水管断水时，煤气管道内的煤气会倒窜进入给水管中，造成水管内带煤气，可能引起人员中毒、火灾或爆炸事故。

隐患 359：氮气吹扫管未与煤气管道断开（图 7-44a）。规范设置如图 7-44b 所示。

图 7-44　吹扫氮气管与煤气管道设置情况

a—氮气吹扫管未与煤气管道断开；b—氮气吹扫管与煤气管道断开

判定依据：《工业企业煤气安全规程》（GB 6222—2005）第 7.5.2 条 "蒸汽或氮气管接头应安装在煤气管道的上面或侧面，管接头上应安旋塞或闸阀。为防止煤气串入蒸汽或氮气管内，只有在通蒸汽或氮气时，才能把蒸汽或氮气管与煤气管道连通，停用时应断开或堵盲板。"

可能造成的后果：煤气管道在投用前和停用后，需要使用氮气等惰性气体对煤气管道内的空气和残留煤气进行吹扫置换，正常生产时需要断开。当吹扫管采用硬连接，未脱开，煤气管道使用时，如果氮气管道中压力低于煤气管道中压力，煤气可能会倒串入氮气管道，造成氮气中带煤气，引发煤气中毒事故。

隐患 360：煤气主管与水封排水器之间连接管未设置上道阀门（图 7-45a）。规范设置如图 7-45b 所示。

判定依据：《煤气排水器安全技术规程》（AQ 7012—2018）第 5.2.4 条 "煤气主管与水封排水器之间的连接管上应安装上、下两道阀门，宜采用开度阀。"

可能造成的后果：煤气管道内凝结水通过连接管流入排水器排出，规程规定煤气主管与水封排水器之间的连接管上应安装上、下两道阀门，连接管上部靠近碗口处设置的上道阀门，也称作检修阀门，若该阀门缺失，在发生煤气排水器异常泄漏，下阀门可能失效时，就不能及时切断煤气来源，容易造成检修人员煤气中毒。

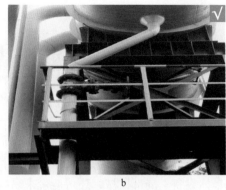

a   b

图 7-45 煤气主管与煤气排水器之间连接管上道阀门设置情况

a—煤气主管与水封排水器之间连接管未设置上道阀门；b—煤气主管与水封排水器之间连接管设置有上道阀门

8 公辅事故隐患图鉴

钢铁企业生产工艺较为复杂，各环节涉及大量的水、电、气等能源介质的供应、处理，这类设备设施一般统称为公辅系统（简称公辅）。公辅系统运行过程存在的风险，不仅影响单体设备、局部区域，还可能带来系统性风险，因此，公辅系统的可靠运行需要予以高度重视。各企业公辅系统由于工艺、设备的不同存在细微差别，本章对常见的制氧工艺、煤气发电工艺、水处理工艺进行介绍。

8.1 公辅工艺流程简介

8.1.1 制氧

制氧是钢铁企业主要的辅助工序之一，为炼铁、炼钢、轧钢等工序提供了氧气、氮气、氩气等气体介质。钢铁生产，传统的是长流程，即烧结、焦化、炼铁、炼钢、轧钢，后来又发展了短流程，即电炉、连铸、连轧，电炉用氧迅速增长；此外，随着钢铁质量的提高和新技术的发展，炉外精炼、顶底复合吹炼以及溅渣护炉等技术的采用，不但氧气用量迅速增加，而且氮气、氩气用量也增长较快。高炉富氧鼓风、高炉炉顶密封、煤粉喷吹等也是用氧、用氮的大户。

制氧工艺主要有深冷空分工艺、变压吸附工艺、膜分离工艺。其中深冷空分工艺是传统制氧技术，氧气纯度高、产品种类多，适用于大规模制氧；变压吸附工艺适用于氧气纯度不太高、中小规模应用场合；膜分离工艺尚不太成熟，基本未得到工业应用。现行各大钢铁企业的制氧工艺以空分制氧为主，故本工艺介绍以空分制氧为例，空分工艺流程如图8-1所示。

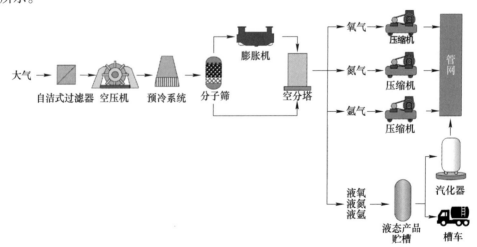

图 8-1　制氧厂深冷空分工艺流程图

空气在过滤器中除去灰尘和机械杂质后，进入空气透平压缩机进行压缩，然后送入空气冷却塔进行清洗和预冷。再从空气冷却塔的下部进入，从顶部流出。出空冷塔的空气进入交替使用的分子筛吸附器，在吸附器内原料空气中的水分、CO_2、C_2H_2等不纯物质被分子筛吸附，使原料空气得到净化。进入下塔抽取的液氧、污液氮、纯液氮，进入过冷器过冷后送入上塔相应部位。经上塔进一步精馏后，在上塔底部获得纯度为99.6%的液氧，经液氧泵加压至所需压力后进入主换热器复热出冷箱得到氧气产品。从冷凝蒸发器底部抽出液氧产品送入液氧贮槽。从上塔中部抽取一定量的氩馏分送入粗氩塔，经粗氩塔精馏得到粗氩气，送入纯氩塔中部，经纯氩塔精馏在塔底部得到纯度为99.999%的纯液氩，作为产品抽出送入液氩贮槽。从上塔顶部抽出纯氮气，经过冷器、换热器复热后出冷箱供用户，多余气体送水冷塔。从过冷器后的液氮管道抽出产品液氮送入液氮贮槽。

8.1.2 煤气发电

钢铁企业在生产过程中产生大量的副产品煤气，富余煤气直接放散，既是极大的资源浪费，又存在较大的事故隐患。为实现安全发展，钢铁企业一般都建有煤气发电厂，以消化生产过程中产生的富余煤气，同时创造可观的经济效益。

目前，钢铁企业的发电技术包括：煤气锅炉发电、干熄焦发电（CDQ）、高炉炉顶余压发电（TRT）、转炉饱和蒸汽发电、加热炉低温蒸汽发电、高炉冲渣水余热发电等技术。现以常见的煤气锅炉发电作为主要介绍，其工艺流程如图8-2所示。

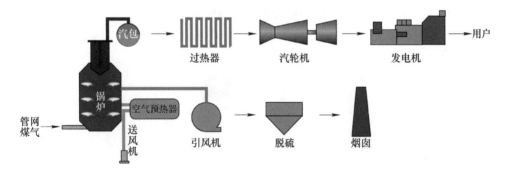

图 8-2　煤气发电工艺流程图

钢铁企业煤气发电主要工艺流程为：高炉煤气、转炉煤气及焦炉煤气（混合煤气）进入锅炉，燃烧产生热量被水吸收而产生蒸汽，此高温高压过热蒸汽经管道输送驱动汽轮机及发电机发电，汽轮机做功后的蒸汽经厂区循环水冷却形成凝结水，经泵加压后至电厂各级加热器加热后进入锅炉重复利用。

燃烧所产生的烟气经脱硫脱硝装置净化后经烟囱排入大气，排放标准满足国家排放标准。

8.1.3 水处理

钢铁企业生产过程中，在焦化、烧结、高炉、炼钢、轧钢等各个生产环节均使用水资源，水系统对于钢铁企业犹如血液和生命，是钢铁企业连续、高效、安全生产的重要保障。整个社会发展中，钢铁工业在用水和废水排放方面都十分突出，尤其是面对水资源的日益紧缺，加之低碳经济的要求，钢铁工业废水处理问题备受关注。水处理是指通过一系列水处理设备将被污染的工业废水或污水、设备冷却水等进行净化处理，以达到国家规定的水质标准。故水处理在钢铁企业生产中起到了重要的作用。

在钢铁企业的循环冷却水系统中，涉及三个主要构成，即净循环水系统、软水系统和浊循环水系统，根据其水处理工艺及设备的不同，分为敞开式和密闭式。净循环水系统中水主要起到间接冷却介质的作用，主要负责对炼钢、轧钢等工艺设备系统起到冷却作用，不直接与烟尘钢渣等物质接触。而浊循环水系统的功能是负责钢板冷却、煤气清洗和切割及烟气除尘等环节，水直接与钢渣烟尘接触，水质较差，需经过多道水处理净化工序。钢铁企业中软水的使用一般采用密闭式循环。密闭式软水主要用于精密仪器及设备的间接冷却，由于一些设备或工艺对水质要求较高，所以将工业用水进一步深度处理净化制得软水供其使用。其中密闭式软水和净循环水只起到间接冷却作用，水质不发生变化，只涉及渗水与漏水，可忽视日常排污水情况。因此，要关注循环冷却水系统的排污水，重点是分析敞开式浊循环水系统的排污水情况，在完成冷却操作之后，满足不同层级对水源的使用要求。

常用的污水处理技术有生物化学法，如活化污泥法、生物结层法、混合生物法等；物理化学法，如粒质过滤法、活化炭吸附法、化学沉淀法、膜滤/析法等；自然处理法，如稳定塘法、氧化沟法、人工湿地法、化学色可赛思树脂处理法等。

按照生产工艺浊环水系统工艺如图 8-3~图 8-6 所示。

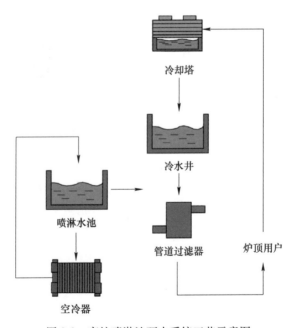

图 8-3　高炉喷淋浊环水系统工艺示意图

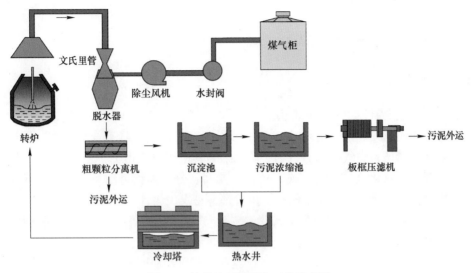

图 8-4　转炉浊环水系统工艺示意图

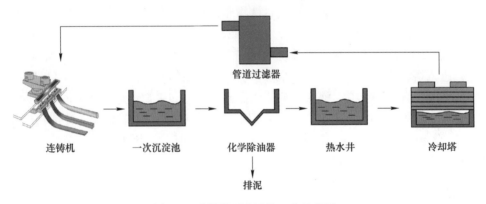

图 8-5　连铸浊环水系统工艺示意图

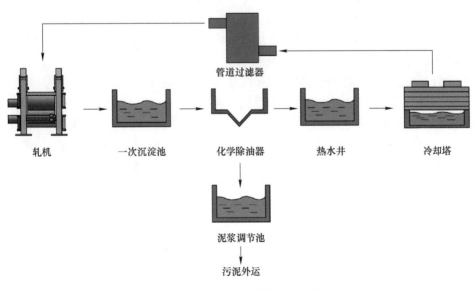

图 8-6　轧钢浊环水系统工艺示意图

8.2　公辅工艺主要风险点

8.2.1　制氧

制氧工艺中主要有以下安全风险点：

（1）空气在分馏塔内分离过程中，各组分得到富集，纯氧具有强氧化性、助燃性质，如果空气来源不清洁，空气中的有机物、硫化物和其他还原性物质（包括乙炔、碳氢化合物、二硫化碳、二氧化硫、一氧化碳等）在过滤器、分子筛预过滤系统中没有净化彻底，在纯氧中积聚，在整个生产系统中的各个位置都容易发生爆炸。

（2）空分系统压力自动调节系统失效，易造成系统内压力容器、压力管道超压爆炸。

（3）空分系统液氧泄漏，与设备外油脂等可燃物接触，发生火灾爆炸。

（4）空分装置检修时，置换不彻底，作业环境富氧，遇明火或高温易发生火灾事故。

（5）氧气管道清洗、吹扫不彻底，流速过大产生静电易造成氧气管道着火或爆炸。

（6）空分装置的产品氮、氩均属窒息性物质，它们泄漏后使环境中氧含量降低，易造成人体缺氧窒息，甚至死亡。

（7）人员跌入冷箱内，松散的珠光砂易将人淹没导致窒息事故。

（8）进入塔、罐等有限空间内检维修作业，安全措施不到位，易发生窒息事故。

（9）空分装置中的液氧、液氮、液氩属低温产品，如果输送这些产品的泵、阀门、管道及贮罐等设备密封不严、设备发生裂纹或破碎，低温物质泄漏易造成人体冻伤事故。

（10）空分塔内液体发生内泄漏，液体汽化，引起空分塔压力升高，造成空分塔外壳变形、损坏。

8.2.2　煤气发电

煤气发电工艺中主要有以下安全风险：

（1）煤气输送过程中的风险。采用高炉煤气、转炉煤气或焦炉煤气作为燃料，因此很容易发生煤气泄漏，与空气混合形成爆炸性混合气体，遇到火源很容易发生火灾、爆炸。煤气中含有大量的一氧化碳，一氧化碳属于高毒物质，泄漏后人员进入泄漏区域可能造成中毒。对煤气管道进行检修时，需对管道内煤气进行氮气置换，若置换不彻底即进行作业，可能引发火灾爆炸事故。若煤气输送过程中发生泄漏，遇明火、静电或高温会引起火灾爆炸。

（2）锅炉设备及其系统中的风险。锅炉由于操作不当等原因可能发生锅炉缺水、锅炉满水、汽水共腾、蒸发器壁管损坏（高、低压蒸发器）、省煤器管损坏（高、低压省煤器）、过热器管损坏（高、低压过热器）、锅炉及管道的水击等事故。发生以上事故的原因有锅炉缺水、锅炉满水、汽水共沸、蒸发器损坏（高、低压蒸发器）、省煤器管损坏（高、低压省煤器）、过热器管损坏（高、低压过热器）、锅炉管道的水击及剧烈振动。

（3）汽轮机设备及其系统中的风险。汽轮机系统存在着超速、水冲击、大轴弯曲、轴系断裂、轴瓦烧损、油系统火灾等事故，巡查、检修作业时，存在高温烫伤、高处坠落、机械伤害、物体碰撞等危险。

（4）发电机设备及其系统中的风险。发电机系统存在火灾、触电等风险，如发电机定子绕组绝缘击穿，击穿后发展成匝间短路、相间短路或接地短路，甚至烧坏铁芯，引发发电机系统火灾。发电机转子由于定子负序电流大烧坏、机组轴磁化、转子绕组接地故障、转子匝间短路等原因也会引发发电机火灾。

（5）脱硫设备及其系统中的风险。脱硫吸收塔工作条件恶劣，既有烟气冲刷，又有SO_2与碳酸氢钠化学反应，造成脱硫吸收塔受温度、腐蚀、磨损综合作用逐步损坏；碳酸氢钠系统、管道、阀门、研磨机均受碳酸氢钠、碳酸钠的腐蚀和磨损而损坏。脱硫塔检修时，若有产生火源的电焊作业等，极易使塔内防腐层着火，发生火灾。碳酸氢钠经过研磨、喷射系统至吸收塔，若管道、阀门、泵泄漏，造成碳酸氢钠泄漏，易灼烫人体，污染环境；烟气系统烟道、设备等不严密或引风机故障，造成烟气泄漏，烟气中含有大量的一氧化碳、二氧化碳和少量的氮氧化物、二氧化硫等，有可能会造成现场抢修人员的中毒。

8.2.3 水处理

水处理工艺中主要有以下安全风险：

（1）水处理系统使用大量的机械设备、液压设备，旋转传动部位防护措施缺失，易发生机械伤害事故。

（2）水处理系统电气设备检修维护不当，易发生触电、火灾风险。

（3）冷却塔其填充物属于易燃物品，检修时遇到明火极易燃烧，发生火灾事故。

（4）水处理工艺需要使用酸、碱、次氯酸钠等物质，在存放、使用过程中若发生泄漏或防护不当，易造成人员灼伤或中毒事故。

（5）检修过程使用到起重设备，若设备使用维护不当，易发生起重伤害事故。

（6）水处理系统大量采用沉淀池、水池等设施，存在有限空间作业风险，若人员不慎跌落或清淤等作业安全措施不到位，易发生淹溺和中毒窒息事故。

8.3 公辅典型事故案例

8.3.1 制氧

事故案例 1 空分装置爆炸事故

事故经过： 2019 年 7 月 19 日，某公司气化厂空分装置发生重大爆炸事故，造成 15 人死亡、16 人重伤。

事故原因： 该气化厂空分装置冷箱粗氩冷凝器液空出口阀相连接管道发生泄漏长时间没有及时处理，富氧液体泄漏至珠光砂中，低温液体造成冷箱支撑框架和冷箱板低温冷脆，在冷箱超压情况下，发生剧烈喷砂现象（砂暴）并导致冷箱倒塌。冷箱及铝制设备倒向东北方向，砸裂东侧 $500m^3$ 液氧贮槽及停放在旁边的液氧槽车油箱上，大量液氧迅速外泄到周边区域，可燃物（汽车发动机机油、柴油、铝质材料）、助燃气体（氧气）、激发能（存有余温的发动机、正在运行的液氧充车泵及电控箱产生的电弧火花、坠落物机械冲击）三要素共同造成第一次爆炸，第一次爆炸产生的能量作为激发能，使处于富氧环境中的填料、筛板、板式换热器等铝质材料发生第二次爆炸。

事故案例2　制氧机爆炸事故

事故经过：2000年8月21日0时10分，某钢铁公司制氧厂1500m³/h制氧机检修现场发生燃爆事故。塔内设备从外观检查基本完好，仅有部分倾斜，事故造成22人死亡，7人重伤，17人轻伤。

事故原因：空分塔安装在室内，液氧排放管置于厂房管沟内，引至厂房外附近明沟排放，当时排放速度偏快，风速又小，氧气积聚在厂房楼下，使一楼形成富氧空间，具备助燃条件；膨胀机及空压机油箱在主厂房楼下，油系统冷却效果较差，油蒸气弥漫在一楼，膨胀机油箱处油雾最集，油雾及油就成为爆炸的可燃物，隐患存在；当时空分设备虽停车，但空压机仍在运转，说是为了加压排液氧，空压机电机电缆供电端部有绝缘油渗出，使绝缘下降，接线端部有爬电现象，引发小火花，在富氧下就会引燃，从事故现场看，在电机电缆接头处有明显的着火烧焦现象，这就表明此处可能是这次事故的引燃引爆源；快速排液氧只半小时，而过去为1个多小时。

8.3.2　煤气发电

事故案例1　高压蒸汽管道裂爆事故

事故经过：2016年8月11日，某发电公司热电联产项目在试生产过程中，锅炉高压主蒸汽管道上的事故喷嘴流量计裂爆，造成22人死亡，4人重伤。

事故原因：安装在锅炉高压主蒸汽管道上的事故喷嘴是质量严重不合格的劣质产品，其焊缝缺陷在高温高压作用下扩展，局部裂开出现蒸汽泄漏，形成事故隐患。发现事故喷嘴泄漏形成重大事故隐患时，企业没有及时有效处置，相关人员未及时采取停炉措施消除隐患，焊缝裂开面积扩大，剩余焊缝无法承受工作压力造成管道断裂爆开，大量高温高压蒸汽骤然冲向仅用普通玻璃进行隔断的集中控制室以及其他区域，造成重大人员伤亡。

事故案例2　燃气锅炉点火爆炸事故

事故经过：2004年9月23日，某公司新建煤气发电机组燃气锅炉单体设备进行负荷调试，在点火试车时发生煤气爆炸，造成锅炉、管道、烟囱等设备垮塌，造成13人死亡，另有数人受伤。

事故原因：锅炉炉膛、尾部烟道、烟道、引风机、烟囱内部聚集了大量煤气和空气混合气，且混合比达到了爆炸范围，遇到明火（锅炉点火）引起爆炸。

8.3.3　水处理

事故案例1　沉淀池清淤作业中毒事故

事故经过：2018年7月18日，某污水处理公司在高效沉淀池检修清淤过程中，发生一起中毒事故，造成4人死亡、1人受伤。

事故原因：清淤作业过程中，在放空池排泥、稀释、搅拌时有硫化氢等有毒有害气体逸出，并聚集在作业区域，作业人员因吸入硫化氢等有毒有害气体中毒身亡。参与现场救援人员在不明现场有毒有害因素、未佩戴防护器具采取安全措施的情况下实施救援，导致硫化氢中毒，造成事故伤亡扩大。

事故案例2　粗轧渣沟淹溺事故

事故经过：2015年9月2日，某钢铁公司热轧作业部一作业区清理作业时，7名作业人员被渣沟内水冲走至热轧厂房南侧旋流井淹溺死亡。

事故原因：未严格执行检修时能源介质上锁挂牌规定，应关闭冲水阀门并锁定、挂牌，在机组操作台上挂警示牌并落实联系确认制；在落实清渣作业防冲走应急措施条件下，才可以设专用清渣水管并落实联系确认制。

8.4 公辅常见事故隐患图鉴

隐患 361：制氧厂重大危险源未设置安全监测监控系统（图 8-7a）。规范设置如图 8-7b 所示。

图 8-7　制氧厂重大危险源安全监测监控系统设置情况
a—制氧厂重大危险源未设置安全监测监控系统；b—制氧厂重大危险源规范设置安全监测监控系统

判定依据：《危险化学品重大危险源监督管理暂行规定》（国家安全生产监督管理总局令第 40 号）第十三条"危险化学品单位应当根据构成重大危险源的危险化学品种类、数量、生产、使用工艺（方式）或者相关设备、设施等实际情况，按照下列要求建立健全安全监测监控体系，完善控制措施：重大危险源的化工生产装置装备满足安全生产要求的自动化控制系统；一级或者二级重大危险源，装备紧急停车系统。"

可能造成的后果：制氧厂的液氧储罐由于储存量较大，超过重大危险源临界值，属于重大危险源。设置视频监控系统可以实时观察设备设施本体及其安全运行状态，一旦发生异常，可以第一时间发现并处置。否则，可能因处置不及时，造成安全事故的发生。

隐患 362：制氧的自动化控制和紧急停车系统未正常投入使用。规范设置如图 8-8 所示。

判定依据：《危险化学品重大危险源监督管理暂行规定》（国家安全生产监督管理总局令第 40 号）第十三条"危险化学品单位应当根据构成重大危险源的危险化学品种类、数量、生产、使用工艺（方式）或者相关设备、设施等实际情况，按照下列要求建立健全安全监测监控体系，完善控制措施：重大危险源的化工生产装置装备满足安全生产要求的自动化控制系

图 8-8　制氧厂的自动化控制和紧急停车系统正常投入使用

统；一级或者二级重大危险源，装备紧急停车系统。"

可能造成的后果：制氧过程使用较多压力容器，使用不当会产生超压爆炸；纯氧属于助燃气体，具有较高的氧化性，遇到易燃物品会发生火灾、爆炸事故。如果制氧工艺系统未设置自动化控制，容易发生人员操作不当或失误，导致设备超压爆炸和氧气泄漏导致的火灾、爆炸等事故。设置了紧急停车系统，可在出现异常情况时，及时停止生产，避免事故进一步扩大。

隐患363：空分装置纯化系统出口未设置二氧化碳在线分析仪和超标报警装置。规范设置如图8-9所示。

判定依据：《氧气站设计规范》（GB 50030—2013）第8.0.10条"氧气站应根据气体生产、储存、输送和灌装的需要设置下列分析仪器：1 原料空气纯化装置出口二氧化碳含量连续在线分析。"

可能造成的后果：空气分离装置中分子筛纯化器故障会造成管路系统内二氧化碳和水含量超标，低温下变成固态，堵塞换热器和管道，

图8-9 空分装置纯化系统出口设置
二氧化碳在线分析仪和超标报警装置

造成设备故障。为动态监控分子筛纯化器运行状况，通常在纯化系统出口设置二氧化碳在线分析仪。若未设置或功能失效，人员不能及时掌握运行状况，出现异常后堵塞管道，造成液氧干蒸发，局部碳氢化合物集聚，会造成爆炸事故。

隐患364：空分装置未设置冷箱主冷蒸发器液氧中乙炔、碳氢化合物含量连续在线分析仪和超标报警装置。规范设置如图8-10所示。

判定依据：《氧气站设计规范》（GB 50030—2013）第8.0.10条"氧气站应根据气体生产、储存、输送和灌装的需要设置下列分析仪器：2 空气分离装置主冷凝蒸发器液氧中乙炔、碳氢化合物含量连续在线分析。"

可能造成的后果：空气中含有微量的乙炔等碳氢化合物，由于碳氢化合物沸点比氧

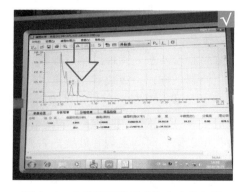

图8-10 空分装置设置冷箱主冷蒸发器
液氧中乙炔、碳氢化合物含量连续在
线分析仪和超标报警装置

气和氮气都低，液化后碳氢化合物会残留在液氧中并聚积，与氧发生化学反应，造成化学爆炸；液氧中乙炔超过0.59mg/m³（0.5ppm）或者碳氢化合物总含量超过一定值，就有可能发生自燃爆炸。因此需要在空分装置的冷箱主蒸发器上设置乙炔、碳氢化合物含量连续在线分析装置，若未设置或功能失效，液氧中碳氢化合物含量超标不能及时发现，容易发生爆炸事故。

隐患365： 制氧泄爆泄压装置、设施的出口不应朝向人员容易到达的位置。规范设置如图 8-11 所示。

图 8-11　制氧泄爆泄压装置、设施的出口不应朝向人员容易到达的位置

判定依据：《深度冷冻法生产氧气及相关气体安全技术规程》（GB 16912—2008）第 4.6.29 条 "氧气放散时，在放散口附近严禁烟火。氧气的各种放散管，均应引出室外，并放散至安全处。"

可能造成的后果： 制氧生产中使用大量压力容器，在生产过程中，可能因管路堵塞、隔热保温措施失效等因素，导致压力容器内介质压力异常升高，为保护设备，设置在高压设备上的安全阀、爆破片会进行泄压，如果泄压口朝向人员活动位置，会造成高压气体冲击等意外伤害。

隐患366： 液氧槽罐车防静电未设置专用防静电接地装置。规范设置如图 8-12a、b 所示。

易燃液体汽车槽罐车
防静电专用断接卡

a

b

图 8-12　液氧槽罐车设置了专用防静电接地装置

判定依据：《移动式压力容器安全技术监察规程》（TSG R0005—2011）第 6.8.2 条 "液氧槽车应配装安全阀、液面计、压力表、防爆片和导静电等安全装置。"

可能造成的后果： 液氧在管道内流动或在槽罐车内摩擦，会产生静电。在装卸车时如未设置防静电接地，静电不能及时地导入地下，可能引发火灾爆炸事故。

隐患367： 进入易燃易爆区域的机动车辆，未装设火星阻火器。规范设置如图 8-13 所示。

判定依据：《工业企业厂内铁路、道路运输安全规程》（GB 4387—2008）第6.4.7条"进入易燃易爆区域的机动车辆，必须装设火星熄灭器（阻火器）。"

可能造成的后果： 机动车辆阻火器是一种安装在机动车排气管后，将车辆尾气中的火焰或火星进行隔离的安全防火、阻火装置。如果机动车辆进入易燃易爆区域未安装阻火器，一旦遇到泄漏的易燃易爆介质，排气管带有火焰或火星会点燃易燃易爆气体，引发火灾、爆炸事故。

图8-13　进入易燃易爆区域的机动车辆设置了火星熄灭器（阻火器）

隐患368： 液氧储罐周围未悬挂安全标志，储罐本体无色标（图8-14a）。规范设置如图8-14b所示。

a　　　　　　　　　　　　　　　b

图8-14　液氧储罐安全标志、储罐本体色标设置情况
a—液氧储罐周围未悬挂安全标志，储罐本体无色标；b—液氧储罐周围悬挂了安全标志，储罐本体设置了色标

判定依据：《深度冷冻法生产氧气及相关气体安全技术规程》（GB 16912—2008）第4.4.2条"各种气体及低温液体储罐周围应设安全标志，必要时设单独围栏或围墙。储罐本体应有色标。"

可能造成的后果： 液氧储罐周围的安全标志与罐体色标包括危险特性、危险分级、健康危害、防范与应急措施、物质名称等信息，以可视化的形式告知区域作业人员该设施的重要信息，使作业人员了解并掌握液氧的特性、风险及防范措施，防止作业人员对设备设施、介质等不知晓，盲目作业，引发火灾、爆炸等事故。

隐患369： 制氧厂氧气放散区域无禁火警示标志（图8-15a）。规范设置如图8-15b所示。

判定依据：《深度冷冻法生产氧气及相关气体安全技术规程》（GB 16912—2008）第

a　　　　　　　　　　　　b

图 8-15　制氧厂氧气放散区域禁火警示标志设置情况

a—氧气放散区域无禁火警示标志；b—氧气放散区域悬挂了禁火警示标志

4.6.29 条"氧气放散时，在放散口附近严禁烟火。氧气的各种放散管，均应引出室外，并放散至安全处。"

可能造成的后果： 氧气是一种无色无味、强助燃性的气体。当氧气量过剩时需通过氧气放散装置进行放散，放散过程中容易造成局部区域形成富氧环境。如氧气放散区域未悬挂禁火等警示标志，在此区域作业人员不清楚，盲目进行动火、切割等明火作业，可能发生火灾、爆炸事故。

隐患 370： 制氧厂防雷防静电接地装置未按期进行检测。规范设置如图 8-16a、b 所示。

a　　　　　　　　　　　　b

图 8-16　制氧厂防雷防静电接地装置按期检测情况

a—对防雷防静电接地装置进行检测；b—防雷防静电接地装置检测报告

判定依据：《深度冷冻法生产氧气及相关气体安全技术规程》（GB 16912—2008）第4.7.3条"所有防雷防静电接地装置，应定期检测接地电阻，每年至少检测一次。集散控制系统的接地装置应单独设置。"

可能造成的后果：防雷装置是通过接闪器、引下线、接地桩将雷电引入地下的装置。防静电装置是将氧气在输送过程中，高速气流与管道摩擦产生的静电，引入地下的装置。防雷防静电装置，受大气和土壤腐蚀，接地电阻会发生变化。如果没有按期检测，接地电阻变大，不能及时将雷电、静电引入地下，容易产生火灾、爆炸事故。

隐患 371：氧气管道法兰两侧无跨接线连接（图 8-17a）。规范设置如图 8-17b 所示。

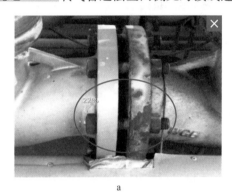

图 8-17　氧气管道法兰跨接线设置情况

a—氧气管道法兰无跨接线连接；b—氧气管道法兰两侧设置了跨接线

判定依据：《深度冷冻法生产氧气及相关气体安全技术规程》（GB 16912—2008）第4.7.4条"氧气（包括液氧）和氢气设备、管道、阀门上的法兰连接和螺纹连接处，应采用金属导线跨接，其跨接电阻应小于 0.03Ω。"

可能造成的后果：氧气在输送过程中，气流与管道快速摩擦，容易产生静电。氧气管道原则上每 80~100m 设置一处接地装置释放静电。如果氧气管道法兰之间没有设置跨接线，导致管道上的静电不能及时释放，在管道上形成静电积聚，容易造成氧气管道着火、爆炸事故。

隐患 372：透平氧压房内爆炸危险场所未使用防爆型灯具（图 8-18a）。规范设置如图8-18b 所示。

图 8-18　透平氧压房内爆炸危险场所防爆型灯具设置情况

a—透平氧压房内爆炸危险场所未使用防爆型灯具；b—透平氧压房内爆炸危险场所设置了防爆型灯具

判定依据：《深度冷冻法生产氧气及相关气体安全技术规程》（GB 16912—2008）第 4.6.21 条 "设置在爆炸和火灾危险场所的电气设备，应符合 GB 50058 的规定。制氢间、氢气压缩机间、氢气瓶库和催化反应炉部分属 1 区爆炸危险区。透平氧压机防护墙内、液氧储配区和氧气调节阀组间按 21 区火灾危险区要求，灌氧站旁、氧气储气囊间按 22 区火灾危险区要求。"

可能造成的后果：透平氧压房属于乙类防火区域，火灾危险性属于 21 区。制氧厂内照明灯具如果没有按照防爆要求设置，在使用过程中会产生电器火花，遇到泄漏的氧气容易发生火灾事故。

隐患 373：制氧厂气体球罐未刷色带、色标（图 8-19a）。规范设置如图 8-19b 所示。

图 8-19 制氧厂气体球罐色带、色标设置情况
a—制氧厂气体球罐未刷色带、色标；b—制氧厂气体球罐色带、色标规范设置

判定依据：《深度冷冻法生产氧气及相关气体安全技术规程》（GB 16912—2008）第 4.12.3 条 "球形及圆筒形储罐的外壁最外层宜刷银粉漆。球形储罐的赤道带，应刷宽 400~800mm 的色带。圆筒形储罐的中心轴带应刷宽 200~400mm 的色带。"

可能造成的后果：气体球罐是储存气体的设备，钢铁企业的气体球罐主要储存氧气、氮气、氩气等气体，其物理特性、操作和救援处置都不同。在气体球罐设置色带或色标的目的是便于人员快速、准确识别气体球罐内的物质，避免在操作、设备检修和救援处置时发生误判断，造成事故。

隐患 374：制氧厂管道无介质流向标识（图 8-20a）。规范设置如图 8-20b 所示。

判定依据：《深度冷冻法生产氧气及相关气体安全技术规程》（GB 16912—2008）第 4.12.2 条 "管道上应漆有表示介质流动方向的白色或黄色箭头，底色浅的用黑色。"

可能造成的后果：制氧厂的管道主要输送的是氧气、氮气、氩气，其物理特性、操作和救援处置都不同。管道标识的目的是便于人员快速、准确识别管道内的物质及流向，避免在操作或设备检修时发生误判断，引发氩气和氮气窒息、氧气火灾事故。

隐患 375：制氧机厂房内堆放油脂等易燃物品（图 8-21a）。规范设置如图 8-21b 所示。

判定依据：《深度冷冻法生产氧气及相关气体安全技术规程》（GB 16912—2008）第 5.6 条 "生产现场不准堆放油脂和与生产无关的其他物品。"

可能造成的后果：纯氧具有强烈氧化性，如果将油脂堆放在制氧机厂房内，当油脂接

a   b

图 8-20　制氧厂管道介质流向标识设置情况

a—管道无介质流向标识；b—管道设置了介质流向标识

a   b

图 8-21　制氧机厂房内是否堆放易燃物品情况

a—制氧机厂房内堆放油脂等易燃物品；b—制氧机厂房无油脂等易燃物品

触泄漏的纯氧，会迅速发生氧化反应，并产生热量，温度聚集达到自燃点发生燃烧，导致火灾事故。

隐患 376：储罐与安全阀之间的中间截止阀门，未加铅封、加锁、挂禁止操作牌（图 8-22a）。规范设置如图 8-22b 所示。

a   b

图 8-22　制氧厂储罐安全阀之间的截止阀设置情况

a—储罐与安全阀之间的中间截止阀门未加铅封、加锁、挂禁止操作牌；

b—储罐与安全阀之间的中间截止阀门加锁管控

判定依据：《深度冷冻法生产氧气及相关气体安全技术规程》（GB 16912—2008）第5.10条"储罐与安全阀之间不宜装设中间截止阀门。若需要时，可加装同等级的截止阀门，但正常运行时该截止阀门应保持全开，并加铅封、加锁、挂牌。"

《安全阀安全技术监察规程》（TSG ZF001—2006）第一百零五条"安全阀的进出口管道一般不允许设置截断阀。必须设置截断阀时，应当加铅封并且保证锁定在全开状态。"

可能造成的后果：安全阀是当储罐内压力达到设计值时，自动打开进行泄压的一种安全防护装置。为了方便安全阀的定期校验和检修，会在储罐与安全阀之间设置截止阀。正常运行时该截止阀门应保持全开，保证应急状态下泄压需要，但应加铅封、加锁、挂禁止操作牌，防止有人误操作，关闭截止阀门，导致泄压功能缺失。

隐患377：进入氮气或氩气区域内未配备氧气报警仪。规范设置如图 8-23 所示。

判定依据：《深度冷冻法生产氧气及相关气体安全技术规程》（GB 16912—2008）第5.11条"在氮气和氩气及其他稀有气体区域内作业，应采取防止窒息措施，作业区内气体经化验合格后方准工作。"

可能造成的后果：氮气、氩气属于惰性气体，无色无味，无毒，但会降低空气中的氧气含量，如果氮气或氩气设备设置在密闭或半密

图 8-23　进入氮气或氩气区域内配备了氧气报警仪

闭空间内，一旦氮气或氩气泄漏，容易发生聚积形成缺氧环境。人员进入氮气或氩气区域，如果没有佩戴氧气报警仪，接触缺氧环境，容易发生窒息事故。

隐患378：放散氧气以及排放液氧、液空时，周围未禁火管控（图 8-24a）。规范设置如图 8-24b 所示。

a　　　　　　　　　　　　　b

图 8-24　放散氧气以及排放液氧、液空时禁火管控情况
a—放散氧气以及排放液氧、液空时，周围未禁火管控；b—现场设置严禁烟火警示牌并专人监护

判定依据：《深度冷冻法生产氧气及相关气体安全技术规程》（GB 16912—2008）第5.19条"放散氧气时以及排放液氧、液空时，应通知周围严禁动火，并设专人监护。"

可能造成的后果：制氧生产过程中会将多余的氧气进行放散处理，放散时放散区域的氧气含量会大幅增加，形成富氧环境。如果在放散区域有明火作业，会因为富氧环境而加剧燃烧，发生火灾爆炸事故。

隐患 379：开启带有旁通管道的氧气阀门时，未先开启旁通阀（图 8-25a）。规范设置如图 8-25b 所示。

a　　　　　　　　　　　　　　　b

图 8-25　开启带有旁通管道的氧气阀门时先开启旁通阀情况

a—开启带有旁通管道的氧气阀门时未先开启旁通阀；b—开启带有旁通管道的氧气阀门时先开启旁通阀均压

判定依据：《深度冷冻法生产氧气及相关气体安全技术规程》（GB 16912—2008）第 6.2.9 条"开关手动氧气阀门时应侧身缓慢开启。带有旁通阀者，应先开旁通阀均压，发现异常声音应立即采取措施。"

可能造成的后果：设置旁通阀的目的是在开启管道阀门前，均衡管道阀门前后压力，避免因管道阀门两侧压差过大，在打开阀门时氧气流速过大，高速冲刷管道，造成氧气管道温度急剧升高，发生火灾或爆炸事故。

隐患 380：制氧厂排放液氧、液氮、液空或液氩未经气化直接排放（图 8-26a）。规范设置如图 8-26b 所示。

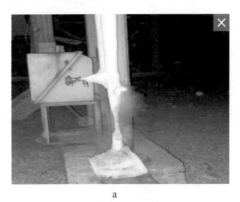 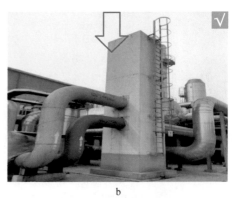

a　　　　　　　　　　　　　　　b

图 8-26　制氧厂排放液氧、液氮、液空或液氩气化排放情况

a—排放液氧、液氮、液空或液氩，未进行汽化，直接排放；b—低温液体经汽化器后，气化排放

判定依据：《深度冷冻法生产氧气及相关气体安全技术规程》（GB 16912—2008）第

6.5.3 条"排放液氧、液氮、液空或液氩,应向空中气化排放,并排放至安全处。"

可能造成的后果:制氧厂在生产异常或检修时,需将装置内的液氧、液氮、液氩进行排放处置。如果排放过程没有使用汽化装置,直接以液体状态排放,会因液体气化吸收大量热量对周围人员产生冻伤。同时液态的氧、氮、氩在排放口直接气化,会导致周围环境中浓度迅速增大,容易发生火灾爆炸和窒息事故。

隐患381:制氧厂的保护性接地线未规范安装(图8-27a)。规范设置如图8-27b所示。

图 8-27　制氧厂的保护性接地线规范安装情况
a—制氧厂的保护性接地线未规范安装;b—电气设备和装置的接地线安装规范,电阻值小于4Ω

判定依据:《深度冷冻法生产氧气及相关气体安全技术规程》(GB 16912—2008)第6.12.8条"电气设备和装置的外壳及金属外壳的电缆,必须采取保护性接地和接零,接地电阻不应大于4Ω。"

可能造成的后果:制氧厂工艺使用较多的电动机、变压器等电气设备,长期运行后容易因绝缘老化、松动、外壳因撞击变形等因素造成外壳带电,如果电气设备金属外壳未采取接地、接零措施,一旦人员触摸外壳,容易发生触电事故。

隐患382:不锈钢管与镀锌管卡之间未设置"隔离垫层"(图8-28a)。规范设置如图8-28b所示。

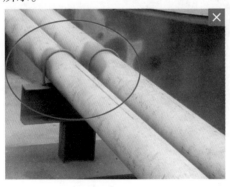
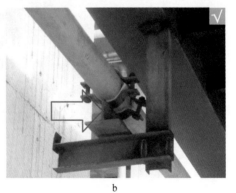

图 8-28　不锈钢管与镀锌管卡之间"隔离垫层"设置情况
a—不锈钢管与镀锌管卡之间未设置"隔离垫层";b—不锈钢管与碳钢支架接触面采用"耐油石棉橡胶板"

判定依据：《工业金属管道设计规范》（GB 50316—2000）第 10.5.4.2 条"碳钢的支吊架零部件与有色金属或不锈钢管道组成件不应直接接触，在接触面之间可增加非金属材料的隔离垫层或相应措施。"

可能造成的后果：不锈钢管道在安装时通常采用镀锌管卡等零部件进行支吊固定，若接触面之间未设"隔离垫层"，管卡表面的锌离子会引起不锈钢晶界腐蚀，长时间接触后会造成不锈钢管道表面产生裂纹，从而减低管道强度，可能引发爆管、介质泄漏等事故。

隐患 383：员工低温作业时未佩戴防冻手套（图 8-29a）。规范设置如图 8-29b 所示。

a   b

图 8-29　员工低温作业时采取可靠防护措施情况

a—员工低温作业时未佩戴防冻手套；b—员工低温作业时佩戴了防冻手套

判定依据：《深度冷冻法生产氧气及相关气体安全技术规程》（GB 16912—2008）第 11.3.2 条"作业人员应采取可靠防护措施，避免被液空、液氧、液氮、液氩等低温液体冻伤。"

可能造成的后果：低温液体与人体皮肤、眼睛等接触，会引起冻伤（类似冷烧灼）。如果员工在低温作业时未佩戴防冻手套，容易造成冻伤事故。

隐患 384：变压器护栏缺少警示标志。规范设置如图 8-30 所示。

图 8-30　变压器护栏设置了警示标志

判定依据：《小型火力发电厂设计规范》（GB 50049—2011）第 23.2.8 条"在厂区及作业场所对人员有危险、危害的地点、设备和设施之处，均应设置醒目的安全标志或安全色。"

可能造成的后果：变压器属于高压、高电流设备，如果未按照规范悬挂警示标志，作业人员不了解其危险性、防范措施，误入或盲目作业，易引发触电事故。

隐患385：主控操作室与电气间无防火分隔（图8-31a）。规范设置如图8-31b所示。

图8-31　主控操作室与电气间防火分隔设置情况

a—主控操作室与电气间无防火分隔；b—主控操作室与电气间设置了防火隔墙、防火门

判定依据：《火力发电厂与变电站设计防火标准》（GB 50229—2019）第5.3.6条"集中控制室应采用耐火极限分别不低于2.00h和1.50h的防火隔墙和楼板与其他部位分隔，隔墙上的门窗应采用乙级防火门窗。"

可能造成的后果：电气间内设置各种电气设备，当电气绝缘降低时，电气设备会发生相间放电，引发电气爆炸和火灾，并产生大量有毒烟气。如果主控操作室与电气间未采用防火隔墙，一旦电气间发生火灾，燃烧和有毒烟气会扩散到相邻的操作室内，引发人员伤亡事故。

隐患386：锅炉锅筒膨胀指示器指针无膨胀活动间距（图8-32a）。规范设置如图8-32b所示。

图8-32　锅炉锅筒膨胀指示器指针膨胀活动间距设置情况

a—锅炉锅筒膨胀指示器指针无膨胀活动间距；b—锅炉锅筒膨胀指示器指针膨胀活动间距设置规范

判定依据：《锅炉安全技术监察规程》（TSG G0001—2012）第3.15条"A级锅炉

的锅筒和集箱上应当设置膨胀指示器。悬挂式锅炉本体设计确定的膨胀中心应当予以固定。"

可能造成的后果：锅炉锅筒的膨胀指示器是用于监测锅炉锅筒的膨胀情况的设备，如膨胀指示器指针安装没有间距，当点火升压或安装、检修不良引起的锅筒变形，不能真实显示，导致膨胀不均发生裂纹和泄漏等事故。

隐患 387：发电厂汽轮机未设置超速保护装置。规范设置如图 8-33 所示。

判定依据：《固定式发电用汽轮机规范》（GB/T 5578—2007）第 5.5.1 条"除调速器之外，汽轮机和发电机还应有独立动作操纵机组跳闸的超速保护装置，以防止过度超速。"

可能造成的后果：发电厂汽轮机是将蒸汽的能量转换成为机械功的旋转式动力机械，汽轮机在事故状态下，如未设置超速保护装置或保护不动作，短时间内会导致汽轮机转速快速升高，设备在超高的转速下，会造成零部件飞出，整台机组报废，同时易发生伤人事故。

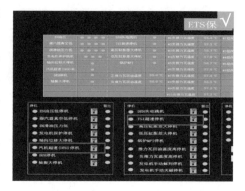

图 8-33　发电厂汽轮机设置了超速保护装置

隐患 388：泵机孔洞或阀门位置未设置盖板或防护栏杆。规范设置如图 8-34 所示。

判定依据：《机械安全　防护装置　固定式和活动式防护装置设计和制造一般要求》（GB/T 8196—2018）第 3.2.2 条"距离防护装置，不完全封闭的危险区域的防护装置，但凭借其尺寸及其与危险区的距离防止或减少人员进入危险区域，例如围栏或通道式防护装置。"

可能造成的后果：泵机孔洞或阀门一般设置在地下，由于与地面存在一定负高差，若未

图 8-34　泵机孔洞或阀门位置设置了
盖板或防护栏杆

在孔洞或阀门地坑区域设置盖板或防护栏杆，人员行走或作业时，容易发生高空坠落事故。

隐患 389：水厂污水池未悬挂有限空间警示标志（图 8-35a）。规范设置如图 8-35b 所示。

判定依据：《工贸企业有限空间作业安全管理与监督暂行规定》（国家安全生产监管总局令第 59 号）第十九条"工贸企业有限空间作业还应当符合下列要求：（二）设置明显的安全警示标志和警示说明。"

可能造成的后果：水厂污水池是通过平流、竖流、斜流等方式将废水进行过滤处理的设备，处置过程中会产生硫化氢等有毒气体，属于有限空间。如果未设置有限空间安全警示标志，人员不知晓其安全风险，进行作业活动时，可能会发生中毒窒息、淹溺等事故。

a   b

图 8-35　水厂污水池有限空间警示标志设置情况

a—水厂污水池未悬挂有限空间警示标志；b—水厂污水池悬挂了有限空间警示标志

隐患 390： 冷却塔风筒检修门未上锁管控。规范设置如图 8-36 所示。

判定依据：《工贸企业有限空间作业安全管理与监督暂行规定》（国家安全生产监管总局令第 59 号）第三十条"工贸企业有下列情形之一的：（一）未按照本规定对有限空间作业进行辨识、提出防范措施、建立有限空间管理台账的。"

可能造成的后果： 冷却塔风筒是采用大型风机对冷却塔进行鼓风，将热水进行冷却的设

图 8-36　冷却塔风筒检修门实行上锁管控

施。如果冷却塔风筒区域未进行上锁管控，人员随意进出，容易发生作业人员卷入，导致机械伤害事故。

隐患 391： 水池护栏横挡扁铁脱焊（图 8-37a）。规范设置如图 8-37b 所示。

a   b

图 8-37　水池护栏设置情况

a—水池护栏横挡扁铁脱焊；b—水池护栏完好

判定依据：《固定式钢梯及平台安全要求　第 3 部分：工业防护栏杆及钢平台》（GB 4053.3—2009）"5　防护栏杆结构要求，5.4　中间栏杆，5.4.2　中间栏杆宜

采用不小于 25mm×4mm 扁钢或直径 16mm 的圆钢，中间栏杆与上、下方构件的空隙间距应不大于 500mm。"

可能造成的后果： 水池护栏属于安全防护设施，防止人员因滑倒，发生坠落水池的事故。水池护栏横挡扁铁脱焊，会造成水池护栏间隙扩大，安全防护功能缺失，容易发生人员跌落、淹溺事故。

隐患 392： 事故水塔供水系统无检查记录。规范设置如图 8-38 所示。

| 10 | 结晶器事故水塔巡检 | | 其他伤害（滑跌、摔倒） | 1. 确保结晶器事故水塔水位处于高位（不低于 6.2m），如果低于标准，及时补水；
2. 每班做好设备点巡检，查看液位计，做好水位记录；
3. 加强结晶器事故水塔上水泵和逆止阀的巡检，确保无漏水 | 伤者应立即撤离现场，将受伤者受伤部位用夹板固定好，抬到担架上，立即通知当班调度室，送往医院救治 |

图 8-38 事故水塔供水系统制定了检查要求

判定依据：《炼钢安全规程》（AQ 2001—2018）第 12.3.6 条"结晶器、二次喷淋冷却装置应配备事故供水系统；一旦正常供水中断，即发出警报，立即停止浇注，事故供水系统启动，事故供水系统运行期间应降低拉速，并在规定时间内保证铸机的安全；应定期检查事故供水系统的可靠性。"

可能造成的后果： 事故水塔是连铸生产过程中出现供水故障时，为结晶器、二次喷淋冷却等装置及时补充冷却水的设施。如果平常没有对事故水塔进行定期检查、定期试验，可能会出现阀门腐蚀、水管破裂、水塔缺水等现象，当连铸供水故障时，无法提供应急水源，会发生铸机设备设施本体损坏、火灾、爆炸等事故。

隐患 393： 连铸冷却水供水系统未采用两路独立电源供电、备用水泵。规范设置如图 8-39a、b 所示。

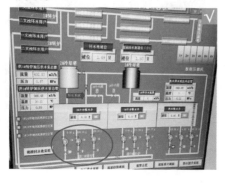 

a   b

图 8-39 供水系统规范设置两路独立电源供电、备用水泵情况

a—供水系统设置备用水泵；b—供水系统采用两路独立电源供电

判定依据:《炼钢安全规程》(AQ 2001—2018)第 13.5.3 条"供水系统应设两路独立电源供电,供水泵应设置备用水泵。"第 13.5.4 条"安全供水水塔(或高位水池),应设置水位显示和报警装置;应使塔内存水保持流动状态,并应定期放水清扫水塔。"

可能造成的后果: 连铸冷却水供水断水,会导致冷却段缺水、钢坯冷却不足、不均,可能造成钢坯变形、开裂,甚至发生漏钢。如果连铸供水系统未设置两路供电、备用水泵,如果连铸系统发生断水事故,钢水不能得到及时足够的冷却,容易发生钢水泄漏,造成熔融金属遇水爆炸事故。

9 检维修作业事故隐患图鉴

9.1 检维修作业概述及风险描述

钢铁企业生产过程具有流程长、设备多、生产连续、人员集中等固有特点，设备设施中易存在高温、高压、易燃、易爆、有毒有害物质，检维修时极易发生中毒、灼伤、火灾爆炸等事故，同时检维修时也经常涉及动火、起重吊装、高空临边、有限空间等危险性较高作业，稍有疏忽可能造成人身伤害事故。

（1）动火作业。动火作业是指进行可能产生火花、火焰和炽热表面的临时性作业。常见的动火作业包括电焊、气焊（热切割）、电钻、砂轮、喷灯等。作业场所主要存在火灾、爆炸、灼烫、触电等危险有害因素。动火作业中主要风险点为设备系统未有效隔离、与动火设备相连通的设备管道未加盲板隔断，易燃易爆介质未排出、冲洗、置换干净；有易燃易爆介质存在可能的区域未定时监测、采样点不具有代表性，动火过程中断动火、重新动火前未认真检查现场条件是否有变化，易发生火灾、爆炸事故。

（2）有限空间作业。有限空间是指封闭或者部分封闭，与外界相对隔离，出入口较为狭窄，作业人员不能长时间在内工作，自然通风不良，易造成有毒有害、易燃易爆物质积聚或者氧含量不足的空间。有限空间作业是指作业人员进入有限空间实施的作业活动。作业场所主要存在中毒和窒息、火灾、爆炸、灼烫、触电、淹溺、物体打击、高处坠落等危险有害因素。

（3）临时用电作业。临时用电是指生产、检修过程中需要临时接引、装设、使用的临时电源。作业场所主要存在触电、火灾、灼烫等危险有害因素。临时用电作业存在以下风险点：线路架空高度不符合规定、施工电源未根据当地外电线路情况采用 TT 系统或 TN 系统布置，未采用三级配电二级保护、线路敷设在易燃、易爆物品及管线上、防爆区域的临时用电未达相应要求，极易发生漏电、触电、火灾、爆炸事故。配电箱下引出线混乱且未做保护接地、照明线路混乱，接头处不绝缘、保护零线与工作零线混接，开关箱漏电保护器失灵，漏电保护装置参数不匹配，违反"一机、一闸、一保护"的要求、现场电动机械设备的金属外壳未可靠接地、旋转臂架或起重机的任何部位或被吊物边缘与架空线路边线的距离小于安全距离、用电设备保护接零和接地不符合要求、配电箱无门无锁无防雨措施或门损坏等，极易发生漏电、触电事故。

（4）高处作业。高处作业是指在坠落高度基准面 2m 以上（含 2m）、有坠落可能的位置进行的作业。作业场所主要存在高处坠落、物体打击等危险有害因素。作业人员未佩戴防坠落防滑用品或使用方法不当或用品不符合相应安全标准，未派监护人或未能履行监护职责，跳板不固定，脚手架、防护围栏不符合相关安全要求，登石棉瓦、瓦檩板等轻型材料作业、登高过程中工具、材料、零件高处坠落伤人，高处作业下方站位不当或未采取可靠的隔离措施，易发生高处坠落、物体打击等事故。

（5）吊装作业。吊装作业指使用桥式起重机、门式起重机、塔式起重机、汽车吊、升降机等起吊设备将重物吊起，并使重物发生位置变化的作业。作业场所主要存在起重伤害、触电、高处坠落等危险有害因素。而吊装作业现场存在光线不足、视线受限制；吊车作业前选择松软地面或有沉陷地面，而又不进行垫平即开始作业；遇暴雨、大雾及6级以上大风等恶劣气象条件，未停止作业，均易造成起重伤害事故。

（6）盲板抽堵作业。盲板抽堵作业是在设备抢修或检修过程中，设备、管道内存有物料及一定温度、压力情况时的盲板抽堵，或设备、管道内物料经吹扫、置换、清洗后的盲板抽堵。钢铁企业中涉及煤气、氧气、天然气、乙炔、氮气、氩气、苯、焦油、酸等危险化学品，在涉及危险化学品的设备检修作业均存在盲板抽堵作业，其风险在于抽堵过程中煤气、氧气、天然气、乙炔等危险化学品的意外泄漏或封堵不严，造成的火灾、爆炸、中毒窒息、化学腐蚀等事故。

9.2 检维修作业常见事故隐患图鉴

隐患394： 乙炔瓶未安装阻火器（图9-1a）。规范设置如图9-1b所示。

图9-1 乙炔气瓶阻火器安装情况
a—乙炔气瓶未安装阻火器；b—乙炔气瓶安装了阻火器

判定依据：《气瓶安全技术监察规定》（TSG R006—2014）中第6.7.1条"（4）在可能造成气体回流的使用场合，设备上应当配置防止倒灌的装置，如单向阀、止回阀、缓冲罐等。"

可能造成的后果： 阻火器是用来阻止易燃气体和易燃液体火焰蔓延的装置。如果乙炔瓶未设置阻火器，当气瓶或皮管内压力低时，火焰可能会发生回流，容易导致气瓶燃烧，甚至发生爆炸事故。

隐患395： 砂轮机打磨作业时，未佩戴防护眼镜（图9-2a）。规范设置如图9-2b所示。

图 9-2　砂轮机打磨作业防护眼镜佩戴情况

a—砂轮机打磨作业时，未佩戴防护眼镜；b—砂轮机打磨作业时，规范佩戴了防护眼镜

判定依据：《建筑施工作业劳动防护用品配备及使用标准》（JGJ 184—2009）第
3.0.20 条 "其他作业人员的劳动防护用品配备符合下列规定：

1　从事电钻、砂轮等手持电动工具作业时，应配备绝缘鞋、绝缘手套和防护眼镜。

3　从事可能飞溅渣屑的机械设备作业时，应配备防护眼镜。"

可能造成的后果：砂轮机是采用高速旋转的砂轮片，对工件进行打磨的设备。如果作
业人员未佩戴护目镜，打磨过程中的高温磨屑或颗粒可能会喷溅到作业人员眼部，造成眼
部伤害事故。

隐患 396：电焊机外壳接地线未接（图 9-3a）。规范设置如图 9-3b 所示。

图 9-3　电焊机外壳接地情况

a—电焊机外壳接地线未接；b—电焊机外壳可靠接地

判定依据：《建设工程施工现场供用电安全规范》（GB 50194—2014）第 9.4.2 条"电焊机的外壳应可靠接地，不得串联接地。"

可能造成的后果： 电焊机是利用正负极瞬间短路产生的高温电弧，熔化焊条和焊件，使之融合的设备。电焊机外壳没有进行接地，长期使用焊机内部老化或外壳撞击变形，会造成外壳带电，人员接触带电外壳，会发生触电事故。

隐患 397： 电焊机焊把钳绝缘损坏，金属裸露（图 9-4a）。规范设置如图 9-4b 所示。

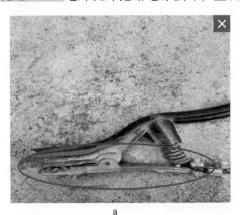

图 9-4　电焊机焊把钳绝缘情况
a—电焊机焊把钳绝缘损坏，金属裸露；b—电焊机焊把钳绝缘完好

判定依据：《建设工程施工现场供用电安全规范》（GB 50194—2014）第 9.4.5 条"电焊把钳绝缘应良好。"

可能造成的后果： 焊把钳是夹持焊条并传导电流，焊把钳必须具备良好的绝缘性能和隔热能力，焊钳前罩壳、后罩壳、弯臂罩壳和手柄壳等绝缘部件必须完整，不得有碎裂或缺损现象，如焊把绝缘损坏，容易造成触电事故。

隐患 398： 动火点距气瓶放置地点过近，不足 10m（图 9-5）。

判定依据：《建设工程施工现场消防安全技术规范》（GB 50720—2011）第 6.3.3.4 条"气瓶使用时，应符合下列规定：氧气瓶与乙炔瓶的工作间距不应小于 5m，气瓶与明火作业点的距离不应小于 10m。"

可能造成的后果： 如果气瓶离动火点距离过近，一旦气瓶存在泄漏现象，遇明火或火星，容易发生火灾、爆炸事故。

图 9-5　动火点距气瓶放置地点过近，不足 10m

隐患 399： 有限空间作业未办理审批手续（图 9-6）。

判定依据：《工贸企业有限空间作业安全管理与监督暂行规定》第十八条"工贸企业实施有限空间作业前，应当对作业环境进行评估，分析存在的危险有害因素，提出消除、控制危害的措施，制定有限空间作业方案，并经本企业负责人批准。"

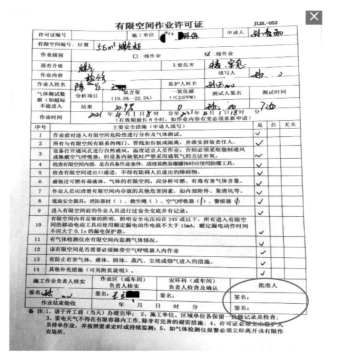

图 9-6　有限空间作业未办理审批手续

可能造成的后果： 有限空间作业审批是组织相关人员对作业内容、方案、风险程度、防范措施、人员资格等内容进行审查。如果没有办理审批手续，作业人员擅自进入有限空间，防范措施或监测措施可能不全，容易造成人员中毒窒息等事故。

隐患 400： 与有限空间连通的能源介质管道未可靠隔离（图 9-7a）。规范设置如图 9-7b所示。

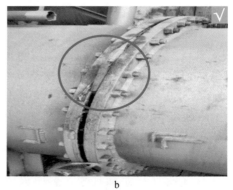

图 9-7　与有限空间连通的能源介质管道可靠隔离情况

a—与有限空间连通的能源介质管道未可靠隔离；b—与有限空间连通的能源介质管道采用了盲板进行隔离

判定依据：《工贸企业有限空间作业安全管理与监督暂行规定》第十一条"工贸企业应当采取可靠的隔断（隔离）措施，将可能危及作业安全的设施设备、存在有毒有害物质的空间与作业地点隔开。"

可能造成的后果： 有限空间内有毒有害、易燃易爆气体可能是由外部管道输入。作业时如果没有将外界连通的管道进行有效隔离，有毒有害气体会通过外部管道窜入有限空间，造成人员中毒和窒息事故。

隐患 401： 施工检修电源箱电源开关未设置漏电保护器（图 9-8a）。规范设置如图 9-8b所示。

图 9-8　施工检修电源箱电源开关设置情况

a—施工检修电源箱电源开关未设置漏电保护器；b—施工检修电源箱电源开关设置了漏电保护器

判定依据： 《施工现场临时用电安全技术规范》（JGJ 46—2005）第 8.2.5 条"开关箱必须装设隔离开关、断路器或熔断器，以及漏电保护器。"

可能造成的后果： 漏电保护器是一种电气安全保护装置，当发生漏电或触电时，自动断开电源的保护装置。如果开关上未设置漏电保护器，一旦发生触电事故，不能实现自动断电，会造成触电事故。

隐患 402： 临时电线直接搭在钢结构上（图 9-9a）。规范设置如图 9-9b 所示。

判定依据： 《建设工程施工现场供用电安全规范》（GB 50194—2014）第 7.1.2 条"配电线路的敷设方式应符合下列规定：3　不应敷设在树木上或直接在金属构架和金属脚手架上。"

可能造成的后果： 临时电线是临时提供电源的线缆，原则上使用时间不得超过 3 个月。临时电线直接搭在钢结构上，如果电线破皮漏电，会导致整个钢结构带电，人员一旦触碰钢结构，容易发生触电事故。

隐患 403： 施工现场用电线路绝缘老化、破损（图 9-10）。

判定依据： 《建设工程施工现场供用电安全规范》（GB 50194—2014）第 7.2.1.1 条"施工现场架空线路宜采用绝缘导线。"

可能造成的后果： 施工现场用电线路绝缘老化、破损，如果不及时更换，容易造成线路短路、漏电，短路产生的火花，可能会造成火灾事故；人员接触漏电的电线，可能造成

电缆与支架之间未采用绝缘物隔离

a

b

图 9-9　临时电线绝缘隔离设置情况

a—临时电线直接搭在钢结构上；b—临时电线敷设采用绝缘防护

人员触电事故。

隐患 404：穿越道路的临时用电线路敷设未设置防止碾压措施（图 9-11）。

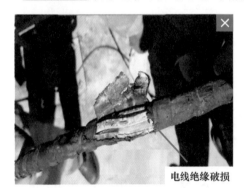

电线绝缘破损

临时用电线路防护不规范

图 9-10　施工现场用电线路绝缘老化、破损

图 9-11　穿越道路的临时用电线路
敷设未设置防止碾压措施

判定依据：《建设工程施工现场供用电安全规范》（GB 50194—2014）第 7.4.2 条
"沿地面明敷的电缆线路应沿建筑物墙体根部敷设，穿越道路或其他易受机械损伤的区域，
应采取防机械损伤的措施，周围环境应保持干燥。"

可能造成的后果：临时用电线路是临时提供电源的线缆，应进行架空或埋地敷设。如
果电线直接放在地面，过往车辆会造成碾压，导致电线破皮、漏电，人员接触漏电的电
线，可能造成人员触电事故。

隐患 405：施工人员高空攀爬上下时未系挂安全带（图 9-12）。

判定依据：《化学品生产单位特殊作业安全规范》第 8.2.1 条 " 作业人员应正确佩

a   b

图 9-12 施工人员高空攀爬上下时未系挂安全带

戴符合 GB 6096 要求的安全带。"《化学品生产单位高处作业安全规范》（AQ 3025—2008）第 5.2.2 条 "作业中应正确使用防坠落用品与登高器具、设备。高处作业人员应系用与作业内容相适应的安全带，安全带应系挂在作业处上方的牢固构件上或专为挂安全带用的钢架或钢丝绳上，不得系挂在移动或不牢固的物件上；不得系挂在有尖锐棱角的部位。"

可能造成的后果：安全带是预防高处作业人员发生坠落事故的防护用品，由带体、安全配绳、缓冲包和金属配件组成。施工人员高空攀爬时如果未系挂安全带，一旦脚下打滑、踏空，会发生高空坠落事故。

隐患 406：屋面高空作业无防护措施（图 9-13a）。规范设置如图 9-13b 所示。

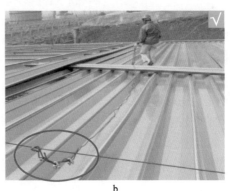

站在屋面瓦檩板上作业

a   b

图 9-13 屋面高空作业防护措施落实情况

a—屋面高空作业无防护措施；b—屋面高空作业采取了拉设生命绳配套使用安全带的防高空坠落措施

判定依据：《建筑施工高处作业安全技术规范》（JGJ 80—2016）第 5.2.8.2 条 "在轻质型材等屋面上作业，应搭设临时走道板，不得在轻质型材上行走。"

《化学品生产单位高处作业安全规范》（AQ 3025—2008）第5.2.2条"作业中应正确使用防坠落用品与登高器具、设备。高处作业人员应系用与作业内容相适应的安全带，安全带应系挂在作业处上方的牢固构件上或专为挂安全带用的钢架或钢丝绳上，不得系挂在移动或不牢固的物件上；不得系挂在有尖锐棱角的部位。"

可能造成的后果：屋面高空作业主要是更换屋面彩钢瓦、厂房清理、厂房设备更换等作业。如果屋面高空作业没有设置防高空坠落措施（如搭设临时走道板、拉设生命绳配套使用安全带、设置防坠网），屋顶材料因腐蚀等原因导致承载力不足，容易发生高空坠落事故；此外，如果存在多人聚集、重物集中堆放、非承载结构站人等现象，也可能会导致过载坠落。

隐患 407：吊车支腿支垫不牢（图9-14a）。规范设置如图9-14b所示。

图 9-14　吊车支腿支垫设置情况
a—吊车支腿支垫不牢；b—吊车支腿支垫牢固

判定依据：《汽车起重机安全操作规程》（DL/T 5250—2010）第4.3.2条"按顺序定位伸展支腿，在支腿座下铺垫垫块，调节支腿使起重机呈水平状态，其倾斜度满足设备技术规定，并使轮胎脱离地面。"

可能造成的后果：吊车起吊前，须将吊车两侧支腿全部伸出，并支垫牢固，确保吊车平稳。如果支腿支垫不牢，地面支撑荷载可能不足，容易发生坍陷，导致吊机倾翻，引发起重伤害事故。

隐患 408：吊机限位器失效。规范设置如图9-15所示。

判定依据：《建筑施工起重吊装工程安全技术规范》（JGJ 276—2012）第4.1.5条第10款"起重机的变幅指示器、力矩限制器和限位开关等安全保护装置，必须齐全完整、灵活可靠，严禁随意调整、拆除，或以限位装置代替操作机构。"

可能造成的后果：吊机限位器是限制钢丝绳上升高度的设施。如果未设置限位器或限位器失效，钢丝绳提升过高，会发生钩头冲顶拉断钢丝绳，容易发生吊车钩头或被吊物坠落，造成起重伤害事故。

图 9-15　吊机限位器完好

隐患 409：使用起重机械载人作业（图 9-16a）。规范设置如图 9-16b 所示。

a　　　　　　　　　　　　　　　b

图 9-16　载人升降措施设置情况
a—使用起重机械载人作业；b—使用登高车载运人员作业

判定依据：《建筑施工起重吊装工程安全技术规范》（JGJ 276—2012）第 3.0.18 条"严禁在吊起的构件上行走或站立，不得用起重机载运人员，不得在构件上堆放或悬挂零星物件。"

可能造成的后果：起重机械是指用于垂直升降或者垂直升降并水平移动重物的机电设备，如使用起重机械载人作业，一旦钢丝绳、吊钩、吊篮、人员以及起重机械本身的起升机构、运行机构等任何一个环节出现故障，易发生人员高空坠落事故。

隐患 410：起重作业时吊臂下有人（图 9-17）。

图 9-17　起重作业时吊臂下有人

判定依据：《建筑机械使用安全技术规程》（JGJ 33—2012）第 4.1.17 条"起重机作业时，在臂长的水平投影范围内设置警戒线，并有监护措施；起重臂和重物下方严禁有人停留、工作或通过，禁止从人上方通过。"

可能造成的后果：起重机械是用于在一定范围内垂直提升和水平移动重物的设备。如果吊臂下方有人员活动，一旦起重机械出现吊物松动、滑落、钢丝绳断裂、吊臂断裂、超载倾翻等情况，会导致人员伤害事故。

隐患 411：吊装作业时起重机距离架空线路距离过近（图 9-18）。

图 9-18　吊装作业时起重机距离架空线路距离过近

判定依据：《施工现场临时用电安全技术规范》（JGJ 46—2005）第 4.1.4 条"起重机严禁越过无防护设施的外电架空线路作业。在外电架空线路附近吊装时，起重机的任何部位或被吊物边缘在最大偏斜时与架空线路边线的最小安全距离应符合规定。"

可能造成的后果：吊臂是汽车起重机最主要的部件之一。如吊装作业时起重机离架空线路过近，作业时吊臂容易触碰架空的线路，导致吊车带电，造成触电、火灾事故。

隐患 412：起重作业时未设置警戒区域（图 9-19a）。规范设置如图 9-19b 所示。

判定依据：《建筑施工起重吊装工程安全技术规范》（JGJ 276—2012）第 3.0.5 条

a   b

图 9-19　起重作业时警戒区域设置情况

a—起重作业时未设置警戒区域；b—起重作业时拉设了警戒线

"吊装作业区四周应设置明显标志，严禁非操作人员入内。"

可能造成的后果： 起重吊装时因钢丝绳磨损或断丝断股、吊钩无保险装置、超载起吊、吊挂捆绑方式不正确、作业场地地面不平整或支撑不稳等情况容易造成吊物坠落事故。如果起重吊装区域未设置安全警戒区域和监护人，人员不知晓风险、贸然进入，可能会发生起重伤害事故。

隐患 413： 承包商在防爆区域检维修使用非防爆电源接线箱。规范设置如图 9-20 所示。

图 9-20　承包商在防爆区域检维修使用防爆电源接线箱

判定依据：《爆炸危险环境电力装置设计规范》（GB 50058—2014）第 3.1.1 条"当在生产、加工、处理、转运或贮存过程中出现或可能出现下列爆炸性气体混合物环境之一时，应进行爆炸性气体环境的电力装置设计：

1　在大气条件下，可燃气体与空气混合形成爆炸性气体混合物；

2　闪点低于或等于环境温度的可燃液体的蒸气或薄雾与空气混合形成爆炸性气体混合物；

3　在物料操作温度高于可燃液体闪点的情况下，当可燃液体有可能泄漏时，可燃液体的蒸气或薄雾与空气混合形成爆炸性气体混合物。"

可能造成的后果： 涉及可燃、有毒有害气体泄漏的场所，容易形成爆炸性混合气体，遇电气火花容易发生爆炸事故，所以划分为防爆区。在防爆区域内如果使用不防爆电气设备，会产生电气火花，遇到泄漏的可燃气体，会发生火灾、爆炸事故。

附录 钢铁行业重大事故隐患判定标准及解读

　　2017 年 11 月 30 日，原国家安全生产监督管理总局发布《工贸行业重大生产安全事故隐患判定标准》（安监总管四〔2017〕129 号），其中包括冶金行业重大事故隐患判定标准共 11 项，均适用于钢铁企业。

　　（1）会议室、活动室、休息室、更衣室等场所设置在铁水、钢水与液渣吊运影响的范围内。

　　（2）吊运铁水、钢水与液渣起重机不符合冶金起重机的相关要求；炼钢厂在吊运重罐铁水、钢水或液渣时，未使用固定式龙门钩的铸造起重机，龙门钩横梁、耳轴销和吊钩、钢丝绳及其端头固定零件，未进行定期检查，发现问题未及时整改。

　　（3）盛装铁水、钢水与液渣的罐（包、盆）等容器耳轴未按国家标准规定要求定期进行探伤检测。

　　（4）冶炼、熔炼、精炼生产区域的安全坑内及熔体泄漏、喷溅影响范围内存在积水，放置有易燃易爆物品。金属铸造、连铸、浇铸流程未设置铁水罐、钢水罐、溢流槽、中间溢流罐等高温熔融金属紧急排放和应急储存设施。

　　（5）炉、窑、槽、罐类设备本体及附属设施未定期检查，出现严重焊缝开裂、腐蚀、破损、衬砖损坏、壳体发红及明显弯曲变形等未报修或报废，仍继续使用。

　　（6）氧枪等水冷元件未配置出水温度与进出水流量差检测、报警装置及温度监测，未与炉体倾动、氧气开闭等联锁。

　　（7）煤气柜建设在居民稠密区，未远离大型建筑、仓库、通信和交通枢纽等重要设施；附属设备设施未按防火防爆要求配置防爆型设备；柜顶未设置防雷装置。

　　（8）煤气区域的值班室、操作室等人员较集中的地方，未设置固定式一氧化碳监测报警装置。

　　（9）高炉、转炉、加热炉、煤气柜、除尘器等设施的煤气管道未设置可靠隔离装置和吹扫设施。

　　（10）煤气分配主管上支管引接处，未设置可靠的切断装置；车间内各类燃气管线，在车间入口未设置总管切断阀。

　　（11）金属冶炼企业主要负责人和安全生产管理人员未依法经考核合格。

　　以下依次按照安全风险、安全法规标准规定以及重大隐患判定情形进行逐项解读。

附1　会议室、活动室、休息室、更衣室等场所设置在铁水、钢水与液渣吊运影响的范围内

附1.1　安全风险

铁水、钢水与液渣统称为熔融金属。钢铁企业熔融金属吊运过程可能因起重机设计选型和本质安全维护不到位、起重机司机和指吊人员违规操作以及熔融金属罐体本质安全和维护不到位等因素，发生铁水、钢水、液渣泄漏或是罐（包）坠落、倾翻事故，甚至引发高温灼烫、火灾、爆炸等恶性生产安全事故。

操作室、会议室、交接班室、活动室、休息室、更衣室等人员聚集场所设置在铁水、钢水、液渣吊运通道及其邻近区域容易引发群死群伤。

附1.2　安全法规标准规定

【法律】《安全生产法》第三十八条第一款规定：生产经营单位应当建立健全生产安全事故隐患排查治理制度，采取技术、管理措施，及时发现并消除事故隐患。

【部门规章】《冶金企业和有色金属企业安全生产规定》（国家安全生产监督管理总局令〔2018〕第91号）第二十七条规定：企业的操作室、会议室、活动室、休息室、更衣室等场所不得设置在高温熔融金属吊运的影响范围内。

【标准】《高温熔融金属吊运安全规程》（AQ 7011—2018）第5.7条规定：高温熔融金属和熔渣吊运行走区域禁止设置操作室、会议室、交接班室、活动室、休息室、更衣室、澡堂等人员集聚场所；危险区域附近的上述建筑物的门、窗应背对吊运区域。第5.17条规定：熔融金属罐冷热修区不应设在吊运路线上。

附1.3　重大隐患判定情形

（1）操作室、会议室、交接班室、活动室、休息室、更衣室等人员聚集场所设置在高温熔融金属和液渣吊运跨的地坪内（横向以吊运跨两侧立柱靠近吊运侧的立柱边线为界），为重大事故隐患。休息室、控制室等人员聚集场所设置场景见附图1。

1）横向是指吊运跨吊运熔融金属起重机的小车运行方向。

2）设置在立柱边线外的上述人员聚集场所的门窗应当背对吊运区域，以期为作业人员应急逃生创造安全防护保障。违反上述规定可不纳入重大隐患，但应作为较大安全风险隐患，及时整改闭环。

（2）冷热修工位设置在熔融金属和熔渣吊运影响范围内，为重大事故隐患。冷热修工位设置场景见附图2。

1）冷热修工位规范设置包括三种情形。一是采取地面平车方式转移至另外一跨不涉及熔融金属吊运的跨间进行维修维护，且地平车包括待修罐作为整体，其运行极限位置，不应超出熔融金属吊运跨靠近熔融金属罐吊运一侧的立柱边界；二是设置在吊运跨的最两端时，横向以吊运跨两侧立柱靠近吊运侧的立柱边线为界，纵向与工艺所需罐体吊运极限边界保持至少15m以上安全距离，且应在地面熔融金属罐热修工位一侧，设置高度不小于

附图 1　休息室、控制室等人员聚集场所设置场景

a—熔融金属吊运跨两侧立柱边界内设置人员聚集场所且门窗朝向吊运熔融金属一侧；

b—熔融金属吊运跨未设置人员聚集场所；c—辽宁清河"4·18"事故交接班会议室设置在熔融金属吊运跨内；

d—熔融金属吊运跨未设置人员聚集场所

m   n

附图 2　冷热修工位设置场景

a—钢水罐热修工位设置在熔融金属吊运跨内；b—钢水罐热修工位采取地平车过跨方式移出熔融金属吊运跨；c—钢水罐热修地平车运输极限位置超出吊运跨靠近熔融金属罐吊运一侧立柱边界；d—钢水罐热修工位采取地平车过跨方式移出熔融金属吊运跨；e—钢水罐热修工位设置在熔融金属吊运跨内；f—钢水罐热修工位设置在熔融金属吊运跨最两端并保持 15m 以上安全间距，且在地面熔融金属罐吊运一侧，设置高度不小于 2m，宽度超出冷热修工作区 1m 以上实体防护墙；g—钢水罐热修工位和人员休息室与熔融金属罐体地面起吊点的工艺所需罐体吊运极限边界在 15m 以内，且缺失实体防护墙；h—钢水罐热修工位设置在熔融金属吊运跨最两端并保持 15m 以上安全间距，且设置有实体防护墙；i—钢水罐热修工位与连铸钢包回转台的工艺所需罐体吊运极限边界在 15m 以内，且缺失实体防护墙；j—钢水罐热修工位设置在熔融金属吊运跨最两端并保持 15m 以上安全间距，且设置实体防护墙；k—钢水罐冷修工位设置在熔融金属吊运跨内；l—钢水罐冷修工位设置在熔融金属吊运跨的最两端并保持 15m 以上安全间距；m—熔融金属吊运跨内钢水罐冷修工位与连铸钢包回转台的工艺所需罐体吊运极限边界在 15m 以内（设置在钢包回转台正面）；n—钢水罐冷修工位设置在非熔融金属吊运跨内

2m，宽度超出热修工作区 1m 以上的实体防护墙；三是将冷热修工位彻底移出炼钢生产厂房。

其中，第二种规范设置情形，特指冷热修工位设置在吊运跨最两端的情形，且纵向是指吊运熔融金属起重机大车运行方向。同时采用地面平车过跨和冷热修工位设置在厂房外的第三种情形，可不考虑 15m 及以上的安全距离要求。

2）工艺所需罐体吊运极限边界，一般是指正常生产期间，熔融金属罐体外壁处于连铸钢包回转受罐工位或是位于地面轨道极限起吊点时，需要到达的垂直边界。应当说明，冷热修工位可不考虑其与地面铸余渣盆起吊点之间的安全距离。

3）由于冷修工位的罐体高度一般超过 2m 且大部分作业人员在罐内作业，也因此可不设实体防护墙防护，但其应与工艺所需罐体吊运极限边界至少保持 15m 及以上的安全距离。

附 2　吊运铁水、钢水与液渣起重机不符合冶金起重机的相关要求；炼钢厂在吊运重罐铁水、钢水或液渣时，未使用固定式龙门钩的铸造起重机，龙门钩横梁、耳轴销和吊钩、钢丝绳及其端头固定零件，未进行定期检查，发现问题未及时整改

附 2.1　安全风险

钢铁企业吊运熔融金属起重机的本质安全，是防范高温熔融金属罐体发生坠罐、倾翻

事故的核心环节和基础性保障，更是避免坠罐事故引发高温灼烫、火灾、爆炸等恶性事故的关键防控重点。具体涉及的安全事项主要包括两个方面：一是吊运熔融金属起重机的设计、选型应当符合法规标准规范要求；二是应当切实强化保障吊运熔融金属起重机的日常检查、维护，确保起重机从设计、安装、使用、检修、维护、改造以及报修、报废等全生命周期的本质安全。

本项列入重大事故隐患的主要目的是从源头保障钢铁企业吊运熔融金属起重机的选型和日常安全管理，确保起重机械装备设施的本质安全，进而防范熔融金属罐（包）坠落、倾翻，甚至高温灼烫、火灾、爆炸等群死群伤生产安全事故发生。

附 2.2　安全法规标准规定

【法律】《安全生产法》第三十八条第一款规定：生产经营单位应当建立健全生产安全事故隐患排查治理制度，采取技术、管理措施，及时发现并消除事故隐患。

【部门规章】《冶金企业和有色金属企业安全生产规定》（国家安全生产监督管理总局令〔2018〕第 91 号）第三十条规定：吊运高温熔融金属的起重机，应当满足《起重机械安全技术监察规程—桥式起重机》（TSG Q0002）和《起重机械定期检验规则》（TSG Q7015）的要求。

【标准】《起重机械安全技术监察规程——桥式起重机》（TSG Q0002—2008）第六条等相关条款明确规定了吊运熔融金属起重机的选型和安全装置要求，同时第九十四条和第九十五条明确规定了起重机使用单位每班、每月应对起重机开展的安全检查事项和具体要求。

《炼钢安全规程》（AQ 2001—2018）第 8.4.3 条规定：铁水罐、钢水罐龙门钩的横梁、耳轴销和吊钩、钢丝绳及其端头固定零件，应定期进行检查，发现问题及时处理，应定期对吊钩本体作超声波探伤检查。第 8.4.4 条规定：炼钢车间铁水、钢水或液渣，应使用铸造起重机，铸造起重机额定能力应符合 GB 50439 的规定。

《高温熔融金属吊运安全规程》（AQ 7011—2018）第 4.6 条规定：起重机械应按照 GB/T 6067.1 和特种设备安全监督管理的有关规定定期进行检测检验。吊钩、板钩、横梁等吊具部件应每年至少进行一次离线探伤检查；吊钩、板钩等出现严重磨损、钩片开片等情况应进行更换，并对板钩、横梁的轴进行探伤检查；必要时进行金相检查，防止发生蠕变现象。第 6.1.2 条规定：炼钢企业吊运铁水、钢水或液渣，应使用带有固定龙门钩的铸造起重机，铸造起重机额定能力应符合 GB 50439 的规定。

附 2.3　重大隐患判定情形

（1）炼钢厂吊运铁水、钢水或液渣时，未使用固定式龙门钩的铸造起重机；炼铁厂铸铁车间吊运铁水、液渣起重机不符合冶金起重机的相关要求。炼钢厂固定龙门钩铸造起重机见附图 3。

1）炼铁厂、炼钢厂在用吊运熔融金属起重机未年检或年检不合格继续使用情形，为重大事故隐患。

2）炼钢厂（车间）吊运铁水、钢水或液渣起重机，未使用固定龙门钩的铸造起重机，为重大事故隐患。

3）炼铁铸铁车间吊运铁水、液渣起重机，不符合《起重机械安全技术监察规程——桥式起重机》（TSG Q0002—2008）第六条规定，额定起重量75t及以上，未使用冶金铸造起重机，为重大事故隐患。

附图3　炼钢厂固定式龙门钩铸造起重机

a—炼钢厂渣跨使用的旋转挂梁铸造起重机；b—转炉炉前兑铁使用的固定式龙门钩铸造起重机；

c—炼钢厂吊运钢水使用可分式龙门钩；d—炼钢厂吊运钢水的固定式龙门钩铸造起重机；

e—炼钢厂吊运熔融金属的通用桥式起重机（代码4110）；f—炼钢厂吊运熔融金属的冶金桥式起重机（代码4150）

（2）吊运铁水、钢水与液渣起重机的龙门钩横梁焊缝、耳轴销和吊钩、钢丝绳及其端头固定零件，未进行定期检查，发现问题未及时整改。

1）龙门钩横梁焊缝、销轴（即耳轴销）未进行年度探伤，无探伤报告；或探伤不合格继续使用情形，为重大事故隐患。吊运熔融金属起重机横梁焊缝和销轴探伤见附图4。

2）未按《起重机械安全技术监察规程——桥式起重机》（TSG Q0002—2008）第九十四条和第九十五条规定，对吊钩、板钩、钢丝绳及其端头固定零件等开展每班使用前和每月常规检查，无检查记录；以及发现问题未及时整改（继续使用），为重大事故隐患。

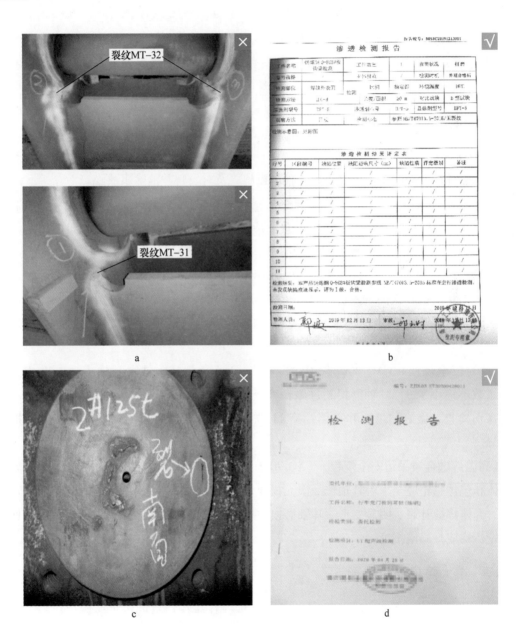

附图4　吊运熔融金属起重机横梁焊缝和销轴探伤

a—吊运熔融金属起重机横梁吊叉探伤存在裂纹；b—吊运熔融金属起重机横梁检测报告；
c—吊运熔融金属起重机板钩销轴探伤存在裂纹；d—吊运熔融金属起重机板钩销轴检测报告

附3　盛装铁水、钢水与液渣的罐（包、盆）等容器耳轴未按国家标准规定要求定期进行探伤检测

附3.1　安全风险

冶金企业钢（铁）水罐、中间罐（包）、渣罐耳轴是承载整个罐（包）体及熔融金属质量的重要安全部件，本项列入重大隐患的主要目的是防止因钢（铁）水罐、中间罐（包）、渣罐耳轴内部缺陷、严重磨损、疲劳损伤等安全隐患引发钢（铁）水与液渣外溅、坠罐、倾翻，甚至高温灼烫、火灾、爆炸等群死群伤生产安全事故。

附3.2　安全法规标准规定

【法律】《安全生产法》第三十八条第一款规定：生产经营单位应当建立健全生产安全事故隐患排查治理制度，采取技术、管理措施，及时发现并消除事故隐患。

【部门规章】《冶金企业和有色金属企业安全生产规定》（国家安全生产监督管理总局令〔2018〕第91号）第三十条规定：企业应当定期对吊运、盛装熔融金属的吊具、罐体（本体、耳轴）进行安全检查和探伤检测。

【标准】《炼钢安全规程》（AQ 2001—2018）第8.1.3条规定：应对罐体和耳轴进行探伤检测，耳轴每年检测一次，罐体每2年检测一次。凡耳轴出现内裂纹、壳体焊缝开裂、明显变形、耳轴磨损大于直径的10%、机械失灵、衬砖损坏超过规定，均应报修或报废。

《炼铁安全规程》（AQ 2002—2018）第11.3.4条规定：铁罐耳轴应锻制而成，其安全系数不应小于8；耳轴磨损超过原轴直径的10%，即应报废；每年应对耳轴作一次无损探伤检查，做好记录，并存档；第11.3.5条规定：不应使用轴耳开裂、内衬损坏的铁罐。

《高温熔融金属吊运安全规程》（AQ 7011—2018）第6.2.6条规定：使用中的熔融金属罐体和包体每年应至少对耳轴作一次无损探伤检查，做好记录，并存档。凡耳轴出现内裂纹、壳体焊缝开裂、明显变形、耳轴磨损超过原轴直径的10%、机械失灵、内衬损坏超过规定，均应报修或报废。

附3.3　重大隐患判定情形

（1）盛装铁水、钢水与液渣的罐（包、盆）等容器耳轴未进行年度探伤检测，无检测报告，或探伤不合格继续使用情形，为重大隐患。

（2）盛装铁水、钢水与液渣的罐（包、盆）等容器耳轴出现应报修、报废情形，仍然继续使用，为重大隐患。熔融金属罐体耳轴探伤和磨损超限见附图5。

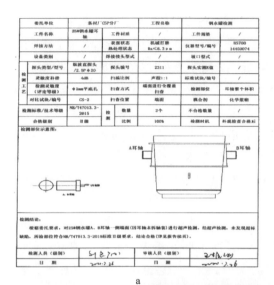

附图 5　熔融金属罐体耳轴探伤和磨损超限

a—钢水罐罐体耳轴探伤检测合格报告；b—熔融金属罐体耳轴磨损超原轴直径 10%；

c—熔融金属罐体新安装合格耳轴

附 4　冶炼、熔炼、精炼生产区域的安全坑内及熔体泄漏、喷溅影响范围内存在积水，放置有易燃易爆物品。金属铸造、连铸、浇铸流程未设置铁水罐、钢水罐、溢流槽、中间溢流罐等高温熔融金属紧急排放和应急储存设施

附 4.1　安全风险

本项列入重大事故隐患的主要目的是从确保熔融金属作业环境安全和应急保障的角度，防范熔融金属泄漏、溢渣、喷溅等异常情况下，引燃易燃易爆物品或触发熔融金属与水发生物理爆炸，致使事故危害进一步扩大。

附 4.2　安全法规标准规定

【法律】《安全生产法》第三十八条第一款规定：生产经营单位应当建立健全生产安

全事故隐患排查治理制度，采取技术、管理措施，及时发现并消除事故隐患。

【部门规章】《冶金企业和有色金属企业安全生产规定》（国家安全生产监督管理总局令〔2018〕第 91 号）第二十八条规定：企业在进行高温熔融金属冶炼、保温、运输、吊运过程中，应当采取防止泄漏、喷溅、爆炸伤人的安全措施，其影响区域不得有非生产性积水。

【标准】《钢铁企业设计防火标准》（GB 50414—2018）第 5.3.1 条规定：存放、运输液体金属和熔渣的场所，不应设有积水的沟、坑等。如生产确需设置地面沟或坑等时，必须有严密的防水措施，且车间地面标高应高出厂区地面标高 0.3m 及以上。第 6.7.1 条第 2 款规定：装有铁水、钢水、液态炉渣的容器，其作业与运行区域内所有设备、电线电缆、管线和建（构）筑物等均应采取隔热防护，并应防止区域内地面积水。

《炼钢安全规程》（AQ 2001—2018）第 6.2.7 条规定：铁水预处理、转炉、AOD 炉、电炉、精炼炉的炉下区域，应采取防止积水的措施；炉下漏钢坑应按防水要求设计施工，其内表应砌相应防护材料保护，且干燥后方可使用；炉下钢水罐车、渣罐车运行区域，地面应保持干燥；炉下热泼渣区，周围应设防护结构，其地坪应防止积水。第 7.3.4 条规定：混铁炉与倒罐站作业区地坪及受铁坑内，不应有水。第 9.2.5 条规定：炉下钢水罐车及渣车轨道区域（包括漏钢坑），不应有水和堆积物。第 12.3.9 条规定：连铸主平台以下各层，不应设置油罐、气瓶等易燃、易爆品仓库或存放点，连铸平台上漏钢事故波及的区域，不应有水与潮湿物品。第 14.4 条规定：采用渣罐倾翻固体渣工艺的中间渣场，翻渣罐前要确认液态渣已凝固，翻罐区地面不得有积水。

《炼钢安全规程》（AQ 2001—2018）第 12.3.3 条规定：连铸浇注区，应设事故钢水罐、溢流槽、中间溢流罐、钢水罐漏钢回转溜槽、中间罐漏钢坑及钢水罐滑板事故关闭系统。应保持以上应急设施干燥，不得存放其他物品，以保证流通或容量。

《高温熔融金属吊运安全规程》（AQ 7011—2018）第 5.9 条规定：吊运高温熔融金属和熔渣的区域应设置事故罐，事故罐放置应在专用位置或专用支架上，并设置明显安全警示标识。

《炼铁安全规程》（AQ 2002—2018）第 9.1.3 条规定：炉基周围应保持清洁干燥，不应积水和堆积废料。炉基水槽应保持畅通。

附4.3　重大隐患判定情形

（1）冶炼、熔炼、精炼生产区域的安全坑内及熔体泄漏、喷溅影响范围内存在积水，即为重大生产安全事故隐患。熔融金属生产影响范围积水情况见附图 6。具体包括以下三种情形：

1）高炉主沟、铁沟、渣沟附近，事故干渣池和炉基地坪区域积水以及地坪检修事故水排水槽内形成死水、未保持流动。

2）转炉、电弧炉、精炼炉、连铸作业平台、炉下以及渣跨及熔融金属罐体吊运和地面运输通道等区域内有积水，或放置有易燃易爆品。

附图 6　熔融金属生产影响范围积水情况

a—高炉炉基水槽存在积水；b—高炉炉下铁水罐受铁位铁水运输线保持干燥；c—高炉干渣坑存在积水；
d—高炉干渣坑保持干燥；e—转炉炉后液渣运输轨道区域积水；f—炼钢 RH 钢水精炼炉工位保持干燥；
g—转炉炉后液渣运输轨道区域积水；h—转炉炉下区域保持干燥

3）使用中的钢（铁）水、渣罐内有积水，放置有易燃易爆品。

冶炼、熔炼、精炼生产区域空调冷凝水和清扫卫生等少量可以立即清除的极小范围积水，可不列入重大事故隐患，但企业应切实杜绝。

（2）连铸流程未规范设置事故钢水罐、漏钢回转溜槽（含按需设置的中间溢流罐）、中间罐漏钢坑等高温熔融金属紧急排放和应急储存设施，且未良好维护（连铸工序熔融金属紧急排放和应急储存设施见附图7）；模铸流程未规范设置事故钢水包等应急储存设施，且未维护良好。并应关注以下两点：

1）紧急排放装置应切实保障事故情况下熔融金属流通正常，并应最大程度减少或杜绝钢水落地事故发生。

2）紧急排放和储存设施应定期维护，确保无积水、无易燃易爆品，且应满足事故情况下最大盛装量的实际需要。

a

b

c

d

e

f

g

h

i

j

k

l

附图7　连铸工序熔融金属紧急排放和储存设施

a—连铸工序事故钢水罐容量不足（杂物填充）；b—连铸工序规范设置事故钢水罐；

c—连铸工序未设置钢水回转溜槽；d,f,h,j,l—连铸工序规范设置钢水回转溜槽；

e—连铸工序钢水回转溜槽被黄沙填埋；g—连铸工序钢水回转溜槽设置不规范（存在钢水

大量落地风险）；i—连铸工序钢水回转溜槽设置不规范（简易钢板和耐火材料喷涂制作，

存在短时击穿风险）；k—连铸工序中间包溢流盆杂物填满；m—连铸工序中间包事故槽内黄沙

高度接近右侧轨道标高（存在溢钢风险）；n—连铸工序规范设置中间包事故坑

附5　炉、窑、槽、罐类设备本体及附属设施未定期检查，出现严重焊缝开裂、腐蚀、破损、衬砖损坏、壳体发红及明显弯曲变形等未报修或报废，仍继续使用

附5.1　安全风险

本项列入重大事故隐患的主要目的是从冶金企业装备设施本质安全的角度，重点防范因各类炉、窑、槽、罐设备本体及其附属设施隐患因素，引发高温熔融金属和毒害气体介质泄漏、灼烫、火灾、爆炸、中毒窒息以及建构筑物垮塌等群死群伤生产安全事故。

附5.2　安全法规标准规定

【法律】《安全生产法》第三十八条第一款规定：生产经营单位应当建立健全生产安全事故隐患排查治理制度，采取技术、管理措施，及时发现并消除事故隐患。

【部门规章】《冶金企业和有色金属企业安全生产规定》（国家安全生产监督管理总局令〔2018〕第91号）第二十三条第一款规定：企业应当建立健全设备设施安全管理制度，加强设备设施的检查、维护、保养和检修，确保设备设施安全运行。

【标准】《炼铁安全规程》（AQ 2002—2018）第9.1.9条规定：热电偶应对整个炉底进行自动、连续测温，其结果应正确显示于中控室（值班室）。第9.2.17条f）款规定，高炉外壳开裂和冷却器烧坏，应及时处理，必要时可以减风或休风进行处理；g）款规定：高炉冷却器大面积损坏时，应先在外部打水，防止烧穿炉壳，然后酌情减风或休风。第12.1.2条规定：热风炉炉皮、热风管道、热风阀法兰烧红、开焊或有裂纹，应立即停用，并及时处理，值班人员应至少每2h检查一次热风炉。第12.1.3条规定：

热风炉检查情况、检修计划及其执行情况均应归档。除日常检查外，应每月详细检查一次热风炉及其附件。第 11.3.5 条规定：不应使用凝结盖孔口直径小于罐径 1/2 的铁、渣罐，也不应使用轴耳开裂、内衬损坏的铁罐，重罐不应落地，应建立铁罐内衬定期监测和检查制度。

以上条款分别就高炉炉底、炉壳、冷却器、热风炉、铁水罐等主体装备设施的安全检查和异常情况处置提出了明确规定。

《炼钢安全规程》（AQ 2001—2018）第 8.1.3 条规定：凡耳轴出现内裂纹、壳体焊缝开裂、明显变形、耳轴磨损大于直径的 10%、机械失灵、衬砖损坏超过规定，均应报修或报废。第 9.1.5 条规定：转炉宜采用铸铁盘管水冷炉口；若采用钢板焊接水箱形式的水冷炉口，应加强经常性检查，以防止焊缝漏水酿成爆炸事故。第 9.2.4 条规定：新炉、停炉进行维修后开炉及停吹 8h 后的转炉，开始生产前均应按新炉开炉的要求进行准备；应认真检验各系统设备与联锁装置、仪表、介质参数是否符合工作要求，出现异常应及时处理。若需烘炉，应严格执行烘炉操作规程。

以上条款分别就炼钢生产熔融金属罐体，转炉炉口，新炉、停炉进行维修后开炉及停吹 8h 后的转炉安全检查工作提出了明确要求。

附 5.3 重大隐患判定情形

（1）各类炉、窑、槽、罐类设备本体及附属设施未执行国家、行业标准规定的定期检查工作。

（2）出现严重焊缝开裂、腐蚀、破损、衬砖损坏、壳体发红及明显弯曲变形等应报修或报废情形，仍继续使用。熔融金属罐体裂纹、破损、壳体发红见附图 8。

1）本项包括熔融金属罐体（耳轴探伤检查参见重大事故隐患判定标准第 3 项）、高炉炉底、炉壳、冷却器和热风炉等本体及附属设施，以及转炉炉口、本体等事项（炼钢炉冷却水系统检查，参见重大事故隐患判定标准第 6 项）。

2）考虑到冶金企业各类炉窑安全风险判定依据的标准条款细致程度存在不足，政府安全监察或是企业内部隐患排查，可以综合专家会诊、参考在线监测数据以及实施附加技术检测等多种方式综合判定。

a　　　　　　　　　　　　b

c d

e

附图8 熔融金属罐体裂纹、破损、壳体发红

a—正常状态钢水罐；b—外壳严重烧蚀铁水罐；c—钢水罐外壳裂纹；
d—铁水罐外壳发红；e—渣罐外壳严重开裂

附6 氧枪等水冷元件未配置出水温度与进出水流量差检测、报警装置及温度监测，未与炉体倾动、氧气开闭等联锁

附6.1 安全风险

本项列入重大事故隐患的主要目的是从保障熔融金属冶炼、铸造等生产过程冷却水系统本质安全的角度，防范因冷却水管路堵塞、供水中断、漏水等异常情况引发熔融金属高温灼烫、遇水爆炸等群死群伤生产安全事故。

特别说明：本项不限于氧气转炉氧枪冷却水系统，其他应包括转炉水冷副枪，电弧炉水冷炉壁、炉盖，以及炉外精炼装置的水冷钢包盖、水冷氧枪等元件。

附6.2 安全法规标准规定

【法律】《安全生产法》第三十八条第一款规定：生产经营单位应当建立健全生产安全事故隐患排查治理制度，采取技术、管理措施，及时发现并消除事故隐患。

【标准】《钢铁企业设计防火标准》（GB 50414—2018）第6.7.2条第2款规定：转炉氧枪和副枪以及炉外精炼装置顶枪的冷却水出水温度和进、出水流量差应有监测，并应设置事故报警信号；系统中应设置氧枪与转炉、副枪与转炉、顶枪与炉外精炼装置的事故联

锁控制。第3款规定，电炉的水冷炉壁和炉盖、炉外精炼装置的水冷钢包盖的冷却水出水温度和进、出水流量差应有监测，并应设置事故报警信号及与电炉供电的联锁控制。

《炼钢安全规程》（AQ 2001—2018）第9.1.4条第1款规定：转炉氧枪升降装置，应配备钢绳张力测定、钢绳断裂防坠、事故驱动等安全装置；各枪位停靠点，应与转炉倾动、氧气开闭、冷却水流量和温度等联锁；当氧气压力小于规定值、冷却水流量低于规定值、出水温度超过规定值、进出水流量差大于规定值时，氧枪应自动升起，停止吹氧。第2款规定：转炉副枪升降装置，应配备钢绳张力测定、钢绳断裂防坠、事故驱动等安全装置；各枪位停靠点，应与转炉倾动、冷却水流量和温度等联锁；当冷却水流量低于规定值、出水温度超过规定值、进出水流量差大于规定值时，副枪应自动升起，停止测量。

《炼钢安全规程》（AQ 2001—2018）第10.1.8条规定：水冷炉壁与炉盖的水冷板、Consteel炉连接小车水套、竖井水冷件等，应配置出水温度与进出水流量差检测、报警装置。出水温度超过规定值、进出水流量差报警时，应自动断电并升起电极停止冶炼，操作人员应迅速查明原因，排除故障，然后恢复供电。

《炼钢安全规程》（AQ 2001—2018）第11.1.4条规定：受钢液高温影响的水冷元件，应采取必要的安全措施，确保在断电期间保护设备免遭损坏；可能因冷却水泄漏酿成爆炸事故的水冷元件，如VOD、CAS-OB、IR-UT、RH-KTB中的水冷氧枪，应配备进出水流量差报警装置；报警信号发出后，氧枪应自动提升并停止供氧，停止精炼作业。

附6.3　重大隐患判定情形

（1）转炉氧枪、副枪各枪位停靠点未与转炉倾动、氧气开闭、冷却水流量和温度等联锁。氧枪紧急提升和转炉倾动联锁见附图9。

转炉控制室操作界面应明确列出转炉氧、副枪紧急提升联锁安全条件和转炉倾动联锁安全条件关系图（框）。氧副枪紧急提升联锁条件图（框）至少应涵盖氧气压力（仅氧枪）、冷却水流量、出水温度、进出水流量差项目，并明确标示出工艺规定限值和数值单位。转炉倾动联锁条件图（框）至少应涵盖氧副枪枪位和进出水流量差项目，并明确标示出工艺规定限值和数值单位。

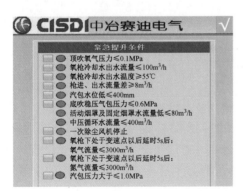
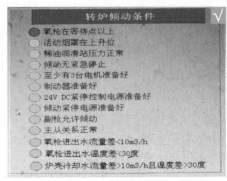

附图9　氧枪紧急提升和转炉倾动联锁
a—转炉氧枪紧急提升联锁条件界面；b—转炉倾动联锁条件界面

（2）电弧炉水冷炉壁与炉盖的水冷板、Consteel 炉连接小车水套、竖井水冷件等，未配置出水温度与进出水流量差检测、报警装置；报警信号未与自动断电、提升电极设置联锁。

电弧炉、LF 炉等控制室操作界面，应明确列出自动断电和提升电极的联锁条件关系图（框）。联锁条件至少应涵盖水冷炉壁与炉盖等水冷件出水温度和进出水流量差项目，并明确标示出工艺规定限值和数值单位。电弧炉自动断电和提升电极联锁见附图 10。

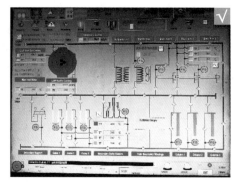

（3）VOD、CAS-OB、IR-UT、RH-KTB 中的水冷氧枪未配备进出水流量差报警装置，报警信号未与氧枪自动提升和停止供氧设置联锁。

附图 10　电弧炉自动断电和提升电极联锁
（电弧炉流量差报警和断电联锁条件界面）

VOD、CAS-OB、IR-UT、RH-KTB 精炼炉控制室操作界面，应明确列出氧枪自动提升和停止供氧联锁条件关系图（框），联锁条件应至少涵盖水冷氧枪进出水流量差项目，并明确标示出工艺规定限值和数值单位。

未设置联锁，是指在各炼钢炉控制室计算机的后台自动化程序中，未设置联锁控制程序。

附7　煤气柜建设在居民稠密区，未远离大型建筑、仓库、通信和交通枢纽等重要设施；附属设备设施未按防火防爆要求配置防爆型设备；柜顶未设置防雷装置

附 7.1　安全风险

煤气柜作为储存具有可燃、易爆、有毒气体的燃气设施，一旦发生煤气大面积泄漏、火灾甚至爆炸事故，后果不堪设想，社会危害极大。本项列入重大事故隐患的主要目的是加强源头防范，切实将煤气柜对于社会公众的风险水平控制在允许范围，并实现附属装备设施的本质安全，防范事故发生。

附 7.2　安全法规标准规定

【法律】《安全生产法》第三十八条第一款规定：生产经营单位应当建立健全生产安全事故隐患排查治理制度，采取技术、管理措施，及时发现并消除事故隐患。

【标准】《工业企业煤气安全规程》（GB 6222—2005）第 9.1.1.1 条规定：新建湿式柜不应建设在居民稠密区，应远离大型建筑、仓库、通信和交通枢纽等重要设施，并应布置在通风良好的地方；煤气柜周围应设有围墙，消防车道和消防设施，柜顶应设防雷装置。第 9.1.1.2 条规定：湿式柜的防火要求以及与建筑物、堆场的防火间距应符合 GBJ 16（注：GBJ 16 已修订为 GB 50016）。第 9.2.1.1 规定：干式柜的区域布置应遵守 9.1.1.1 的规定。

《建筑设计防火规范》（GB 50016—2014，2018 版）第 4.3.1 条明确了煤气柜等可燃

气体储罐与建筑物、储罐、堆场等的防火间距。第 4.3.1 条规定：可燃气体储罐与建筑物、储罐、堆场等的防火间距应符合下列规定：1　湿式可燃气体储罐与建筑物、储罐、堆场等的防火间距不应小于表 4.3.1 的规定。

附表 1　湿式可燃气体储罐与建筑物、储罐、堆场等的防火间距　　　　（m）

名　称		湿式可燃气体储罐（总容积 V，m^3）				
		$V<1000$	$1000 \leqslant V$ <10000	$10000 \leqslant V$ <50000	$50000 \leqslant V$ <100000	$100000 \leqslant V$ <300000
甲类仓库 甲乙丙类液体储罐 可燃材料堆场 室外变配电站 明火或散发火花地点		20	25	30	35	40
高层民用建筑		25	30	35	40	45
裙房，单、多层民用建筑		18	20	25	30	35
其他建筑	一、二级	12	15	20	25	30
	三级	15	20	25	30	35
	四级	20	25	30	35	40

注：1. 附表 1 即《建筑设计防火规范》（GB 50016—2014，2018 版）中的表 4.3.1。
　　2. 干式可燃气体储罐与建筑物、储罐、堆场等的防火间距：当可燃气体的密度比空气大时，应按附表 1 的规定增加 25%；当可燃气体的密度比空气小时，可按附表 1 的规定确定。

《钢铁企业煤气储存和输配系统设计规范》（GB 51128—2015）第 9.1.5 条第 1 款对煤气柜防雷装置做出了细致规定，第 10.2.1 条第 7 款规定：煤气柜区电气设备的选择、电缆选型与敷设，应符合国家标准《爆炸危险环境电力装置设计规范》GB 50058 的有关规定。

附 7.3　重大隐患判定情形

（1）煤气柜与大型建筑、仓库、通信和交通枢纽等重要设施之间的防火间距不符合上述规范性文件和标准规范要求，即为重大生产安全事故隐患。

需要说明：《建筑设计防火规范》（GB 50016—2014）自 2015 年 5 月 1 日正式实施，相比 2006 版主要变化是增补了湿式可燃气体储罐（10 万立方米≤V≤30 立方米）与不同火灾类型重要设施的防火间距要求。鉴于 2006 版对该容积等级的可燃气体储罐与重要设施之间防火间距未做规定，也造成部分 2015 年 5 月 1 日以前建成的该等级煤气柜（参考 2006 版同类型重要设施防火间距上限设定），不符合《建筑设计防火规范》（GB 50016—2014，2018 版）要求。针对此类煤气柜，建议选择柜区无人化管理方式，确保满足《工业企业干式煤气柜安

附图 11　煤气柜与重要设施之间的防火间距
（煤气柜柜体与临近区域检修间的防火间距不符合规定）

全技术规范》（GB 50166—2014）第4.1.2条第（3）款的条文规定。煤气柜与重要设施之间的防火间距见附图11。

（2）附属设备设施未按防火防爆要求配置防爆型设备。

1）本项仅限于煤气柜本体及其附属设施。

2）本项是指电气设备的选择、电缆选型与敷设，不符合《钢铁企业煤气储存和输配系统设计规范》（GB 51128—2015）第9.1.2条表9.1.2"煤气柜四类爆炸性气体危险环境划分"和国家标准《爆炸危险环境电力装置设计规范》GB 50058的有关规定。煤气柜防爆型附属设备设施见附图12。具体包括煤气柜活塞与柜顶之间空间（1区），煤气柜进口和出口管道地下室内（1区），煤气柜侧板外3.0m范围内、柜顶上4.5m范围内（2区），油泵房（站）、电梯机房（2区），同时还应关注表9.1.2注4。

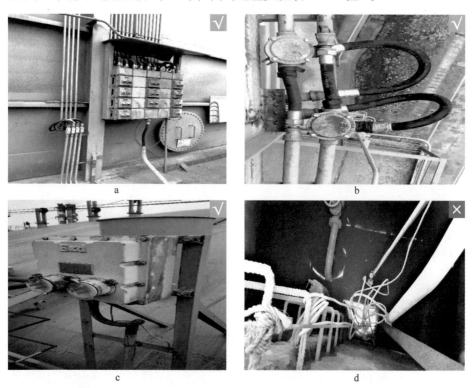

附图12　煤气柜防爆型附属设备设施

a—煤气柜本体电气控制箱和线缆防爆设置；b—煤气柜外壁电缆防爆穿线；

c—煤气柜柜顶防爆型检修电源箱；d—煤气柜进口和出口管道地下室内（1区）电缆敷设

（3）煤气柜柜顶未设置防雷装置。

1）本项指煤气柜柜顶未设置防雷装置为重大隐患。

2）柜顶防雷装置不符合《钢铁企业煤气储存和输配系统设计规范》（GB 51128—2015）第9.1.5条和《建筑物防雷设计规范》（GB 50057—2010）等不合规、失效或故障等情形，可作为重大安全风险隐患实施闭环整改。

《钢铁企业煤气储存和输配系统设计规范》（GB 51128—2015）第9.1.5条规定：煤气储配站内煤气设施应设防雷接地和防静电接地装置，接地装置应符合下列规定：1　煤气柜应为第二类防雷构筑物，应设独立接地装置，接地电阻应小于或等于10Ω。接闪网、接闪带或接闪杆的保护范围应包括整个煤气柜和外部电梯。煤气柜顶部应设防雷设施，避雷针应独立设置，不应设在安全放散管和紧急放散管上。防雷接地可利用煤气柜柜体并加装专用接地引下线，接地点不应少于两处，两接地点间距离沿周长计算不应大于30m，每处接地点的冲击接地电阻不应大于30Ω。

附8　煤气区域的值班室、操作室等人员较集中的地方，未设置固定式一氧化碳监测报警装置

附8.1　安全风险

煤气区域的值班室、操作室等人员较为集中的地方，可能会因临近煤气设施故障、失修以及生产异常等因素出现煤气泄漏情形。本项纳入重大事故隐患的主要目的是从强化应急保障的角度，规范企业在煤气区域的人员聚集场设置固定式一氧化碳监测报警装置，警示从业人员异常情况下第一时间开展应急处置，防范群死群伤中毒事故发生。

附8.2　安全法规标准规定

【法律】《安全生产法》第三十三条规定：安全设备的设计、制造、安装、使用、检测、维修、改造和报废，应当符合国家标准或者行业标准；生产经营单位必须对安全设备进行经常性维护、保养，并定期检测，保证正常运转。

【部门规章】《冶金企业和有色金属企业安全生产规定》（国家安全生产监督管理总局令〔2018〕第91号）第二十七条规定：生产、储存、使用煤气的企业应当严格执行《工业企业煤气安全规程》（GB 6222），在可能发生煤气泄漏、聚集的场所，设置固定式煤气检测报警仪和安全警示标志。

【部门规范性文件】《国家安全监管总局关于印发进一步加强冶金企业煤气安全技术管理有关规定的通知》（安监总管四〔2010〕125号）第二条规定：煤气危险区域，包括高炉风口及以上平台、转炉炉口以上平台、煤气柜活塞上部、烧结点火器及热风炉、加热炉、管式炉、燃气锅炉等燃烧器旁等易产生煤气泄漏的区域和焦炉地下室、加压站房、风机房等封闭或半封闭空间等，应设固定式一氧化碳监测报警装置。第三条规定：煤气生产、净化（回收）、加压混合、储存、使用等设施附近有人值守的岗位，应设固定式一氧化碳监测报警装置。

【标准】《工业企业煤气安全规程》（GB 6222—2005）第4.10条规定：煤气危险区（如地下室、加压站、热风炉及各种煤气发生设施附近）的一氧化碳浓度应定期测定，在关键部位应设置一氧化碳监测装置。作业环境一氧化碳最高允许浓度为30mg/m³。第8.2.4条规定：站房内应设有一氧化碳监测装置，并把检测信号传送到管理室内。第9.2.2.3条规定：活塞上部应备有一氧化碳检测报警装置及空气呼吸器。

《炼钢安全规程》（AQ 2001—2018）第8.2.2条规定：铁水罐、钢水罐、中间罐烘烤器作业区域应设固定式一氧化碳检测报装置。第9.1.9条规定：转炉炉子跨炉口以上的各层平台，应设固定式煤气检测与报警装置。第13.4.3条规定：加压站房、风机房等封闭或半封闭空间，一次风机房、值班室，转炉煤气区域内的有人值守岗位，应设置固定式监

测报警装置。

《炼铁安全规程》（AQ 2002—2018）第 6.9 条规定：煤气危险区域，包括高炉风口（及以上）平台、热风炉操作平台、喷煤干燥炉、TRT、除尘器卸灰平台等易产生煤气泄漏而人员作业频率较高的区域，应设固定式一氧化碳监测报警装置。

《轧钢安全规程》（AQ 2003—2018）第 8.15 条规定：使用工业煤气或高焦混合煤气的炉子，炉区应设置一定数量固定式一氧化碳检测仪，并配有声光报警指示，操作台应有煤气报警终端显示。

《焦化安全规程》（GB 12710—2010）第 10.1.38 条规定：采用高炉煤气、发生炉煤气等贫煤气加热的焦炉地下室必须设置固定式一氧化碳检测及报警装置。

《钢铁企业煤气储存和输配系统设计规范》（GB 51128—2015）第 9.2.2 条规定：加压机房应设固定式一氧化碳检测报警装置，并宜与通风机联锁。第 10.2.1 条规定：在活塞上部、进出口管道地下室以及控制室，应设固定式一氧化碳检测报警装置。

《烧结球团安全规程》（AQ 2025—2010）第 5.2.3 条规定：主抽风机室应设有监测烟气泄漏、一氧化碳等有害气体及其浓度的信号报警装置。煤气加压站和煤气区域的岗位，应设置监测煤气泄漏显示、报警、处理应急和防护装置。

其他如《高炉煤气干法袋式除尘设计规范》（GB 50505—2009）、《煤气余压发电装置技术规范》（GB 50584—2010）、《铁合金安全规程》（AQ 2024—2010）等煤气专业安全标准也对设置固定式一氧化碳监测报警装置的场所、部位进行了明确。

附8.3　重大隐患判定情形

（1）高炉、转炉、连铸、加热炉、煤气柜、加压机、抽风机、混合站等煤气生产、净化（回收）、加压混合、储存、使用设施附近有人值守的岗位，如主控室、操作室等未安装固定式一氧化碳检测报警仪。

（2）易发生煤气泄漏、聚集区域的值班室、会议室、休息室、操作室等人员集中的地方，未安装固定式一氧化碳检测报警仪。

1）本项指未按标准要求安装固定式一氧化碳检测报警仪（包括未投用情形），为重大隐患。法规标准明确规定的易发生煤气泄漏、聚集的设施部位，如高炉风口及以上平台、转炉炉口及以上平台、加压站房和其他煤气设施等区域，未安装固定式一氧化碳检测报警仪，纳入重点执法事项。有人值守岗位，煤气易泄漏、聚集部位报警器设置与异常情形见附图 13。

a　　　　　　　　　　　　　b

附图 13　易发生煤气泄漏、聚集的设施部位固定式一氧化碳检测报警仪
a—现场固定式一氧化碳报警器电源故障；b—控制室规范设置固定式一氧化碳报警器；
c—现场固定式一氧化碳报警器显示故障；d—现场规范设置固定式一氧化碳报警器；
e—高炉炉顶液压站未设固定式报警器；f—高炉风口平台休息室固定式报警器拆除；
g—炼钢连铸平台操作室未设固定式报警器；h—球团回转窑控制室未设固定式报警器

　　2）关于报警器设置高度、间距、报警值等性能和安装事项，相关钢铁企业可参照
《工作场所有毒气体检测报警装置设置规范》（GBZ/T 233—2009），同时参考《石油化工
可燃气体和有毒气体检测报警设计标准》（GB/T 50493—2019），结合本企业煤气区域泄
漏源实际针对性确定，并系统实施。相关不合规事项可不纳入重大隐患，但应将其作为较
大安全风险隐患，系统性推进同类事故隐患闭环整改。
　　3）2019 年 11 月 4 日，国家市场监管总局发布《实施强制管理的计量器具目录的公

告》（2019 年第 48 号），明确一氧化碳检测报警器不再要求强制检定。同时其第二条规定，自本公告发布之日起，其他计量器具不再实施强制检定，使用者可自行选择非强制检定或者校准的方式，保证量值准确。

鉴于此，固定式煤气报警器作为非常关键的煤气事故预防类安全设施，相关钢铁企业应从风险管控的角度，按照非强制检定或内部校准的方式开展报警器计量准确性管控，建议检定或校准周期执行《一氧化碳检测报警器》（JJG 915—2008）一年周期规定，同时还应考虑特殊情形需要检定或校准的情形。

4）钢铁企业应高度重视固定式一氧化碳检测报警仪的日常维和检查工作，当出现某一报警器电源故障、显示失真、零点漂移等异常情况时，宜作为重大安全风险隐患立即实施闭环整改。

附 9 高炉、转炉、加热炉、煤气柜、除尘器等设施的煤气管道未设置可靠隔离装置和吹扫设施

附 9.1 安全风险

可靠隔离装置即可靠隔断装置（或称隔断装置），是指配置在煤气管道上，用于隔断煤气，具有可靠保持煤气不泄漏到隔断区域功能的装置统称。吹扫设施包括吹扫口、取样阀、放散管及连接管等。本项列入重大隐患的主要目的是从煤气设施本质安全的角度，要求在连接各类煤气设施的出入口管道规范设置隔断装置和吹扫设施，确保单一煤气设施或系统（单元）在生产异常处置或检维修作业过程中，实现与邻近或相关联的煤气设施或系统（单元）之间的可靠隔断，并经吹扫置换合格满足安全作业条件，进而防止煤气中毒、火灾甚至爆炸等生产安全事故发生。

附 9.2 安全法规标准规定

【法律】《安全生产法》第三十三条规定：安全设备的设计、制造、安装、使用、检测、维修、改造和报废，应当符合国家标准或者行业标准；生产经营单位必须对安全设备进行经常性维护、保养，并定期检测，保证正常运转。

【部门规范性文件】《国家安全监管总局关于印发进一步加强冶金企业煤气安全技术管理有关规定的通知》（安监总管四〔2010〕125 号）第七条规定：检修的煤气设施，包括煤气加压机、抽气机、鼓风机、布袋除尘器、煤气余压发电机组（TRT）、电捕焦油器、煤气柜、脱硫塔、洗苯塔、煤气加热器、煤气净化器等，煤气输入、输出管道必须采用可靠的隔断装置。

【标准】《工业企业煤气安全规程》（GB 6222—2005）第 10.2.1 条规定：煤气设施停煤气检修时，应可靠地切断煤气来源并将内部煤气吹净。长期检修或停用的煤气设施，应打开上、下人孔，放散管等，保持设施内部的自然通风。第 7.5.2 条规定：为防止煤气串入蒸汽或氮气管内，只有在通蒸汽或氮气时，才能把蒸汽或氮气管与煤气管道连通，停用时应断开或堵盲板。

《工业企业煤气安全规程》（GB 6222—2005）第 7.2 节对"可靠隔断装置"进行了细致规定。第 7.3.1.1 条明确了以下位置应设置放散管：煤气设备和管道的最高处；煤气管道以及卧式设备的末端；煤气设备和管道隔断装置前，管道网隔断装置前后支管闸阀在煤

气总管旁 0.5m 内，可不设放散管，但超过 0.5m 时，应设放气头。第 7.3.1.6 条规定：煤气设施的放散管不应共用，放散气集中处理的除外。

《钢铁企业煤气储存和输配系统设计规范》（GB 51128—2015）第 8.1.9 条规定：在煤气管道隔断装置处、管道末端处及 U 型水封前后，均应设煤气放散管，且放散管处应设取样管。第 8.4.2 条规定，煤气管道的隔断装置设计应符合下列规定：1　经常检修的部位应设隔断装置；2　封闭式盲板阀、阀腔注水的双闸板水封阀或阀腔注水的 NK 阀可作为隔断装置，水封高度应为煤气计算压力至少加 500mm。敞开式盲板阀不应单独使用；3　蝶阀、闸阀和球阀等单独使用时不应作为隔断装置，应与 U 型水封、盲板阀或盲板等其中之一组合使用作为隔断装置；4　盲板可用于煤气设施扩建延伸的部位，其他部位不宜单独使用盲板；5　煤气管道计算压力大于 0.05MPa 时，其煤气管道隔断装置应采用蝶阀、闸阀、球阀与盲板阀或盲板等其中之一组合的方式。第 8.4.7 规定：煤气放散管应分别设置，除放散气集中处理外，严禁将两个或多个放散管连通。

附 9.3　重大隐患判定情形

（1）高炉、转炉、加热炉、煤气柜、除尘器等设施的煤气管道未设置隔断装置。具体说明如下：

1）根据现行《工业企业煤气安全规程》（GB 6222—2005）第 7.2 节"隔断装置"和《煤气隔断装置安全技术规范》（AQ 2048—2012）相关规定，规范性隔断装置主要包括五种类型。一是独立设置的带有旁通均压功能的全封闭式眼镜阀；二是蝶阀、闸阀或球阀后与眼镜阀（扇形/敞开式/无旁通均压功能的全封闭式）组合隔断装置；三是蝶阀、闸阀或球阀后与人工盲板组合隔断装置；四是蝶阀、闸阀或球阀后与 U 型水封组合隔断装置；五是阀腔注水型双闸板水封阀或阀腔注水的 NK 阀隔断装置。

2）一般情况绝大部分单个煤气设施的输气管道或出、入口管道均需独立设置隔断装置，但仍然存在因工艺差异并非系统所有单个煤气设施的出、入口管道都需独立设置隔断装置的情形，如转炉煤气回收净化系统，单个风机、单个水封逆止阀以及单个抽风机前的电除尘器等，并非是在各单独煤气设施的进出口管道各自单独设置隔断装置，而是作为一个系统整体，仅在单套回收净化系统与煤气回收总管连接处设置隔断装置，目的是防止总管煤气反窜、泄漏至回收净化系统，而风机前的入口煤气管道一般仅设置一道敞开式眼镜阀（转炉停止生产即自动泄压，在眼镜阀前不设泄压切断阀情况下，可以正常关闭）。煤气设施的进出口煤气管道隔断装置设置见附图 14。

a　　　　　　　　　　　　　　　　　b

c

d

e

f

g

h

i

j

k

l

m

附图 14　煤气设施的进出口煤气管道隔断装置设置

a—单一 U 型水封用作隔断装置不合规；b—转炉煤气干式柜入口蝶阀与 U 型水封组合隔断装置；

c—转炉煤气回收净化系统支管与总管连接处设置单独 U 型水封做隔断装置不合规；

d—转炉煤气干式柜入口蝶阀与 U 型水封组合隔断装置；

e—转炉煤气回收净化系统支管与总管连接处设置单独 U 型水封做隔断装置不合规；

f—转炉煤气回收净化系统支管与总管连接处设置蝶阀与 U 型水封组合隔断装置；

g—转炉煤气 LT 回收净化系统单风机系统管道进入煤气柜总管的蝶阀与敞开式眼镜阀组合隔断装置；

h—转炉煤气 OG 回收净化系统单风机系统管道进入煤气柜总管的蝶阀与敞开式眼镜阀组合隔断装置；

i—高炉煤气干式布袋除尘系统煤气进口总管与单个仓体连接处蝶阀与全封闭式眼镜阀组合隔断装置；

j—高炉煤气干式布袋除尘煤气出口总管与单个仓体连接处蝶阀与扇形眼镜阀组合隔断装置；

k—高炉煤气 TRT 机组入口处蝶阀与全封闭式眼镜阀组合隔断装置；

l—煤气柜后加压机房煤气主管与单风机系统支管处蝶阀与扇形眼镜阀组合隔断装置；

m—转炉煤气柜后电除尘进出口煤气管道蝶阀与扇形眼镜阀组合隔断装置

（2）高炉、转炉、加热炉、煤气柜、除尘器等煤气设施与管道管道未设置吹扫设施。

1）未设置吹扫设施，主要指未按照《工业企业煤气安全规程》（GB 6222—2005）第 7.3.1.1 条规定，在煤气设备和管道的最高处，煤气管道以及卧式设备的末端，煤气设备和管道隔断装置前等位置设置放散管，以及违规共用情形。煤气设施放散管设置见附图 15。其他如放散管高度不够，缺失取样管、放散管挣绳故障等情形，可不纳入重大事故隐患，建议按照较大安全风险隐患，及时闭环整改。

2）煤气设施吹扫置换介质管道使用完毕后，未与煤气设施（管道）断开或堵盲板情形，建议按照较大安全风险隐患，及时闭环整改。但应注意区分本就设计用于非吹扫用途的联锁保压、工艺密封、流化、抑爆以及灭火功能的氮（蒸）汽管道，如炼铁煤粉喷吹煤粉仓、烟气炉、转炉氮气密封等，可以与煤气设施（管道）直接固定连接，但建议设置逆止装置，防止煤气反窜。煤气设施放散管设置见附图15。

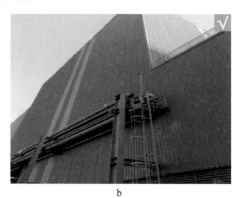

附图15　煤气设施放散管设置

a—回转窑煤气点火管手动蝶阀与手动扇形眼镜阀组合隔断装置前后放散管违规连通；b—煤气管道末端设置放散管

附10　煤气分配主管上支管引接处，未设置可靠的切断装置；车间内各类燃气管线，在车间入口未设置总管切断阀

附10.1　安全风险

本项"切断装置、切断阀"应理解为隔断装置。本项列入重大事故隐患的主要目的是保障煤气输配管网中的分配主管和支管之间，以及车间内部燃气用户与车间入口燃气管道之间的本质安全保障，以期切实避免因局部故障（如管道突发泄漏、压力波动或燃烧器突发熄火等）引发正常生产期间出现大面积煤气紧急停送，或是因缺失隔断装置，造成输配管网主支管之间、车间厂房内外燃气管道之间的事故应急和检修安全保障水平降低，进而致使煤（燃）气泄漏、中毒、火灾甚至爆炸等生产安全事故的概率增加。

附10.2　安全法规标准规定

【标准】《工业企业煤气安全规程》（GB 6222—2005）第6.2.10条规定：煤气分配主管上支管引接处（热发生炉煤气管除外），必须设置可靠的隔断装置。

《城镇燃气设计规范》（GB 50028—2006）第10.6.8条第1款规定：各用气车间的进口和燃气设备前的燃气管道上均应单独设置阀门。

《钢铁冶金企业设计防火标准》（GB 50414—2018）第6.14.3条第1款规定：燃气管线应架空敷设，并应在车间入口设总管切断阀。

《炼钢安全规程》（AQ 2001—2018）第13.6.3条规定：煤气进入车间前的管道，应装设可靠的隔断装置。

附10.3　重大隐患判定情形

（1）煤气分配主管上支管引接处未设置隔断装置。煤气分配主管上支管引接处设置隔断装置的情形见附图16。

附图16　煤气分配主管上支管引接处设置隔断装置的情形
a，b—煤气主管与支管引接处隔断装置（蝶阀后与电动扇形眼镜阀组合）；
c—使用煤气锅炉煤气支管与主管引接处隔断装置（蝶阀后与插板式扇形眼镜阀组合）；
d—煤气主管与支管引接处隔断装置（蝶阀后与人工盲板组合）

　　1）煤气分配主管、支管不应按照管径大小判定，而是按管线中煤气流动方向，上一级输配管线是主管、下一级是支管。为此，煤气输配管网中可能存在同一煤气输配管道既是主管又是支管的情形。

　　2）当煤气管网最末端的单根支管供应单台煤气设施时，煤气支管与主管引接处的隔断装置，可以等同为进入车间（厂房）前的管道隔断装置（此时可不再单独设置两处隔断装置）。

　　此外，参照1979年版《钢铁企业燃气设计资料（煤气部分）》，若车间煤气进入厂房位置与该管道自厂区分配主管接出位置（支管引接处）超过150m以上或距离虽短但通行极不方便时，应综合考虑煤气支管发生泄漏、腐蚀更换、火灾等异常状态的应急处置需要，建议两个位置单独设置各自隔断装置，且支管引接处的隔断装置应尽可能靠近分配主管，目的是保障管线泄漏应急处置的安全需要，同时从能源管理角度，也可一定程度降低管线吹扫置换的介质消耗，同时节约处置时间，此种情形设置一处隔断装置属于规范设置，两个位置未单独设置各自隔断装置不应纳入重大隐患。

　　（2）车间内各类燃气管线，在车间入口未设置隔断装置。车间内各类燃气管线在车间入口处隔断装置见附图17。

　　燃气管线一般指煤气和天然气管线。

附图17　车间内各类燃气管线在车间入口处隔断装置

a—炼钢车间进入厂房入口的煤气管道，设置蝶阀后与扇形眼镜阀组合隔断装置；

b—轧钢车间进入厂房入口的点火煤管，设置蝶阀后与扇形眼镜阀组合隔断装置；

c—轧钢加热炉进车间入口的煤气管道，设置球阀后与扇形眼镜阀组合隔断装置；

d—天然气管线进车间入口处，设置手动球阀后与手动扇形眼镜阀组合隔断装置

附11　金属冶炼企业主要负责人和安全生产管理人员未依法经考核合格

附11.1　安全法规标准规定

【法律】《中华人民共和国安全生产法》（主席令第13号）第二十四条规定：生产经营单位的主要负责人和安全生产管理人员必须具备与本单位所从事的生产经营活动相应的安全生产知识和管理能力。危险物品的生产、经营、储存单位以及矿山、金属冶炼、建筑施工、道路运输单位的主要负责人和安全生产管理人员，应当由主管的负有安全生产监督管理职责的部门对其安全生产知识和管理能力考核合格。

【部门规章】《生产经营单位安全培训规定》（国家安全生产监督管理总局令第3号）明确要求：金属冶炼单位的主要负责人和安全生产管理人员，自任职之日起6个月内，必须经安全生产监管监察部门对其安全生产知识和管理能力考核合格。

【部门规范性文件】《金属冶炼目录（2015版）》（安监总管四〔2015〕124号），明确了冶金行业金属冶炼企业包括的生产工序。

【标准】《金属冶炼单位主要负责人/安全生产管理人员安全生产培训大纲和考核标准》（AQ/T 2060—2016），对金属冶炼单位主要负责人和安全生产管理人员的重点考核内容提出了明确要求。

附 11.2　重大隐患判定情形

金属冶炼企业主要负责人和安全生产管理人员，自任职之日起 6 个月内，未依法经考核合格，即为重大生产安全事故隐患。

（1）按照《金属冶炼目录（2015 版）》，冶金企业金属冶炼工序，包括炼铁、炼钢、铁合金冶炼和黑色金属铸造 4 个工序。

（2）根据《生产经营单位安全培训规定》（国家安全生产监督管理总局令第 3 号）第三十二条和《金属冶炼单位主要负责人/安全生产管理人员安全生产培训大纲和考核标准》（AQ/T 2060—2016），金属冶炼单位主要负责人，是指从事金属冶炼的有限责任公司或者股份有限公司的董事长、总经理（含实际控制人），其他金属冶炼单位的厂长、经理等。金属单位安全生产管理人员，是指金属冶炼单位分管安全生产的负责人、安全生产管理机构负责人及其管理人员，以及未设安全生产管理机构的专职、兼职安全生产管理人员等。金属冶炼等高危与非高危单位主要负责人和安全生产管理人员证书见附图 18。

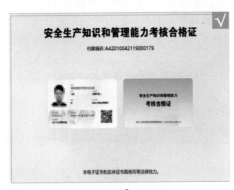

附图 18　金属冶炼等高危与非高危单位主要负责人和安全生产管理人员证书
a—金属冶炼等高危单位主要负责人和安全生产管理人员合格证式样；
b—非高危单位主要负责人和安全生产管理人员合格证书式样

参 考 文 献

［1］安全生产法. 中华人民共和国第十三届全国人民代表大会常务委员会第二十九次会议.

［2］生产经营单位安全培训规定. 国家安全生产监督管理总局令第 3 号, 国家安全监管总局令第 80 号令修正.

［3］危险化学品重大危险源监督管理暂行规定. 国家安全监管总局令〔2011〕第 40 号, 国家安全监管总局令〔2015〕第 79 号修正.

［4］工贸企业有限空间作业安全管理与监督暂行规定. 国家安全监管总局令第 59 号公布, 国家安全监管总局令第 80 号令修正.

［5］冶金企业和有色金属企业安全生产规定. 国家安全生产监督管理总局令〔2018〕第 91 号.

［6］关于印发进一步加强冶金企业煤气安全技术管理有关规定的通知. 安监总管四〔2010〕125 号.

［7］金属冶炼目录 (2015 版). 安监总管四〔2015〕124 号.

［8］国家安全监管总局关于印发《工贸行业重大生产安全事故隐患判定标准 (2017 版)》. 安监总管四〔2017〕129 号.

［9］金属冶炼企业禁止使用的设备及工艺目录 (第一批). 安监总管四〔2017〕142 号.

［10］江苏省应急管理厅办公室关于开展钢铁企业煤气安全专项治理的通知. 苏应急办〔2019〕9 号.

［11］中钢集团武汉安全环保研究院有限公司. GB 12710—2008 焦化安全规程〔S〕. 北京: 中华人民共和国国家质量监督检验检疫总局, 中国国家标准化管理委员会, 2008.

［12］中钢集团武汉安全环保研究院有限公司, 武汉钢铁设计研究总院, 上海宝钢集团公司, 武汉钢铁集团公司, 等. GB 6222—2005 工业企业煤气安全规程〔S〕. 北京: 中华人民共和国国家质量监督检验检疫总局, 中国国家标准化管理委员会, 2005.

［13］中钢集团武汉安全环保研究院有限公司. GB 16543—2008 高炉喷吹烟煤系统防爆安全规程〔S〕. 北京: 中国标准出版社, 2008.

［14］中钢集团武汉安全环保研究院有限公司, 东北大学, 广东金方圆安全技术检测有限公司, 等. GB 15577—2018 粉尘防爆安全规程〔S〕. 北京: 国家市场监督管理总局, 中国国家标准化管理委员会, 2018.

［15］中国冶金建设协会. GB 51066—2014 工业企业干式煤气柜安全技术规范〔S〕. 北京: 中国计划出版社, 2014.

［16］中国寰球工程公司. GB 50058—2014 爆炸危险环境电力装置设计规范〔S〕. 北京: 中国计划出版社, 2014.

［17］中国安全生产科学研究院, 中国石油化工股份有限公司青岛安全工程研究院. GB 18218—2018 危险化学品重大危险源辨识〔S〕. 北京: 国家市场监督管理总局, 中国国家标准化管理委员会, 2018.

［18］天津二十冶建设有限公司, 中国二十冶集团有限公司. GB 51164—2016 钢铁企业煤气储存和输配系统施工及质量验收规范〔S〕. 北京: 中国计划出版社, 2016.

［19］中冶赛迪集团有限公司. GB 50427—2015 高炉炼铁工程设计规范〔S〕. 北京: 中国计划出版社, 2015.

［20］中冶京诚工程技术有限公司. GB 50439—2015 炼钢工程设计规范〔S〕. 北京: 中国计划出版社, 2015.

［21］公安部天津消防研究所, 公安部四川消防研究所. GB 50016—2014 (2018 年版) 建筑设计防火规范〔S〕. 北京: 中国计划出版社, 2014.

［22］中冶南方工程技术有限公司. GB 51135—2015 转炉煤气净化及回收工程技术规范〔S〕. 北京: 中国计划出版社, 2015.

［23］中冶华天工程技术有限公司. GB 51128—2015 钢铁企业煤气储存和输配系统设计规范〔S〕. 北京:

中国计划出版社，2015.

[24] 中国电力企业联合会，国核工程有限公司. GB 50257—2014 电气装置安装工程爆炸和火灾危险环境电气装置施工及验收规范［S］. 北京：中国计划出版社，2014.

[25] 上海市安全生产科学研究所. GB 4962—2008 氢气使用安全技术规程［S］. 北京：中华人民共和国国家质量监督检验检疫总局，中国国家标准化管理委员会，2008.

[26] 中华人民共和国住房和城乡建设部. GB 50030—2013 氧气站设计规范［S］. 北京：中国计划出版社，2014.

[27] 北京约基工业股份有限公司，北京起重运输机械设计研究院. GB 14784—2013 带式输送机安全规范［S］. 北京：中华人民共和国国家质量监督检验检疫总局，中国国家标准化管理委员会，2013.

[28] 中国机械工业联合协会. GB 50270—2010 输送设备安装工程施工及验收规范［S］. 北京：中国计划出版社，2010.

[29] 中国煤炭建设协会. GB 50431—2008 带式输送机工程设计规范［S］. 北京：中国计划出版社，2008.

[30] 北京市劳动保护科学研究所，北京光电技术研究所. GB 2894—2008 安全标志及其使用导则［S］. 北京：中华人民共和国国家质量监督检验检疫总局，中国国家标准化管理委员会，2008.

[31] 上海市劳动保护科学研究所. GB 7231—2003 工业管道的基本识别色、识别符号和安全标识［S］. 北京：国家质量监督检验检疫总局，2003.

[32] 辽宁省安全科学研究院，北京起重运输机械设计研究院. GB 6067.1—2010 起重机械安全规程 第一部分：总则［S］. 北京：中华人民共和国国家质量监督检验检疫总局，中国国家标准化管理委员会，2010.

[33] 中钢集团武汉安全环保研究院有限公司. GB 16912—2008 深度冷冻法生产氧及相关气体安全技术规程［S］. 北京：中华人民共和国国家质量监督检验检疫总局，中国国家标准化管理委员会，2008.

[34] 中冶京诚技术有限公司. GB 50607—2010 高炉喷吹煤粉工程设计规范［S］. 北京：中国计划出版社，2011.

[35] 中国市政工程华北设计研究院. GB 50028—2006 城镇燃气设计规范［S］. 北京：中国建筑工业出版社，2006.

[36] 吉林省安全科学技术研究院，长春工业大学，长春工程学院. GB 4053.3—2009 固定式钢梯及平台安全要求 第3部分：工业防护栏杆及钢平台［S］. 北京：中华人民共和国国家质量监督检验检疫总局，中国国家标准化管理委员会，2009.

[37] 中钢集团武汉安全环保研究院有限公司. GB 4387—2008 工业企业厂内铁路、道路运输安全规程［S］. 北京：中华人民共和国国家质量监督检验检疫总局，中国国家标准化管理委员会，2008.

[38] 中华人民共和国原化学工业部. GB 50316—2000（2008版）工业金属管道设计规范［S］. 北京：中国计划出版社，2008.

[39] 河南省电力勘测设计院. GB 50049—2011 小型火力发电厂设计规范［S］. 北京：中国计划出版社，2010.

[40] 东北电力设计院有限公司. GB 50229—2019 火力发电厂与变电站设计防火标准［S］. 北京：中国计划出版社，2019.

[41] 宁波美格乙炔瓶有限公司，北京天海工业有限公司. GB 11638—2011 溶解乙炔气瓶［S］. 北京：中国标准出版社，2011.

[42] 中国电力企业联合会，河南省第二建设集团有限公司. GB 50194—2014 建设工程施工现场供用电安全规范［S］. 北京：中国计划出版社，2014.

[43] 中国建筑第五工程局有限公司，中国建筑股份有限公司. GB 50720—2011 建设工程施工现场消防安

全技术规范 [S]. 北京：中华人民共和国住房和城乡建设部，中华人民共和国国家质量监督检验检疫总局，2011.

[44] 中国化学品安全协会，中国化工集团公司，中国化工信息中心，等 . GB 30871—2014 化学品生产单位特殊作业安全规范 [S]. 北京：中华人民共和国国家质量监督检验检疫总局，中国国家标准化管理委员会，2014.

[45] 中冶南方工程技术有限公司 . GB 51135—2015 转炉煤气净化及回收工程技术规范 [S]. 北京：中国计划出版社，2015.

[46] 中冶京诚工程技术有限公司，首安工业消防有限公司 . GB 50414—2018 钢铁冶金企业设计防火标准 [S]. 北京：中国计划出版社，2018.

[47] 武汉汽轮电机股份有限公司，南京汽轮电机（集团）有限责任公司，杭州汽轮机股份有限公司，等 . GB/T 5578—2007 固定式发电用汽轮机规范 [S]. 北京：中华人民共和国国家质量监督检验检疫总局，中国国家标准化管理委员会，2007.

[48] 机械工业北京电工技术经济研究所，苏州电器科学研究院股份有限公司，广州白云电器设备股份有限公司，等 . GB/T 13869—2017 用电安全导则 [S]. 北京：中华人民共和国国家质量监督检验检疫总局，中国国家标准化管理委员会，2017.

[49] 太原重型机械集团有限公司 . GB/T 10051.14—2010 起重吊钩　第 14 部分：叠片式吊钩使用检查 [S]. 北京：中华人民共和国国家质量监督检验检疫总局，中国国家标准化管理委员会，2011.

[50] 杭州新世纪混合气体有限公司，北京氦普北分气体工业有限公司，北京普莱克斯实用气体有限公司，等 . GB/T 34525—2017 气瓶搬运、装卸、储存和使用安全规定 [S]. 北京：国家市场监督管理总局，中国国家标准化管理委员会，2017.

[51] 中石化广州工程有限公司 . GB/T 50493—2019 石油化工可燃气体和有毒气体检测报警设计标准 [S]. 北京：中国计划出版社，2019.

[52] 中国安全生产科学研究院，国家安全生产应急救援中心，南方电网调峰调频发电有限公司 . GB/T 29639—2020 生产经营单位生产安全事故应急预案编制导则 . [S]. 北京：国家市场监督管理总局，国家标准化管理委员会，2020.

[53] 苏州安高智能安全科技有限公司，立宏安全设备工程（上海）有限公司，安徽锐视光电技术有限公司，等 . GB/T 8196—2018 机械安全防护装置固定式和活动式防护装置的设计与制造一般要求 [S]. 北京：国家市场监督管理总局，中国国家标准化管理委员会，2018.

[54] 中钢集团武汉安全环保研究院有限公司，湖南华菱湘潭钢铁有限公司，武汉钢铁（集团）公司 . AQ 2025—2010 烧结球团安全规程 [S]. 北京：国家安全生产监督管理总局，2010.

[55] 中钢集团武汉安全环保研究院有限公司，中冶南方工程技术有限公司，北京金恒博远科技股份有限公司，等 . AQ 2002—2018 炼铁安全规程 [S]. 北京：中华人民共和国应急管理部，2018.

[56] 中钢集团武汉安全环保研究院有限公司，中冶南方工程技术有限公司，北京金恒博远科技股份有限公司，等 . AQ 2001—2018 炼钢安全规程 [S]. 北京：中华人民共和国应急管理部，2018.

[57] 中钢集团武汉安全环保研究院有限公司，中冶南方工程技术有限公司，北京金恒博远科技股份有限公司，等 . AQ 2003—2018 轧钢安全规程 [S]. 北京：中华人民共和国应急管理部，2018.

[58] 中钢集团武汉安全环保研究院有限公司，湖南华菱湘潭钢铁有限公司，中国宝武钢铁集团有限公司，等 . AQ 7011—2018 高温熔融金属吊运安全规程 [S]. 北京：中华人民共和国应急管理部，2018.

[59] 河南亚天高压阀门制造有限公司，常州电站辅机总厂有限公司，郑州市大吉阀业有限公司，等 . AQ 2048—2012 煤气隔断装置安全技术规范 [S]. 北京：国家安全生产监督管理总局，2012.

[60] 中钢集团武汉安全环保研究院有限公司，河南亚天高压阀门制造有限公司，湖南华菱湘潭钢铁有限公司，等 . AQ 7012—2018 煤气排水器安全技术规程 [S]. 北京：中华人民共和国应急管理

部，2018.

[61] 中化化工标准化研究所，中国化学品安全协会，中国化工集团公司和中国化工信息中心. AQ 3025—2008 化学品生产单位高处作业安全规范［S］. 北京：国家安全生产监督管理总局，2008.

[62] 中国安全生产技术研究院，北京华瑞科力恒科技有限公司. AQ 3036—2010 危险化学品重大危险源罐区现场安全监控装置设置规范［S］. 北京：国家安全生产监督管理总局，2010.

[63] 上海市安全生产监督管理局，国家安全生产上海矿山用设备检测中心. AQ 3009—2007 危险场所电气防爆安全规范［S］. 北京：国家安全生产监督管理总局，2007.

[64] 国家安全生产监督管理总局培训中心，国家安全生产监督管理总局监管四司，中钢集团武汉安全环保研究院有限公司，等. AQ/T 2060—2016 金属冶炼单位主要负责人／安全生产管理人员安全生产培训大纲和考核标准［S］. 北京：国家安全生产监督管理总局，2016.

[65] 北京市劳动保护科学研究所，梅思安（中国）安全设备有限公司，上海宝亚安全装备有限公司，等. AQ/T 6110—2012 工业空气呼吸器安全使用维护管理规范［S］. 北京：国家安全生产监督管理总局，2012.

[66] 中国特种设备检测研究院，全国锅炉压力容器标准化技术委员会，移动式压力容器分技术委员会，等. TSG R0005—2011 移动式压力容器安全技术监察规程［S］. 北京：中华人民共和国国家质量监督检验检疫总局，2011.

[67] 中华人民共和国国家质量监督检验检疫总局. TSG ZF001—2006 安全阀安全技术监察规程［S］. 北京：中华人民共和国国家质量监督检验检疫总局，2006.

[68] 中国特种设备检验研究院，国家质检总局特种设备安全监察局，中国锅炉水处理协会，等. TSG G0001—2012 锅炉安全技术监察规程［S］. 北京：中华人民共和国国家质量监督检验检疫总局，2012.

[69] 中华人民共和国国家质量监督检验检疫总局. TSG Q0002—2008 起重机械安全技术监察规程—桥式起重机［S］. 北京：中华人民共和国国家质量监督检验检疫总局，2008.

[70] 中国特种设备检测研究院，国家质检总局特种设备安全监察局，全国锅炉压力容器标准化技术委员会，等. TSG 21—2021 固定式压力容器安全技术监察规程［S］. 北京：中华人民共和国国家质量监督检验检疫总局，2016.

[71] 太原重型机械集团有限公司. JB/T 7688.5—2012 冶金起重机技术条件　第5部分：铸造起重机［S］. 北京：中华人民共和国工业和信息化部，2012.

[72] 无锡巨力重工机械有限公司. YB/T 4224—2010 冶金用钢水罐车和铁水罐车技术规范［S］. 北京：中华人民共和国工业和信息化部，2010.

[73] 中国疾病预防控制中心职业卫生与中毒控制所. GBZ/T 223—2009 工作场所有毒气体检测报警装置设置规范［S］. 北京：中华人民共和国卫生部，2009.

[74] 中国疾病预防控制中心职业卫生与中毒控制所，华瑞科力恒科技有限公司，福建省职业病与化学中毒预防控制中心. GBZ/T 205—2007 密闭空间作业职业危害防护规范［S］. 北京：中华人民共和国卫生部，2007.

[75] 中华人民共和国建设部. JGJ 33—2012 建筑机械使用安全技术规程［S］. 北京：中国建筑工业出版社，2012.

[76] 沈阳建筑大学. JGJ 46—2005 施工现场临时用电安全技术规范［S］. 北京：中国建筑工业出版社，2005.

[77] 上海市建筑施工技术研究所. JGJ 80—2016 建筑施工高处作业安全技术规范［S］. 北京：中国计划出版社，2016.

[78] 北京建工集团有限责任公司，北京六建集团公司. JGJ 184—2009 建筑施工作业劳动防护用品配备及使用标准［S］. 北京：中国建筑工业出版社，2009.

［79］沈阳建筑大学，东北金城建设股份有限公司．GJ 276—2012 建筑施工起重吊装工程安全技术规范［S］．北京：中国建筑工业出版社，2012.

［80］江苏省安全生产科学研究院，江苏省兴安科技发展有限公司．DB32/T 3380—2018 冶金企业煤气防护站建设规范［S］．南京：江苏省质量技术监督局，2018.

［81］江苏省安全生产科学研究院，江苏永钢集团有限公司，南京钢铁联合有限公司，等．DB32/T 3954—2020 钢铁企业煤气安全管理规范［S］．南京：江苏省市场监督局，2020.

［82］中国水利水电第三工程局有限公司，中国水利水电第二工程局有限公司．DL/T 5250—2010 汽车起重机安全操作规程［S］．北京：中国电力出版社，2010.

［83］国家安全生产监督管理总局．安监总管四〔2010〕172 号．冶金企业安全生产标准化评定标准（轧钢）［S］．北京：国家安全生产监督管理总局，2010.